高等学校教材

电子电路分析与设计

徐　源　唐智灵　主编

西北工業大學出版社
西　安

【内容简介】 本书包括电子电路分析设计、模拟电路功能模块设计、数字电路功能模块设计、电源电路设计和自动控制电路技术等内容。

本书可作为高等院校电子类、信息类、自动化类和机电工程类等专业的教材，也可供有关工程技术人员参考。

图书在版编目(CIP)数据

电子电路分析与设计 /徐源，唐智灵主编. —西安 ：西北工业大学出版社，2019.10

ISBN 978 - 7 - 5612 - 6638 - 0

Ⅰ. ①电… Ⅱ. ①徐… ②唐… Ⅲ. ①电子电路—电路分析—高等学校—教材 ②电子电路—电路设计—高等学校—教材 Ⅳ. ①TN702

中国版本图书馆 CIP 数据核字(2019)第 218378 号

DIANZI DIANLU FEIXI YU SHEJI

电子电路分析与设计

策划编辑：季 强　　**装帧设计**：艾书文

责任编辑：李阿盟　　**责任校对**：孙 倩

出版发行：西北工业大学出版社

通信地址：西安市友谊西路 127 号　　**邮编**：710072

电　　话：(029)88493844　88491757

网　　址：www.nwpup.com

印 刷 者：兴平市博闻印务有限公司

开　　本：787 mm×1 092 mm　1/16

印　　张：13.5

字　　数：287 千字

版　　次：2019 年 10 月第 1 版　2019 年 10 月第 1 次印刷

定　　价：54.00 元

Preface 前言

电子技术的应用已经深入人们的生活中，越来越多的人加入电子技术人员的行列。电子技术经历了电子管、半导体晶体管、集成电路和超大规模集成电路等发展阶段。电子技术是一项技术性很强的工作，要求从业人员既要有较高的理论知识水平，又要有较强的动手能力。伴随着新器件、新技术和新应用的日新月异，电子电路分析与设计的方法也发生了重大的变革。基于上述思想，本书应运而生。

作为一本综合实践性的专业教材，本书的先修课程包括模拟电子、数字电子、单片机技术等。本书是对相关课程知识的拓宽、提高和综合运用，通过引入最新的仪器和元件知识，重点介绍电子电路设计的基本原理和方法，并结合实用方案和典型案例进行验证性、综合性、设计性和研究性等多层次实验分析，把学习电子电路设计所需要掌握的方法和技能表现得淋漓尽致。本书全面介绍电子电路分析设计、模拟电路功能模块设计、数字电路功能模块设计、电源电路设计、自动控制电路技术等。

本书以电子电路设计的方法为主线，内容详实、层次清楚、图文并茂、通俗易懂，并尽可能吸收相关的新成果、新技术。本书在内容编排上结构合理、文字流畅、循序渐进、由浅入深，强调理论联系实际。

在本书编写过程中，得到了相关同事、朋友的热心帮助，同时本书参考了部分文献资料的内容，在此一并表示衷心的感谢！

由于水平有限，书中的疏漏和不足之处在所难免，恳请读者批评指正。

编 者

2019 年 5 月

Contents
目录

第一章 电子电路分析设计

第一节 电子电路一般设计方法

在电子技术基础课程的教学中，往往是对给定电路或简单电路系统进行分析和计算，以了解其工作原理和性能。而在电子电路设计中，要根据设计指标和要求，做出实现所需性能的实际电路。前者侧重运用电子电路理论知识做电路分析，后者则需根据掌握的电子电路理论、实践知识和实验技能进行综合运用。它不仅涉及一般电子电路的设计方法，还会遇到工程估算、安装制作、电路调试、故障分析与处理等实践性的技能问题。

电子电路种类很多，设计方法也不尽相同，尤其是随着集成电路的迅速发展，各种专用功能新型器件大量涌现，使电路设计工作发生了巨大的变革，原始的分立元件电路设计方法已逐渐被集成器件应用电路所取代。因此，要求设计者应把精力从单元电路的设计与计算转移到整体方案的设计上来，不断熟悉各种集成电路的性能、指标，并根据总体要求正确选取集成器件，合理地进行实验调试，进而完成总体的系统设计。

由于电子电路种类繁多，所以电路的设计过程和步骤也不完全相同。不过多数情况下，还是有共同的规律可遵循。一般来说，简单的电子电路装置的设计步骤大体如图 1-1-1 所示。

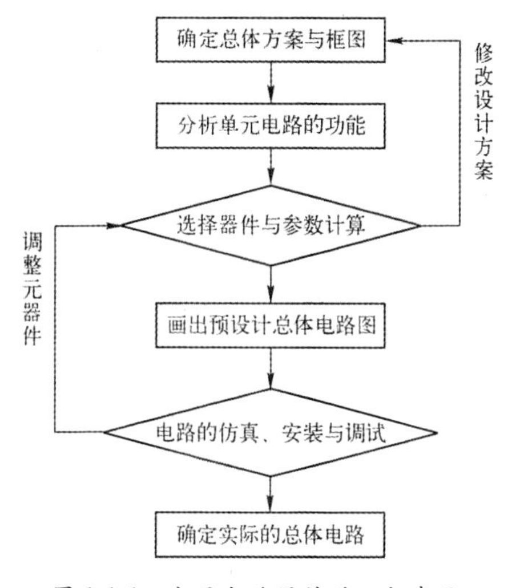

图 1-1-1　电子电路设计的一般步骤

一、选定总体方案与框图

根据设计任务、指标要求和给定的条件，分析所要设计的电路应该完成的功能，并将总体功能分解成若干单项的功能，分清主次和相互的关系，形成由若干单元功能块组成的总体方案。设计方案可以有多个，需要通过实际的调查研究、查阅有关资料和集体讨论等方式，着重从方案能否满足要求、构成是否简单、实现是否经济可行等方面，对几个方案进行比较和论证，择优选取。对选取的总体方案，常用框图的形式表示出来。这需要注意使每个方框尽可能是完成某一种功能的单元电路，尤其是关键的功能块的作用与功能一定要表达清楚。此外，还要表示出它们各自的作用和相互之间的关系，注明信息的走向和制约关系。

二、分析单元电路的功能

任何复杂的电子电路装置和设备，都是由若干具有简单功能的单元电路组成的。总体方案的每个方框，往往是由一个主要单元电路组成的，它的性能指标也比较单一。在明确每个单元电路的技术指标的前提下，要分析清楚各个单元电路的工作原理，设计出各单元电路的结构形式。这要求既要利用过去学过的或熟悉的单元电路，也要善于通过查阅资料、分析研究一些新型电路，并开发利用一些新型器件。

各单元电路之间要注意在外部条件、元器件使用、连接关系等方面的相互配合，尽可能减少元件的类型、电平转换和接口电路，以保证电路简单、工作可靠、经济实用。各单元电路拟定之后，应全面地检查一遍，查看每个单元各自的功能能否实现、信息是否畅通和总体功能能否满足要求。如果存在问题，还要针对问题做局部调整。

三、选择器件与参数计算

单元电路确定之后，根据其工作原理和所要实现的功能，首先要选择在性能上能满足要求的集成器件，所选集成器件最好能完全满足单元电路的要求。当然在多数情况下集成器件只能完成部分功能，需要同其他集成器件和电子元器件组合起来构成所需的单元电路。这里需要灵活运用过去学过的知识，也需要十分熟悉各种集成电路的性能和指标，并注意对新型器件的开发和利用。

经常会出现这种情况，在花费了许多工夫之后仍然选不到合适的电路，或者其性能指标达不到要求，或者因电路太复杂而实现十分困难。这就需要对总体方案做修正或改进，调整某些功能方块的分工和指标要求。电子电路设计中有时要经过多次反复修正和完善。

每个单元电路的结构、形式确定之后，还需要对影响技术指标的元器件进行参数计算，得到器件参数后，还要按照元器件的标称值选取适用的元器件。

四、画出预设计总体电路图

根据单元电路的设计、计算与元器件选取的结果，画出预设计的总体电路图。总体电路图主要包括总体电路原理图和实际元器件的接线图。

总体电路图应根据元器件国家标准以及电路图的规范画法画出。图中要注意信号输入和输出的流向，通常信号流向是从左至右、从下至上或从上至下，各单元电路也应尽可能按此规律排列，同时要注意布局合理。

总体电路图应尽可能画在一张图纸上。如果电路比较复杂，应当把主电路画在一张图纸上，而把一些比较独立或次要的单元电路画在另一张或另几张图纸上，但要标明相互之间的连接关系。所有的连接线要“横平、竖直”，相连的交叉线要在交点上用圆点标出。电源线和地线尽可能统一，并标出电源电压数值。

总体电路图画出之后，还要进行认真的审查。检查总体电路是否满足方案的要求，单元电路是否齐备；每个单元电路的工作原理是否正确，能否实现各自的功能；各单元电路之间的连接有无问题，电平和时序是否合适；图中标注的元器件型号、引脚序号、参数值等是否正确等。这种审查十分重要，以防在安装、调试中损坏器件。

五、电路的仿真、安装与调试

具备仿真条件的电路首先进行仿真调试，成功后再进行实际电路的安装与调试，这样可减少电路设计的成本与时间。电路的安装与调试是完成电子电路设计的重要环节。它是把理论设计付诸实践、制作出符合设计要求的实际电路的过程。安装与调试为学生创造了一个动脑、动手独立开展电路实验的机会，要求学生掌握电子电路的基本制作工艺和操作技能，运用实验的手段检验理论设计中的问题，运用学过的知识指导电路调试和检测工作，使理论与实践有机地结合起来，提高其分析解决电路实际问题的能力。

电子电路设计的电路安装，应根据题目的要求和教学条件，可以利用实验箱等实验设备完成电路，也可以制作出实际的电子电路装置。后者还需要考虑电路的布局、制作专门的印制电路板、焊接和组装电路等。

由于多种实际因素的影响，原来的理论设计可能要做修改，原来选择的元器件需要调整或改变参数，有时还需要增加一些电路或器件，以保证电路能稳定的工作。因此，调试之后很可能要对前面“选择器件和参数计算”中所确定的方案再做修改，最后完成实际的总体电路。

电子元器件品种繁多且性能各异，电子电路设计与计算中又采用工程估算，再加之设计中要考虑的因素很多，设计出的电路难免会存在这样或那样的问题甚至差错。实践是检验设计正确与否的唯一标准，任何一个电子电路都必须通过实验检验，没有经过实验检验的电子电路不能算是成功的电子电路。通过实验可以发现问题、分析问题，并找出解决问题的办法，从而修改和完善电子电路的设计。只有通过实验证明电路性能全部达到设计要求后，才能画出正式的总体电路图。

电子电路实验应注意以下几点：

（1）审图或仿真。电子电路组装前应对总体电路草图全面审查一遍，尽早发现草图中存在的问题，能进行仿真的草图用仿真调试来审查修改，以避免实际电路组装时出现过多反复或重大事故。

（2）电子电路组装与调试。一般先在面包板上采用插接方式组装与调试，或在具备条件的实验装置上组装与调试，或在多功能印制电路板上采用焊接方式组装与调试。初步调试成功后可试制印制电路板，之后焊接组装，并做进一步的调整与测试。

（3）选用合适的实验设备。一般电子电路实验必备的设备有直流稳压电源、万用表、信号发生器、示波器、低压交流电源等，其他专用测试设备视具体电路要求而定。

（4）实验步骤。先局部，后整体。即先对每个单元电路进行实验，重点是主电路的单元电路实验。可先易后难，亦可依次进行，视具体情况而定。单元电路调试通过后再逐步扩展到整体电路。只有整体电路调试通过后，才能进行性能指标测试。性能指标测试合格才算实验完成。

六、确定实际的总体电路

通过电路调试和技术指标的检测，达到了预期的设计要求，即可确定所要设计的总体电路，并画出实际的总体电路图。画正式总体电路图应注意的问题与画草图一样，只不过要求更严格、更工整，一切都应按制图标准绘图。按规定还要列出所用的元器件明细表。电子电路设计还要求对设计的全过程做出系统的总结，并写出设计说明书。

第二节　电子工程图绘制

电子工程图在电子产品设计文件和工艺文件中均被大量采用，绘制好电子工程图是电子工程技术人员必备的基本技能。

一、电子工程图

电子工程图是根据元器件国家标准以及电路图的规范画法绘制的电子产品的简化工程图，其在电子行业被广泛采用。电子产品在设计开发和生产中的设计文件和工艺文件也离不开电子工程图，例如电路图、框图、流程图、接线图和印制板图等。

（一）图形符号

在实际应用图形符号时，只要不发生误解，人们总希望尽量简化。图 1-2-1 中是实践中常见的图形符号，使用这些简化画法的符号一般不会发生误解，这已经为国家标准所规定，该规定具体如下：

（1）三极管省去圆圈；

（2）电解电容、电池的负极用细实线画。

图 1-2-1 图形符号

此外,有关符号还遵守下列规定:

(1)在工程图中,符号所在的位置及其线条的粗细并不影响含义。

(2)符号的大小不影响含义,可以任意画成一种和全图尺寸相配的图形。在放大或缩小图形时,其各部分应该按相同的比例放大或缩小。

(3)在元器件符号的端点加上"o"不影响符号原义,如图 1-2-2(a)所示。在开关元件中"o"表示接点,一般不能省去,如图 1-2-2(b)所示。符号之间的连线画成直线或斜线,不影响符号本身的含义,但表示符号本身的直线和斜线不能混淆,如图 1-2-2(c)所示。

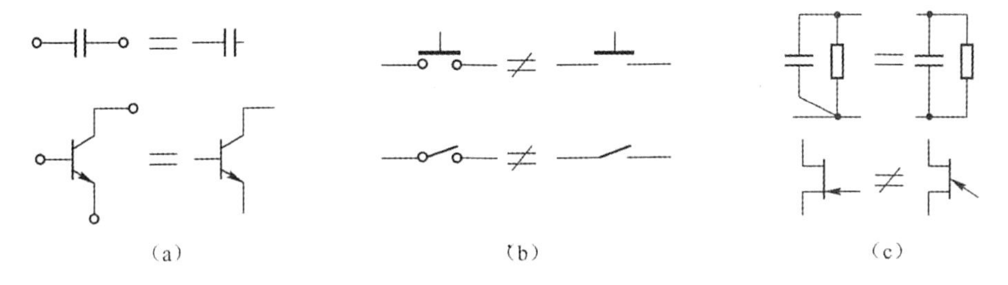

图 1-2-2 符号规定示例

(4)在逻辑电路的元件中,有无"o"含义不同,如图 1-2-3 所示。输出有"o"表示"非",如 4071 是或门,4001 是或非门,4081 是与门,4011 是与非门;输入有"o"端表示低电平有效,输入无"o"端表示高电平有效;输出全"o"表示全部反码输出,如 74LS138;时钟脉冲 CLK 端有"o"表示在时钟脉冲的下降沿触发,无"o"表示在时钟脉冲的上升沿触发,异步置 1 端 S 端和异步置 0 端 R 端有"o"表示低电平有效,无"o"表示高电平有效,如 74111、7476、4013、7474。

(二)元器件代号

在电路中,代表各种元器件的符号旁边,一般都标有字符记号,这是该元器件的标志说明,不是元器件符号的一部分。同样,在计算机辅助设计电路制板软件中,每个元件都必须有唯一的字符作为该元件的名称,也是该元件的说明,称为元件名(component reference designator)。在实际工作中,习惯用一个或几个字母表示元件的类型:有些元器件是用多种记号表示的,一个字母也不仅仅代表某一种元件。

在同一电路图中,不应出现同一元器件使用不同代号或一个代号表示一种以上元器件的现象。

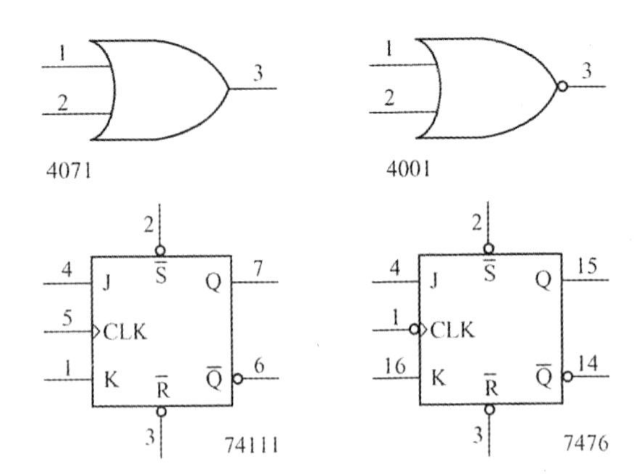

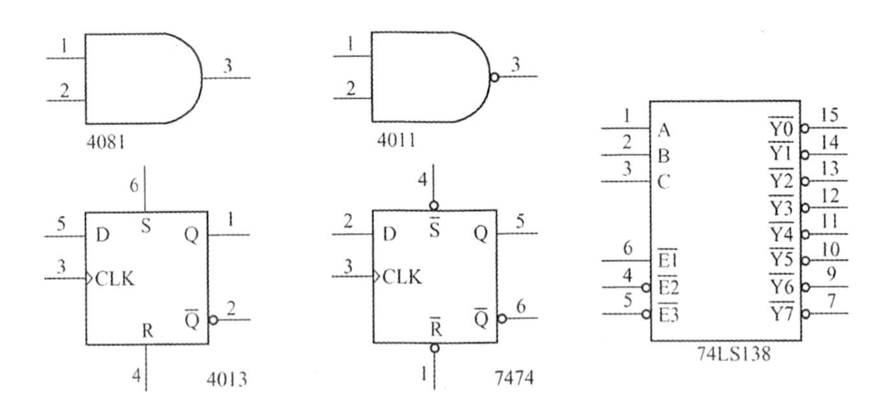

图 1-2-3　逻辑电路的元件符号示例

(三)下角标码

(1)同一电路图中,下角标码表示同种元器件的序号,如 R_1、R_2…,BG_1、BG_2…。

(2)电路由若干单元电路组成,可以在元器件名的前面缀以标号,表示单元电路的序号。例如有两个单元电路:

$1R_1$、$1R_2$、…,$1BG_1$、$1BG_2$、…表示单元电路 1 中的元器件;

$2R_1$、$2R_2$、…,$2BG_2$、$2BG_2$、…表示单元电路 2 中的元器件。

或者,对上述元器件采用 3 位标码表示它的序号以及所在单元电路,例如:

R_{101}、R_{102}、…,BG_{101}、BG_{102}、…表示单元电路 1 中的元器件;

R_{201}、R_{202}、…,BG_{201}、BG_{202}、…表示单元电路 2 中的元器件。

(3)下角标码字号小一些的标注方法,如 $1R_1$、$1R_2$、…,常见于电路原理性分析的书刊,但在工程图里这样的标注不好:第一,采用小字号下标的形式标注元器件,为制图增加了难度,计算机 CAD 电路设计软件中一般不提供这种形式;第二,工程图上的小字号下角标码容易被模糊、污染，可能导致混乱。因此，一般采用将下角标码平排的形式，如 1R1、1R2、…或 R101、R102、…，这样就更加安全可靠。

(4)一个元器件有几个功能独立的单元时，可在标码后面再加附码，如图 1-2-4 所示为三刀三掷开关的表示方法。

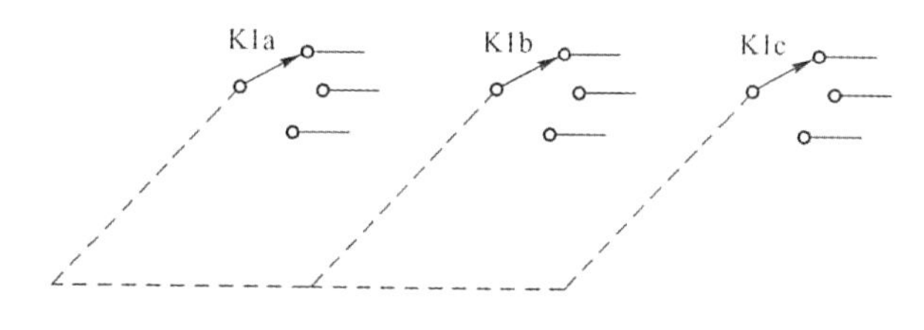

图 1-2-4　三刀三掷开关的表示方法

(四)元器件标注

在一般情况下，对于实际用于生产的正式工程图，通常不把元器件的参数直接标注出来，而是另附文件详细说明。这不仅使标注更加全面、准确，避免混淆误解，同时也有利于生产管理(材料供应、材料更改)和技术保密。

在说明性的电路图纸中，则要在元器件的图形符号旁边标注出它们最主要的规格参数或型号名称。标注的原则主要是根据以下几点确定的：

(1)图形符号和文字符号共同使用可以尽可能准确、简洁地提供元器件的主要信息。例如，电阻的图形符号表示了它的电气特性，图形符号旁边的文字标注出了它的阻值；电容器的图形符号不仅表示出它的电气特性，还表示了它的种类(有无极性和极性的方向)，用文字标注出它的容量和额定直流工作电压；对于各种半导体器件，则应该标注出它们的型号名称。

在图纸上，文字标注应该尽量靠近它所说明的那个元器件的图形符号，避免与其他元器件的标注混淆。

(2)应该减少文字标注的字符串长度，使图纸上的文字标注既清楚、明确，又只占用尽可能小的面积。同时，还要避免因图纸印刷缺陷或磨损折旧而造成的混乱。当对电路进行分析计算时，人们一般直接读(写)出元器件的数值，如电阻 47Ω、1.5kΩ，电容 0.01μF、1 000pF 等，但把这些数值标注到图纸上去，不仅五位、六位的字符太长，而且如果图纸印刷(复印)质量不好或经过磨损以后，字母“Ω”的下半部分丢失就可能把 47Ω 误认为 470，小数点丢失就可能把 1.5kΩ 误认为 15kΩ。

因此采取了一些相应的规定：在图纸的文字标注中取消小数点，小数点的位置上用一个字母代替，并且数字后面一般不写表示单位的字符，使字符串的长度不超过四位。

对常用的阻容元件进行标注，一般省略其基本单位，采用实用单位或辅助单位。电阻的基本单位 Ω 和电容的基本单位 F 一般不出现在元器件的标注中。如果出现了表示单位的字符，则是用它代替了小数点。

1. 电阻器

电阻器的实用单位有 Ω、kΩ、MΩ 和 GΩ，其中 Ω 在整数标注中省略，在小数标注中由 R 代替小数点，而 kΩ、MΩ、GΩ 分别记作 k、M 和 G：

$1\text{k}\Omega = 10^3\Omega$；

$1\text{M}\Omega = 10^6\Omega$，即 $1\text{M}\Omega = 10^3\text{k}\Omega$；

$1\text{G}\Omega = 10^9\Omega$，即 $1\text{G}\Omega = 10^3\text{M}\Omega = 10^6\text{k}\Omega$。

因此，对于电阻器的阻值，应该把 0.56Ω、5.6Ω、56Ω、560Ω、5.6kΩ、56kΩ、560kΩ 和 5.6MΩ，分别标注为 R56、5R6、56、560、5k6、56k、560k 和 5M6。

2. 电容器

电容器的实用单位有 pF、μF，分别记作 p 和 μ：

$1\text{pF} = 10^{-12}\text{F}$；

$1\mu\text{F} = 10^{-6}\text{F}$，即 $1\mu\text{F} = 10^6\text{pF}$。

例如，对于电容器的容量，还需要标出 p 或 μ，例如应该把 4.7pF、47pF、470pF 分别记作 4p7、47p、470p，把 4.7μF、47μF、470μF 分别记作 4μ7、47μ、470μ。为了便于表示容量大于 1 000pF、小于 1μF 以及大于 1 000μF 的电容，采用辅助单位 nF 和 mF：

$1\text{nF} = 10^{-9}\text{F}$，即 $1\text{nF} = 10^3\text{pF} = 10^{-3}\mu\text{F}$；

$1\text{mF} = 10^{-3}\text{F}$，即 $1\text{mF} = 10^3\mu\text{F}$。

因此，1n、4n7、10n、22n、100n、560n、1m、3m3 分别表示容量为 1 000pF、4 700pF、0.01μF、0.022μF、0.1μF、0.56μF、1 000μF 和 3 300μF。

另外，对于有工作电压要求的电容器，文字标注要采取分数的形式：横线上面按上述格式表示电容量，横线下面用数字标出电容器的额定工作电压。如图 1-2-5 所示，电解电容器 C2 的标注是$\frac{3\text{m}3}{160}$，表示电容量为 3 300μF、额定工作电压为 160V。

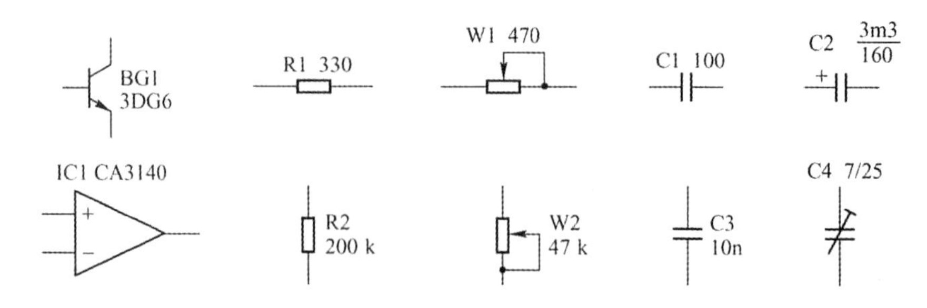

图 1-2-5 元器件标注举例

图 1-2-5 中微调电容器 7/25 虽然未标出单位，但通常微调电容器的容量都很小，单位只可能是 pF，即 7～25pF。

也有一些电路图中，所用某种相同单位的元件特别多，则可以附加注明。例如，某电路中有100只电容，其中90只是以pF为单位的，则可将该单位省去，并在图上添加附注："所有未标电容均以pF为单位。"

3. SMT阻容元器件

由于SMT元器件特别细小，一般采用3位数字在元件上标注其参数。例如，电阻上标注101表示其阻值是100Ω（即$10\times10^1\Omega$），标称为474的电容器表示其容量是0.47μF（即47×10^4pF）。

二、电路图

电路图用来表示设备的电气工作原理，它使用各种图形符号按照一定的规则绘制，表示元器件之间的连接以及电路各部分的功能。

电路图不表示电路中各元器件的形状或尺寸，也不反映这些器件的安装、固定情况。因此，一些整机结构和辅助元件如紧固件、接线柱、焊片、支架等组成实际产品必不可少的东西在电路图中都不需要画出来。

(一)电路图中的连线

(1)连线要尽可能画成水平或垂直的。

(2)相互平行线条的间距不要小于1.6mm；较多的平行线条应按功能分组画出，组间应留出2倍的线间距离，如图1-2-6(a)所示。

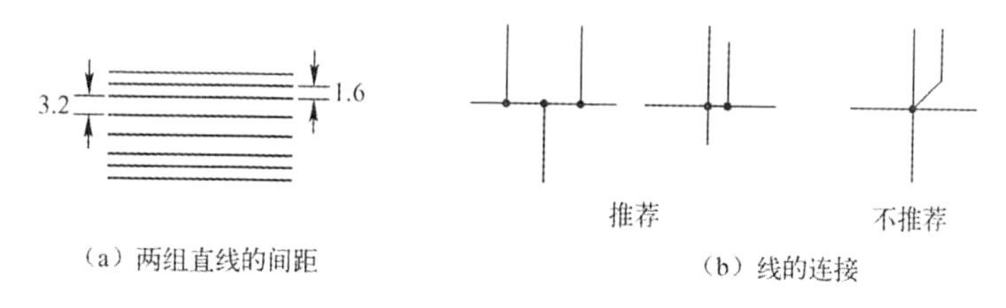

图1-2-6　连接线画法

(3)一般不要从一点上引出多于三根的连线，如图1-2-6(b)所示。

(4)连线可以根据需要适当延长或缩短。

(二)电路图中的虚线

在电路图中，虚线一般是作为一种辅助线，没有实际电气连接的意义。其作用如下：

(1)表示两个或两个以上元件的机械连接。例如在图1-2-7(a)中，表示带开关的电位器，这种电位器常用在音量控制电路中，调整W可以通过改变音频信号的大小改变音量，当调整音量至最小时，开关K断开电源；图1-2-7(b)表示两个同步调谐的电容器，这种电容器常用在超外差无线电接收机里，C1和C2分别处于高放回路和本振回路，同步调谐保证两回路的差频不变。

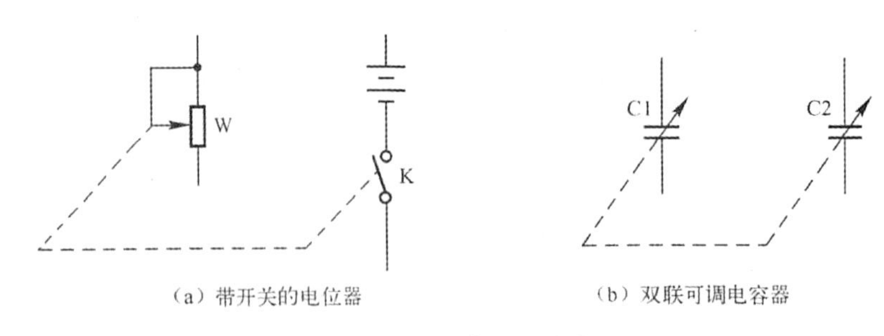

图 1-2-7 虚线表示机械连接

(2)表示屏蔽,如图 1-2-8 所示。

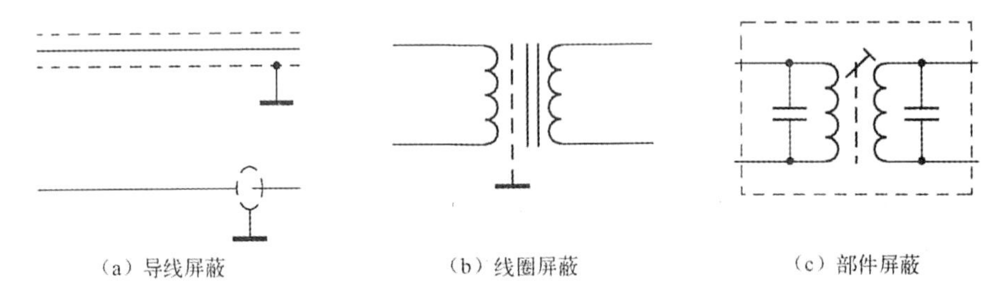

图 1-2-8 用虚线表示屏蔽

(3)表示一组封装在一起的元器件,如图 1-2-9 所示。

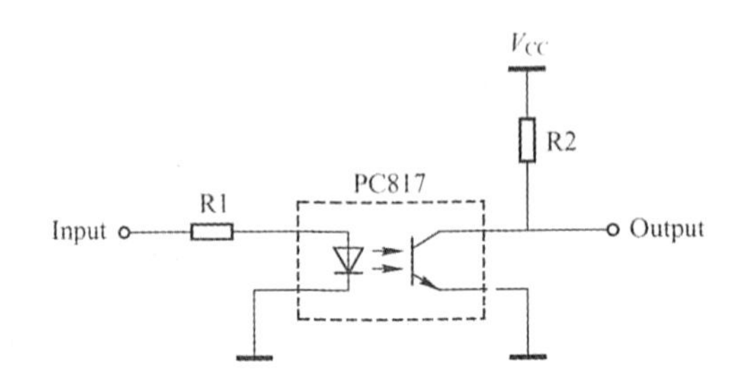

图 1-2-9 封装在一起的元器件

(4)其他作用:表示一个复杂电路划分成若干个单元或印制电路分隔为几块小板的界限等,一般需要附加说明。

(三)电路图中的省略

在比较复杂的电路中,如果将所有的连线和接点都画出来,图形就会过于密集,线条太多反而不容易看清楚。因此,人们采取各种办法简化图形,使画图、读图都方便。

1. 线的中断

在图中距离较远的两个元器件之间的连线(特别是成组连线),可以不必画到最终去处,采用中断的办法表示,可以大大简化图形,如图 1-2-10 所示。

在这种线的断开处,一般应该标出去向或来源。

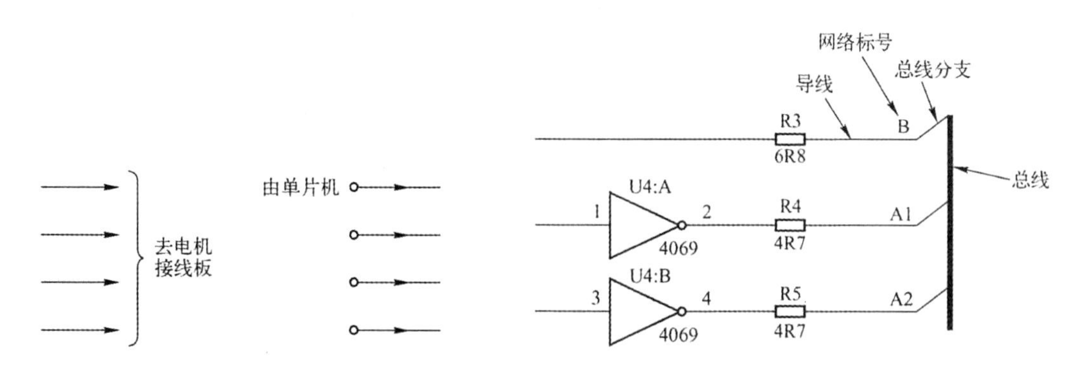

图 1-2-10　线的中断

图 1-2-11　引入总线的画法

2. 总线

需要在电路图中用一组线连接的时候，可以使用总线(BUS)(粗实线)来表示。当使用计算机绘图软件时，用总线绘制的图形，还需绘制导线(细直线)、总线分支(细斜线)，标示每根导线的网络标号，如图 1-2-11 所示。电路图中相同的网络标号表示的是同一根线，即电路是连通的。

3. 电源线省略

在分立元器件电路中，电源接线可以省略，只需标出接点，如图 1-2-12 所示。

因集成电路引脚及工作电压固定，往往也将电源接点省略掉，如图 1-2-13 所示。

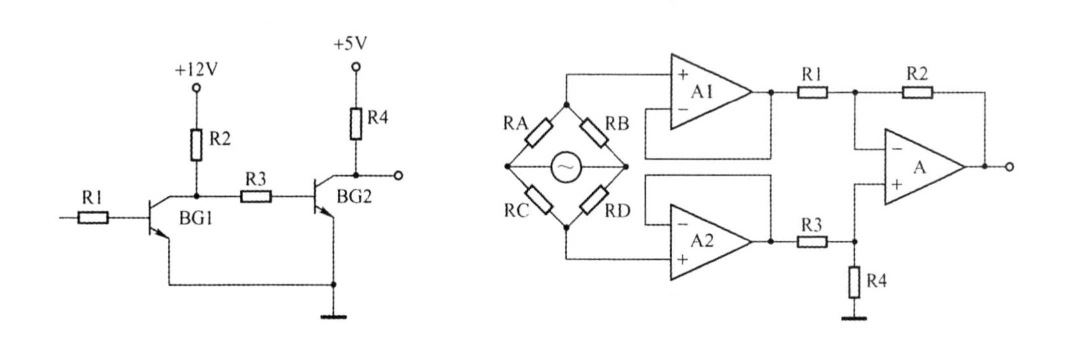

图 1-2-12　电源线省略

图 1-2-13　集成电路图中的电源线省略

(四)电路图的绘制

绘制电路图时，要注意做到布局均匀和条理清楚。

(1)要注意符号统一。在同一张图内，同种电路元件不得出现两种符号。必须采用国家标准规定的符号，但大规模集成电路的引脚名称一般保留外文字母标注。

(2)在正常情况下，采用电信号从左到右、自上而下(或自下而上)的顺序，即输入端在图纸的左、上方(或下方)，输出端在右、下方(或上方)。

(3)每个图形符号的位置应该能够体现电路工作时各元器件的作用顺序。在图 1-2-14

中，运放 A3 作为反馈电路，将输出信号反馈到输入端，故它的方向与 A1、A2 不同。

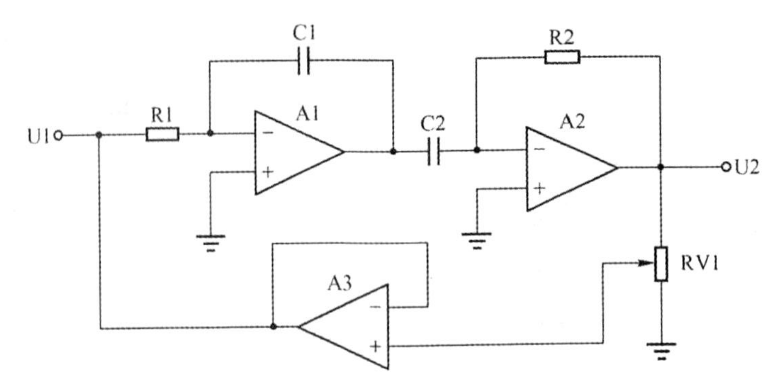

图 1-2-14　图形位置及其作用

(4)把复杂电路分割成单元电路进行绘制时，应该标明各单元电路信号的来龙去脉，并遵循从左至右、从下至上或从上至下的顺序。

(5)串联的元件最好画到一条直线上，并联时按各元件符号的中心对齐，如图 1-2-15 所示。

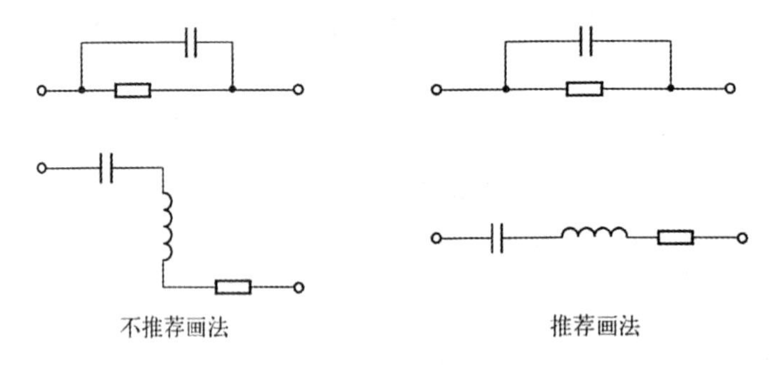

图 1-2-15　元器件串、并联时的位置

(6)电气控制图中开关及继电器等元件的触点在绘制时方向应遵循“横画上闭下开口朝左，竖画左开右闭口朝上”，并且元件与其触点的文字标注应相同，如图 1-2-16 所示。

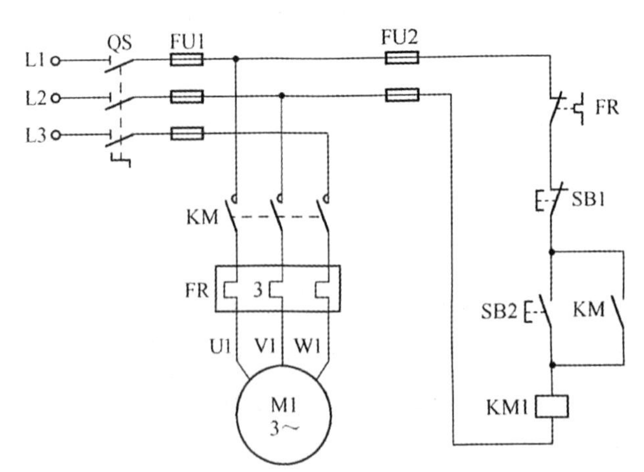

图 1-2-16　电气控制图中元件的方向与标注

(7)根据图纸的使用范围及目的需要，可以在电路图中附加以下并非必需的内容：

1)导线的规格和颜色；

2)某些元器件的颜色；

3)某些元器件的外形和立体接线图；

4)某些元器件的额定功率、电压、电流等参数；

5)某些电路测试点上的静态工作电压和波形；

6)部分电路的调试或安装条件；

7)特殊元件的说明。

三、框图

框图是一种使用非常广泛的说明性图形，它用简单的“方框”代表一组元器件、一个部件或一个功能模块，用它们之间的连线表达信号通过电路的途径或电路的动作顺序。框图具有简单明确、一目了然的特点。图1-2-17是普通超外差式收音机的框图，它能让我们一眼就看出电路的全貌、主要组成部分及各级电路的功能。

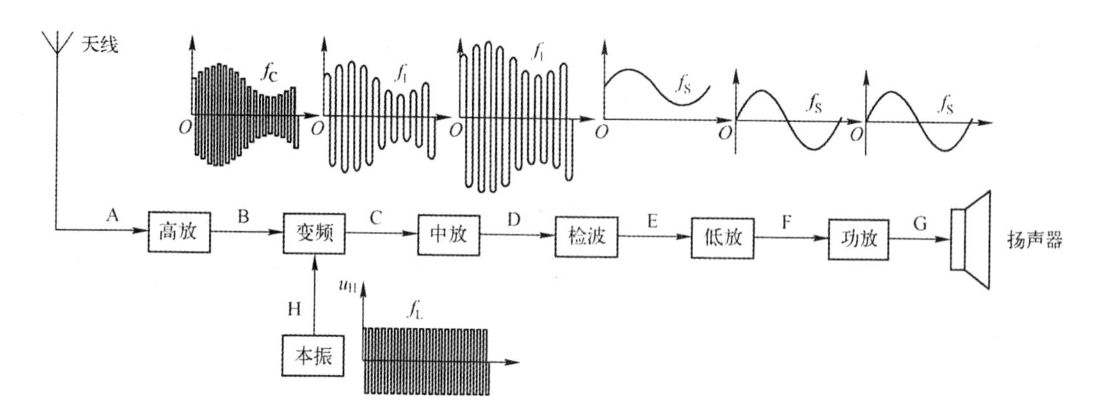

图1-2-17　普通超外差式收音机的框图

框图对于了解电路的工作原理非常有用。一般情况下，比较复杂的电路原理图都附有框图作为说明。

绘制框图，要在框内使用文字或图形注明该框所代表电路的内容或功能，框之间一般用带有箭头的连线表示信号的流向。在框图中，也可以用一些符号代表某些元器件，例如天线、电容器和扬声器等。

框图往往也和其他图形组合起来，表达一些特定的内容。

四、流程图

对于复杂电路，框图可以扩展为流程图。在流程图里，“框”成为广义的概念，代表某种功能而不管具体电路如何，“框”的形式也有所改变。流程图实际上是信息处理的“顺序结构”“选择结构”和“循环结构”以及这几种结构的组合。

1. 程序流程图

程序的执行过程有顺序执行过程、控制转移过程和子程序调用与返回过程，而子程序调用过程又包含前两者。画程序流程图时，“控制转移”用菱形表示，“过程”用矩形表示，“开始”“结束”用类似于环形跑道的图形表示。

顺序执行过程的流程图比较容易画，只需按照电路的工作步骤顺序列出即可。但在画带有控制转移过程的流程图时，要根据控制转移指令的特点进行，通常在菱形有箭头指出的左、右两角用“N”或用“否”来表示，而在菱形有箭头指出的下角用“Y”或用“是”来表示。

2. 工艺流程图

流程图还可以用来表示产品的生产加工过程或者工艺处理过程。

第三节　电子电路安装技术

电子电路设计完毕后，需要进行电路安装。电子电路的安装技术与工艺在电子工程技术中占有十分重要的位置，不可轻视。安装技术与工艺的优劣，不仅影响外观质量，而且影响电子产品的性能，并且影响调试与维修，因此，必须引起足够的重视。

一、电子电路安装布局的原则

备好按总体电路图所需要的元器件之后，如何把这些元器件按电路图组装起来，电路各部分应放在什么位置，是用一块电路板还是用多块电路板组装，一块板上电路元件又如何布置等，这都属于电路安装布局的问题。

电子电路安装布局分为电子装置整体结构布局和电路板上元器件安装布局两种。

(一)整体结构布局

这是一个空间布局的问题。应从全局出发，决定电子装置各部分的空间位置。例如，电源变压器、电路板、执行机构、指示与显示部分、操作部分以及其他部分等，在空间尺寸不受限制的场合，这些都比较好布局；而在空间尺寸受到限制且组成部分多而复杂的场合，布局是十分艰难的，常常要对多个布局方案进行比较，多次反复是常有的事。

整体结构布局没有一个固定的模式，只有以下一些应遵循的原则：

(1)注意电子装置重心的平衡与稳定。为此，变压器和大电容等比较重的器件应安装在装置的底部，以降低装置的重心，还应注意装置前后、左右的质量平衡。

(2)注意发热部件的通风散热。为此，大功率管应加装散热片，并布置在靠近装置外壳的地方，且开凿通风孔，必要时加装小型排风扇。

(3)注意发热部件的热干扰。为此，半导体器件、热敏器件和电解电容等应尽可能远离发热部件。

(4)注意电磁干扰对电路正常工作的影响,容易被干扰的元器件(如高放大倍数放大器的第一级)应尽可能远离干扰源(如变压器、高频振荡器、继电器和接触器等)。当远离有困难时,应采取屏蔽措施(即将干扰源屏蔽或将易受干扰的元器件屏蔽起来)。此外,输入级也应尽可能远离输出级。

(5)注意电路板的分块与布置。如果电路规模不大或电路规模虽大但安装空间有限,应尽可能采用一块电路板;如果采用多块电路板,分块的原则是按电路功能分块,不一定一块一个功能,可以一块有几个功能。电路板的布置可卧式布置,也可立式布置,视具体空间而定。不论采用哪一种,都应考虑到安装、调试和检修的方便。此外,与指示和显示有关的电路板最好是安装在面板附近。

(6)注意连线的相互影响。强电流线与弱电流线应分开走,输入级的输入线应与输出级的输出线分开走。

(7)操作按钮、调节按钮、指示器与显示器等都应安装在装置的面板上。

(8)注意安装、调试和维修的方便,并尽可能注意整体布局的美观。

(二)电路板结构布局

在一块板上按电路图把元器件组装成电路,其组装方式通常有两种:插接方式和焊接方式。插接方式是在面包板上或相应的实验设备上进行的,电路元器件和连线均接插在面包板或相应的实验设备上的孔中;焊接方式是在印制电路板上进行的,电路元器件焊接在印制电路板上,电路连线为印制导线,必要时还需自己布线。

不论是哪一种组装方式,首先必须考虑元器件在电路板上的结构布局问题。布局的优劣不仅影响到电路板的走线、调试、维修以及外观,也对电路板的电气性能有一定影响。

电路板结构布局没有固定的模式,不同的人进行的布局设计有不同的结果,但有如下一些供参考的原则:

(1)首先布置主电路的集成电路芯片和晶体管等主要元件的位置。安排的原则是,按主电路信号流向的顺序布置各级的集成电路芯片和晶体管。当芯片多而板面有限时,布成"U"字形,"U"字形的口一般应尽量靠近电路板的引出线处,以利于第一级输入线、末级输出线与电路板引出线之间的连线。此外,集成电路芯片之间的间距(即空余面积)应视其周围元器件的多少而定。

(2)安排其他电路元器件(电阻器、电容器、二极管等)的位置。其原则是,按级就近布置,即各级元器件围绕各级的集成电路芯片或晶体管布置。如果有发热量较大的元器件,则应注意它与集成电路芯片或晶体管之间的间距应尽量大些。

(3)连线布置。其原则是,第一级输入线与末级输出线、强电流线与弱电流线、高频线与低频线等应分开走,其间距应足够大,以避免相互干扰。

(4)合理布置接地线。为避免各级电流通过地线时产生相互间的干扰,特别是末级电流通过地线对第一级的反馈干扰，以及数字电路部分电流通过地线对模拟电路产生干扰，通常采用地线割裂法使各级地线自成回路，然后再分别一点接地，如图 1-3-1(a)所示。即各级的地是割裂的，不直接相连，然后再分别接到公共的一点地上。

根据上述一点接地的原则，布置地线时应注意如下几点：

1)输出级与输入级不允许共用一条地线。

2)数字电路与模拟电路不允许共用一条地线。

3)输入信号的“地”应就近接在输入级的地线上

4)输出信号的“地”应接公共地，而不是输出级的“地”。

5)各种高频和低频退耦电容的接“地”端应远离第一级的地。

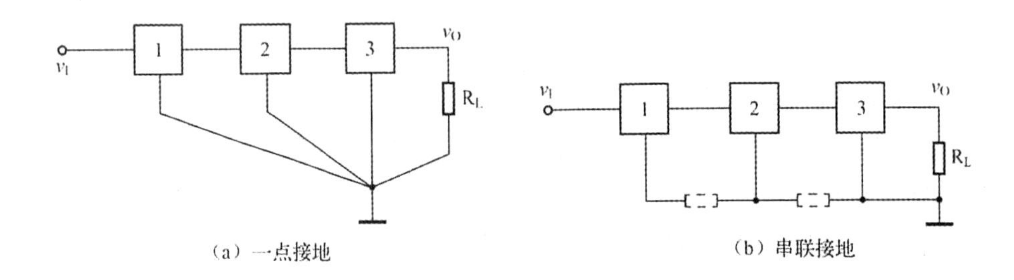

图 1-3-1　地线布置

显然，上述一点接地的方法可以完全消除各级之间通过地线产生的相互影响，但接地方式比较麻烦，且接地线比较长，容易产生寄生振荡。因此，在印制电路板的地线布置上常常采用另一种地线布置方式，即串联接地方式，如图 1-3-1(b)所示，各级地一级级直接相连后再接到公共的地上。

在这种接地方式中，各级地线可就近相连，接地比较简单，但因存在地线电阻，如图 1-3-1(b)中虚线所示，各级电流通过相应的地线电阻产生干扰电压，影响各级的工作。为了尽量抑制这种干扰，常常采用加粗和缩短地线的方法，以减小地线电阻。

(5)电路板的布局还应注意美观和检修方便。为此，集成电路芯片的安置方式应尽量一致，不要横的横、竖的竖，电阻、电容等元器件亦应如此。

二、元器件焊接技术

(一)焊接工具和材料

1. 电烙铁

根据焊点的需要选用合适的电烙铁。电烙铁在使用前要进行必要的检查和处理。

(1)安全检查。用万用表检查电源线有无短路、开路，电源线装接是否牢固，螺丝是否松动，在手柄上电源线是否被顶紧，电源线套管有无破损。

(2)烙铁头处理。烙铁头一般由紫铜做成,在温度较高时容易氧化,在使用过程中其端部易被焊料浸蚀失去原有的形状,这时需及时用锉刀等加以修整,然后重新镀锡。

镀锡具体操作方法:将处理好烙铁头的电烙铁通电加热,并不断在松香上擦洗烙铁头表面,当烙铁头温度刚能熔化焊锡时,立即在其表面熔化一层焊锡,并不断地在粗糙的小木块或废旧的印制电路板上来回摩擦,直至烙铁头表面均匀地镀上一层锡为止,镀锡长度为 1cm 左右。

(3)使用注意事项。旋电烙铁手柄盖时不可使电源线随着手柄盖扭转,以免损坏电源线接头部位,造成短路。电烙铁在使用中不要敲击,烙铁头上过多的焊锡不得随意乱甩,可用洁净的软湿棉布擦除。电烙铁在使用一段时间后,应将烙铁头取出,除去外表氧化层,取烙铁头时切勿用力扭动烙铁头,以免损坏烙铁芯。

2. 焊料

焊料是易熔金属,它的熔点低于被焊金属。焊料熔化时,用其被焊接的两种相同或不同的金属结合处填满,待冷却凝固后,把被焊金属连接到一起,形成导电性能良好的整体。一般要求焊料具有熔点低、凝固快的特点,其熔融时应该有较好的润湿性和流动性,且凝固后要有足够的机械强度。

焊料按照组成的成分分为锡铅焊料、银焊料、铜焊料等多种。目前在一般电子产品的装配焊接中,主要使用锡铅焊料,简称焊锡。

(1)锡铅共晶焊料。锡铅合金的熔化温度随锡的含量而变化。当含锡 63%、含铅 37% 时,合金的熔点是 183℃,凝固点也是 183℃,可由固体直接变为液体,这时的合金称为共晶合金。按共晶合金的配比制成的焊锡称共晶焊锡。锡铅共晶焊料有如下优点:

1)低熔点,降低了焊接时的加热温度,可以防止元器件损坏。

2)熔点和凝固点一致,可使焊点快速凝固,几乎不经过半凝固状态,不会因为半熔化状态时间间隔长而造成焊点结晶疏松,强度降低。

3)流动性好、表面张力小、润湿性好,有利于提高焊点质量。

4)机械强度高,导电性能好。

(2)实验室常用管状焊锡丝。管状焊锡丝将助焊剂与焊锡制作在一起,在焊锡管中夹带固体助焊剂。助焊剂一般选用特级松香为基质材料,并添加一定的活化剂。管状焊锡丝适用于手工焊接。

3. 助焊剂

实验室常用的助焊剂为松香。

助焊剂的作用是清除金属表面氧化物、硫化物、油和其他污染物,并防止在加热过程中焊料继续氧化。同时，它还具有增强焊料与金属表面的活性、增加浸润的作用。

(1)去除氧化膜。其实质是助焊剂中的氯化物、酸类同焊接面上的氧化物发生还原反应，从而除去氧化膜。反应后的生成物变成悬浮的渣，漂浮在焊料表面。

(2)防止氧化。液态的焊锡及加热的焊件金属都容易与空气中的氧接触而氧化。助焊剂融化以后，形成漂浮在焊料表面的隔离层，防止了焊接面的氧化。

(3)减小表面张力。增加熔融焊料的流动性，有助于焊锡润湿和扩散。

(4)使焊点美观。合适的助焊剂能够整理焊点形状，保持焊点表面的光泽。

(二)焊接工艺和焊接技术

1. 五步操作法

(1)准备。首先把被焊件、焊锡丝和电烙铁准备好。

(2)加热被焊件。烙铁头同时加热两个被焊件。

(3)熔化焊锡丝。被焊件经过加热达到一定温度后，立即将焊锡加到与烙铁头对称的另一侧的被焊件上，而不是直接加到烙铁头上。

(4)移开焊锡丝。焊锡丝熔化一定量(焊锡刚流满焊盘)之后，迅速移开焊锡丝。

(5)移开电烙铁。焊料在焊点上流熔浸润良好后立即移开电烙铁。

2. 焊接的操作要领

(1)焊前应准备好所需工具、图纸，清洁被焊件表面并镀上锡。

(2)电烙铁的温度要适当，焊接时间要适当。

(3)焊料的施加量可根据焊点的大小而定。焊料的施加方法可根据具体情况而定。

(4)保持烙铁头的清洁。

(5)靠增加接触面积来加快传热，加热要靠焊锡桥。

(6)电烙铁撤离有讲究：电烙铁的撤离要及时，而且撤离时的角度和方向与焊点的形成有关。图 1-3-2 所示为电烙铁不同的撤离方向对焊点锡量的影响。

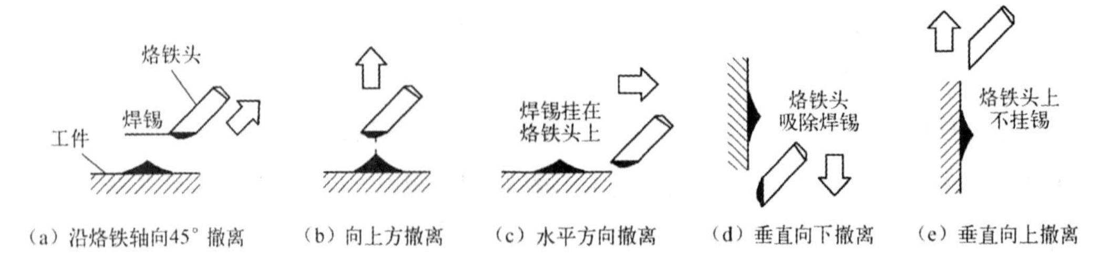

图 1-3-2　电烙铁撤离方向和焊点锡量的关系

(7)在焊锡凝固之前切勿使被焊件移动或受到振动，特别是用镊子夹住焊件时，一定要等焊锡凝固后再移走镊子，否则极易造成焊点结构疏松或虚焊。

(8)助焊剂用量要适中。如松香酒精仅浸湿将要形成焊点的部位即可,使用有松香芯的管状焊锡丝的焊接基本上不需要再涂助焊剂。目前所用印制板在制板时已进行过松香酒精的喷涂处理,焊接时无须再加助焊剂。

(9)当焊点一次焊接不成功或上锡量不够时,要重新焊接。重新焊接时,必须待上次的焊锡一同完全熔化并融为一体时才能把电烙铁移开。

(10)焊接过程中注意不要烫伤周围的元器件及导线,必要时可以利用焊接点上的余热完成有关操作。

(11)焊后检查有无错焊、漏焊、虚焊和元件歪斜等弊病并及时处理,做好焊后清除残渣的工作。

3.合格焊点的鉴别标准

(1)元件引线、导线与印制板焊盘应全部被焊料覆盖。

(2)从焊点上看能辨别出元器件引线或导线的轮廓、尺寸。

(3)焊料应浸润到导线、元器件引线与焊盘、金属化孔之间。

(4)焊点表面应光洁、平滑,无虚焊、气泡、针孔、拉尖、桥接、挂锡、溅锡及夹杂物等缺陷。

4.拆焊

在装接过程中,不可避免地要拆换装错、损坏的元器件,或因调试的需要拆换元器件,这就是拆焊。在实际操作中拆焊比焊接困难,如拆焊不得法,很容易损坏元器件、导线、印制板焊盘或焊接点,因此拆焊操作时,要十分注意。

(1)拆焊的原则和要求。拆焊的目的只是解除焊接,所以在拆焊时应注意如下几点:

1)拆焊前对所拆元器件位置、方向、引脚排列以及导线的连接点等记录清楚,以防更换重焊时装错。

2)拆焊时不损坏被拆除的元器件、导线。

3)拆焊时不可损坏焊盘和印制导线。

4)在拆焊过程中不要拆、移其他元件,如需要,要做好复原工作。

(2)拆焊的操作要求。

1)严格控制加热的温度和时间。因拆焊加热时间和温度较焊接时要长、要高,所以需严格控制温度和加热时间,以免将元器件烫坏或使焊盘脱胶。一般导线绝缘层耐热性较差,受热易损器件对温度十分敏感,均可采用间隔加热法拆除。

2)拆焊时不要用力过猛。元器件的引脚封装都不是非常坚固的,在拆焊时要注意用力的大小,操作时不可过分用力拉、摇、扭,以免损坏焊盘或元器件。

三、印制电路板的制作

1. 自制印制电路板的步骤

(1)用 Protel 软件设计印制图。

(2)打印印制电路图。

(3)热转印印制电路图。

(4)腐蚀印制电路板并清洗。

(5)钻元器件插孔。

(6)涂助焊剂、阻焊剂,干燥。

2. 印制电路的设计方法

用 Protel 软件绘制出印制电路图。

Protel 软件为绘制电路原理图、印制电路板图提供了良好的操作环境,而设计的最终目的是印制电路板图。

印制电路板简称 PCB(Printed Circuit Board)。

PCB 图的设计流程就是指印制电路板图的设计步骤,一般分为如图 1-3-3 所示的 6 个步骤。

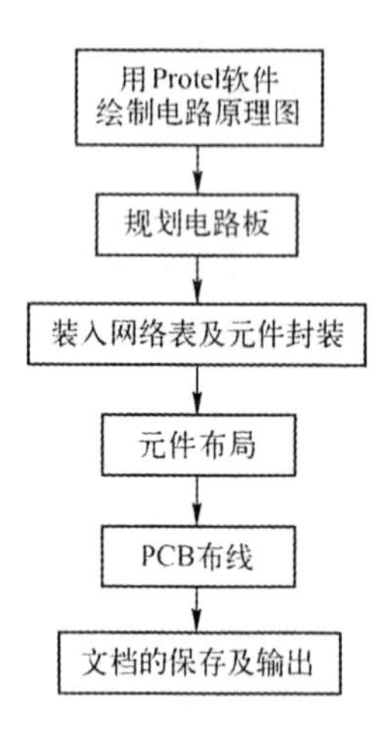

图 1-3-3　PCB 图设计流程

第四节　电子电路调试技术

电子电路调试要求掌握常用仪器仪表的使用方法和一般的实验测试技能。调试中,要求理论和实际相结合,既要掌握书本知识,又要有科学的实验方法,才能顺利地进行调试工作。

一、电子电路一般调试方法

电子电路安装完毕后，一般按以下步骤进行调试。

1. 检查电路

通电前，对照电路图检查电路元器件是否连接正确，器件引脚、集成电路芯片插入方向、二极管方向、电容器极性、电源线和地线是否接对；连接或焊接是否牢固；电源电压的数值和方向是否符合设计要求等。

2. 按功能块分别调试

任何复杂的电子装置都是由简单的单元电路组成的，把每一部分单元电路调试得能正常工作，才可能使它们连接成整机后正常工作，因此先分块调试电路，既容易排除故障，又可以逐步扩大调试范围，最终实现整机调试。分块调试既可以装好一部分就调试一部分，也可以整机装好后，再分块调试。

3. 先静态调试，后动态调试

调试电路不宜一次性既加电源又加信号进行电路实验。由于电路安装完毕之后，未知因素太多，如接线是否正确无误、元器件是否完好无损、参数是否合适和分布参数影响如何等，都需从最简单的工作状态开始观察、测试。所以，一般是先加电源不加信号进行调试，即静态调试，工作状态正确后再加信号进行动态调试。

4. 整机联调

每一部分单元电路或功能块工作正常后，再联机进行整机调试。调试重点应放在关键单元电路或采用新电路、新技术的部位。调试顺序可以按信息传递的方向或路径一级一级地测试，逐步完成全电路的调试工作。

5. 指标测试

电路正常工作后，立即进行技术指标的测试工作，根据设计要求，逐个检测指标完成情况。未能达到指标要求，需分析原因，找出改进电路的措施，有时需要用实验凑试的办法来达到指标要求。

二、数字电路调试中的特殊问题

1. 数字电路调试步骤和方法的特殊规律

数字电路中的信号多数是逻辑关系，集成电路的功能一般比较定型，通常在调试步骤和方法上有其特殊规律：

(1)需调整好振荡电路，以便为其他电路提供标准的时钟信号。

(2)注意调整控制电路部分，以便为各部分电路提供控制信号，使电路能正常、有序地工作。

(3)调整信号处理电路，如寄存器、计数器、选择电路、编码和译码电路等。这些部分都能正常工作之后，再相互连接检查电路的逻辑功能。

(4)注意调整好接口电路、驱动电路、输出电路及各种执行元件或机构，保证实现正常的功能。

2. 数字电路调试注意事项

数字电路集成器件引脚密集，连线较多，各单元之间时序关系严格，出现故障后不易查找。因此，调试中应注意以下问题：

(1)注意元件类型，如果既有 TTL 电路，又有 CMOS 电路，还有分立元件，注意检查电源电压是否合适，电平转换及带负载能力是否符合要求。

(2)注意时序电路的初始状态，检查能否自启动。检查、分析各集成电路多余引脚是否处理得当等。

(3)注意检查容易出现故障的环节，掌握排除故障的方法。出现故障时，可从简单部分逐级查找，逐步缩小故障点的范围；也可以从某些预知点的特性进行静态或动态测试，判断故障部位。

(4)注意各部分的时序关系。对各单元电路的输入和输出波形的时间关系要十分熟悉。应对照时序图，检查各点波形，弄清哪些是上升沿触发，哪些是下降沿触发，以及它和时钟信号的关系。

三、模拟电路调试需注意的问题

1. 静态调试

模拟电路加上电源电压后，器件的工作状态是电路能否正常工作的基础。因此调试时一般不接输入信号，首先进行静态调试。有振荡电路时，也暂不要接通。测试电路中各主要部位的静态电压，检查器件是否完好、是否处于正常的工作状态。若不符合要求，一定要找出原因并排除故障。

2. 动态调试

静态调试完成后，再接上输入信号或让振荡电路工作，各级电路的输出端应有相应的信号输出。线性放大电路不应有波形失真，波形产生和变换电路的输出波形应符合设计要求。调试时，一般是由前级开始逐级向后检测的，这样比较容易找出故障点，并及时调整改进。如果有很强的寄生振荡，应及时关闭电源，采取消振措施。

四、故障检测方法

(一)观察法

1. 静态观察法

静态观察法又称不通电观察法。在电子电路通电前主要通过目视检查找出某些故障。实践证明，占电子电路故障相当比例的焊点失效、导线接头断开、元件烧坏、电容器漏液或炸裂、接插件松脱、接点生锈等，完全可以通过观察发现，没有必要对整个电路大动干戈，导致故障升级。

2. 动态观察法

动态观察法又称通电观察法，即给电路通电后，运用人体视、嗅、听、触觉检查电路故障。通电观察，特别是较大设备通电时应尽可能采用隔离变压器和调压器逐渐加电，防止故障扩大。一般情况下还应使用仪表，如电流表、电压表等监视电路状态。

通电后，眼要看电路内有无打火、冒烟等现象；耳要听电路内有无异常声音；鼻要闻电器内有无烧焦、烧煳的异味，发现异常立即断电查找原因；通电一段时间后断开电源，手要触摸一些元件、集成电路等是否发烫（注意：高压、大电流电路须防触电、防烫伤），发现异常及时查找原因。

（二）测量法

1. 电阻法

电阻是各种电子元器件和电路的基本特征，在不通电的情况下，利用万用表测量电子元器件或电路各点之间电阻值来判断故障的方法称为电阻法。

测量电阻值，有"在线"和"离线"两种基本方式。"在线"测量，需要考虑被测元器件受其他并联支路的影响，测量结果应对照原理图分析判断。"离线"测量需要将被测元器件或电路从整个电路或印制板上脱焊下来，操作较麻烦，但结果准确可靠。

用电阻法测量集成电路，通常先将一个表笔接地，用另一个表笔测各引脚对地电阻值，然后交换表笔再测一次，将测量值与正常值（有些维修资料给出，或自己积累）进行比较，相差较大者往往是故障所在（不一定是集成电路坏）。

电阻法对确定开关、接插件、导线、印制板印制导线的通断及电阻器的变质、电容器短路、电感线圈断路等故障非常有效而且快捷，但对晶体管、集成电路以及电路单元来说，一般不能直接判定故障，需要对比分析或兼用其他方法，但由于电阻法不用给电路通电，因此可将检测风险降到最小，故一般检测时首先采用。

采用电阻法测量时要注意：

(1)使用电阻法时应在电路断电、大电容放电完毕后的情况下进行，否则结果不准确，还可能损坏万用表。

(2)在检测低电压供电的集成电路（≤5V）时避免用指针式万用表的×10k 挡。

(3)在线测量时应将万用表表笔交替测试，对比分析。

2. 电压法

1)交流电压测量。一般电子电路中交流回路较为简单，对 50Hz 市电升压或降压后的电压只需使用普通万用表选择合适 AC 量程即可，测高压时要注意安全并养成用单手操作的习惯。

2)直流电压测量。检测直流电压一般分为三步：

1)测量稳压电路输出端的直流电压值是否正常。

2)各单元电路及电路的关键“点”如放大电路输出点、外接部件电源端等处电压是否正常。

3)电路主要元器件如晶体管、集成电路各引脚电压是否正常，对集成电路首先要测电源端。较完善的产品说明书中会给出电路各点正常工作电压，有些维修资料中还提供集成电路各引脚的工作电压，另外也可对比正常工作时同种电路测得的各点电压。偏离正常电压较大的部位或元器件，往往就是故障所在部位。这种检测方法要求工作者具有电路分析能力并尽可能收集相关电路的资料数据，才能达到事半功倍的效果。

3. 电流法

电子电路正常工作时，各部分工作电流是稳定的，偏离正常值较大的部位往往是故障所在。这就是用电流法检测电路故障的原理。

电流法有直接测量和间接测量两种方法。直接测量是将电流表直接串接在欲检测的回路中测得电流值的方法。这种方法直观、准确，但往往需要对电路做“手术”，例如断开导线、脱焊元器件引脚等，因而不太方便。对于整机总电流的测量，一般可通过将电流表的两个表笔接到开关上的方式测得，对使用220V交流电的线路必须注意测量安全。

间接测量法实际上是用测电压的方法换算成电流值的。这种方法快捷方便，但如果所选测量点的元器件有故障则不容易准确判断。

采用电流法检测故障，应对被测电路正常工作电流值事先心中有数。一方面大部分电路说明书或元器件样本中都给出正常工作电流值或功耗值，另一方面通过实践积累可大致判断各种电路和常用元器件工作电流范围，例如一般运算放大器、TTL电路静态工作电流不超过几毫安，CMOS电路则在毫安级以下等。

4. 波形法

(1)波形的有无和形状。在电子电路中一般电路各点的波形有无和形状是确定的，如果测得某点波形没有或形状相差较大，则故障发生于该电路的可能性较大。当观察到不应出现的自激振荡或调制波形时，虽不能确定故障部位，但可从频率、幅值大小分析故障原因。

(2)波形失真。在放大或缓冲等电路中，若电路参数失配、元器件选择不当或损坏等都会引起波形失真，通过观测波形和分析电路可以找出故障原因。

(3)波形参数。利用示波器测量波形的各种参数，如幅值、周期、前后沿、相位等，与正常工作时的波形参数对照，可找出故障原因。

(4)应用波形法要注意。

1)对电路高电压和大幅度脉冲部位一定要注意不能超过示波器的允许电压范围。必要时可采用高压探头或对电路观测点采取分压取样等措施。

2)示波器接入电路时本身输入阻抗对电路也有一定影响,特别在测量脉冲电路时,要采用有补偿作用的 10∶1 探头,否则观测的波形与实际不符。

5.逻辑状态法

对数字电路而言,只需判断电路各部位的逻辑状态即可确定电路工作是否正常。数字逻辑主要有高、低两种电平状态,另外还有脉冲串及高阻状态,因而可使用逻辑笔进行电路检测。

逻辑笔具有体积小、携带使用方便的优点。功能简单的逻辑笔可测单种电路(TTL 或 CMOS)的逻辑状态,功能较全的逻辑笔除可测多种电路的逻辑状态外,还可定量测量脉冲个数,有些还具有脉冲信号发生器的作用,可发出单个脉冲或连续脉冲以供检测电路用。

(三)跟踪法

1.信号寻迹法

信号寻迹法是针对信号产生和处理电路的信号流向寻找信号踪迹的检测方法,具体检测时又可分为正向寻迹(由输入到输出的顺序查找)、反向寻迹(由输出到输入的顺序查找)和等分寻迹三种。

正向寻迹是常用的检测方法,可以借助测试仪器(示波器、万用表等)逐级定性、定量检测信号,从而确定故障部位。显然,反向寻迹检测仅仅是检测的顺序不同。

2.信号注入法

对于本身不带信号产生电路或信号产生电路有故障的信号处理电路采用信号注入法是有效的检测方法。所谓信号注入,就是在信号处理电路的各级输入端输入已知的外加测试信号,通过终端指示器(例如指示仪表、扬声器和显示器等)或检测仪器来判断电路工作状态,从而找出电路故障。

(四)替换法

1.元器件替换

元器件替换除某些电路结构较为方便外(例如带插接件的 IC、开关、继电器等),一般都需拆焊,操作比较麻烦且容易损坏周边电路或印制板,因此元器件替换一般只作为其他检测方法均难判别时才采用的方法,并且应尽量避免对电路板做“大手术”。例如,怀疑某只电阻内部开路,可直接焊上一只新电阻器试之;怀疑某只电容器容量减小,可再并上一只电容试之。

2.单元电路替换

当怀疑某一单元电路有故障时,另用相同型号或类型的正常电路替换待查设备的相应单元电路,可判定此单元电路是否正常。有些电子设备有若干相同的电路,例如立体声电路左右声道完全相同,可用于交叉替换试验。

当电子设备采用单元电路多板结构时替换试验是比较方便的。因此对现场维修要求较高的设备,应尽可能采用替换的方式。

3. 部件替换

随着集成电路和安装技术的发展，电子产品迅速向集成度更高、功能更多、体积更小的方向发展，不仅元器件的替换试验困难，单元电路替换也越来越不方便，过去十几块甚至几十块电路的功能，现在用一块集成电路即可完成，在单位面积的印制板上可以容纳更多的电路单元。电路的检测、维修逐渐向板卡级甚至整体方向发展。特别是较为复杂的由若干独立功能件组成的系统，检测时主要采用部件替换方法。

部件替换试验要遵循以下三点原则：

(1)用于替换的部件与原部件必须型号、规格一致，或者是主要功能兼容并能正常工作的部件。

(2)要替换的部件接口工作正常，至少电源及输入、输出口正常，不会使替换部件损坏。这一点要求在替换前分析故障现象并对接口电源做必要检测。

(3)替换要单独试验，不要一次换多个部件。

(五)比较法

1. 整机比较法

整机比较法是将故障设备与同一类型正常工作的设备进行比较，进而查找出故障的方法。这种方法对缺乏资料而且本身较复杂的设备尤为适用。

整机比较法是以测量法为基础的。对可能存在故障的电路部分进行工作点测定和波形观察或信号监测，比较好坏设备的差别，往往会发现问题。由于每台设备不可能完全一致，对检测结果还要分析判断，因此这些常识性问题需要基本理论基础和日常工作的积累。

2. 调整比较法

调整比较法是通过调整设备的可调元件或改变某些现状，比较调整前后电路的变化来确定故障的一种检测方法。这种方法特别适用于放置时间较长，或经过搬运、跌落等外部条件变化引起故障的设备。

3. 旁路比较法

旁路比较法是用适当容量和耐压的电容对被检测设备电路的某些部位进行旁路的比较检查方法，适用于电源干扰、寄生振荡等故障。因为旁路比较实际上是一种交流短路试验，所以一般情况下先选用一只容量较小的电容，临时跨接在有疑问的电路部位和“地”之间，观察比较故障现象的变化。如果电路向好的方向变化，可适当加大电容容量再试，直到消除故障，根据旁路的部位可以判定故障的部位。

4. 排除比较法

有些组合整机或组合系统中往往有若干相同功能和结构的组件，调试中发现系统功能不正常时，不能确定引起故障的组件，在这种情况下采用排除比较法容易确认故障所在。方法是逐一插入组件，同时监视整机或系统，如果系统正常工作，就可排除该组件的嫌疑，再插入另一块组件试验，直到找出故障。

例如，某控制系统用8个插卡分别控制8个对象，调试中发现系统存在干扰，采用比较排除法，当插入第5块卡时干扰现象出现，确认问题出在第5块卡上，用相同型号的优质卡代之，干扰排除。

注意：

(1)上述方法是递加排除，显然也可逆向进行，即递减排除。

(2)这种多单元系统故障有时不是一个单元组件引起的，这种情况下应多次比较才可排除。

(3)采用排除比较法时注意每次插入或拔出单元组件前都要关断电源，防止带电插拔造成系统损坏。

第五节　Proteus电子电路仿真软件应用

一、Proteus软件及安装

(一)Proteus软件

Proteus软件是英国Labcenter公司开发的电路分析、实物仿真、PCB制版软件，主要包括ISIS仿真软件和ARES制板软件两大板块。

其中Proteus ISIS仿真软件上有国际通用的虚拟仪器及电子元器件库，可以仿真模拟电路、数字电路、数字模拟混合电路以及单片机电子电路等。Proteus ISIS仿真软件提供了各种丰富的调试测量工具，如电压表、电流表、示波器、指示器和分析仪等，是一个全开放性的仿真实验和电子制作平台，相当于一个实验设备、元器件完备的综合性电子技术实验室。

(二)Proteus软件的安装

安装Proteus软件前先关闭计算机中的杀毒软件。

以安装Proteus 7.5软件为例，具体的安装步骤如下：

(1)将安装文件包“Proteus 7.5”压缩文件解压到自己新建的一个文件夹(命名为“Proteus安装”)中。

(2)安装Proteus 7.5 SP3 Setup.exe，若提示No LICENCE，选择刚建的“Proteus安装”文件夹中“Crack”文件夹中的Grassington North Yorkshire.lxk→Install→Close→继续安装至完成。

(3)打开刚建的“Proteus安装”文件夹中的“crack”文件夹→运行其中的LXK Proteus

7.5 SP3 v2.1.3.exe，单击“Browse”按钮选择安装路径（通常为 C:\Program Files\Labcenter Electronics\Proteus 7 Professional），然后单击“Update”即可。

至此，Proteus 软件已能正常使用了。

（4）如需汉化，将刚建的“Proteus 安装”文件夹中“汉化”文件夹中的文件全部复制，粘贴到安装路径下的“BIN”文件夹中（通常为 C:\Program Files\Labcenter Electronics\Proteus 7 Professional\BIN）。

（5）如需 Proteus 与 Keil 联调，还要进行如下安装：

1）安装 Keil。

2）打开刚建的“Proteus 安装”文件夹中的“Keil 驱动”文件夹→运行其中的“vdmagdi.exe”→继续安装至完成。

3）Proteus 与 Keil 联调。

二、Proteus ISIS 软件的工作环境和基本操作

（一）进入 Proteus ISIS

双击桌面上的 ISIS 7 Professional 图标或者单击屏幕左下方的“开始”→“程序”→“Proteus 7 Professional”→“ISIS 7 Professional”，进入 Proteus ISIS 环境。

（二）工作界面

Proteus ISIS 工作界面是一种标准的 Windows 界面，如图 1-5-1 所示，包括标题栏、主菜单、各类工具栏（包括文件工具栏、视图工具栏、编辑工具栏、设计工具栏、绘制电路图工具栏、仪器工具栏、2D 图形工具栏、预览对象方位控制工具栏、仿真进程控制工具栏）、状态栏、预览窗口、对象选择器窗口、原理图编辑窗口。工具栏和状态栏可隐藏。

1. 原理图编辑窗口

在原理图编辑窗口内完成电路原理图的编辑和绘制。为了方便作图，ISIS 中坐标系统的基本单位是 10nm，主要是为了和 Proteus ARES 保持一致。坐标原点默认在原理图编辑区的正中间，图形的坐标值能够显示在屏幕的右下角的状态栏中。

2. 预览窗口

该窗口通常显示整张电路图纸的缩略图。在预览窗口上单击，将会有一个矩形绿框标示出在编辑窗口中显示的区域。其他情况下预览窗口显示要放置的对象的预览。

3. 对象选择器窗口

通过对象选择按钮，从元件库中选择对象，并置入对象选择器窗口，供今后绘图时使用。显示对象的类型包括元件、仪器设备、终端、引脚、符号、标注和图形。

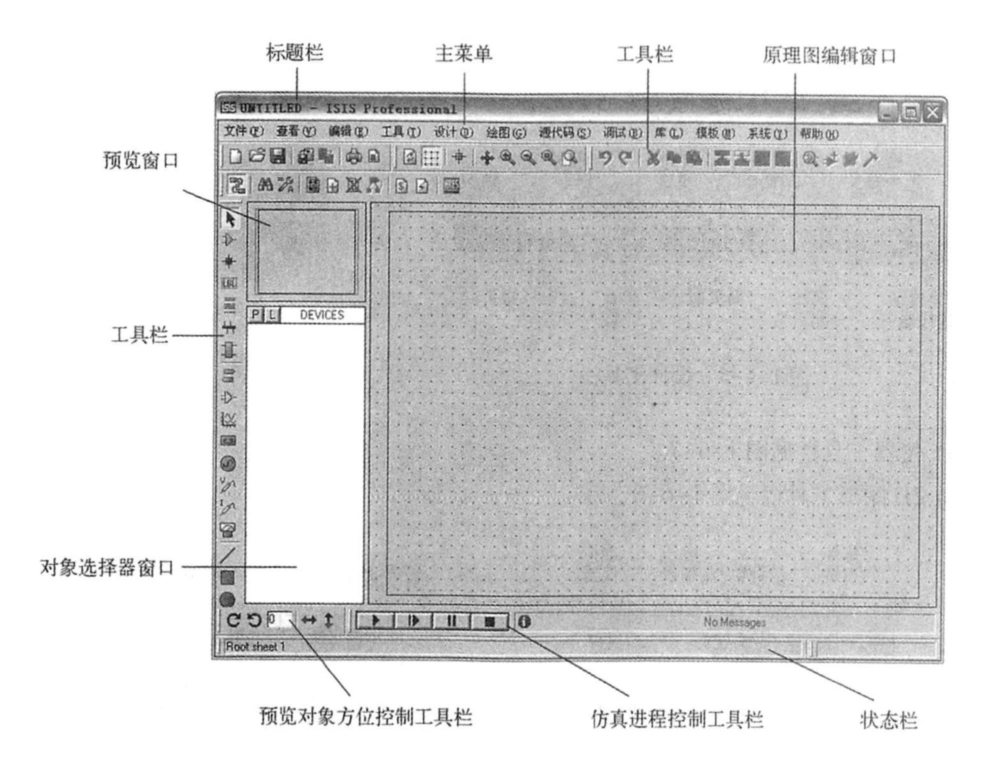

图 1-5-1　Proteus ISIS 的工作界面

(三)工具栏

(1)文件工具栏如图 1-5-2 所示。

(2)视图工具栏如图 1-5-3 所示。

(3)编辑工具栏如图 1-5-4 所示。

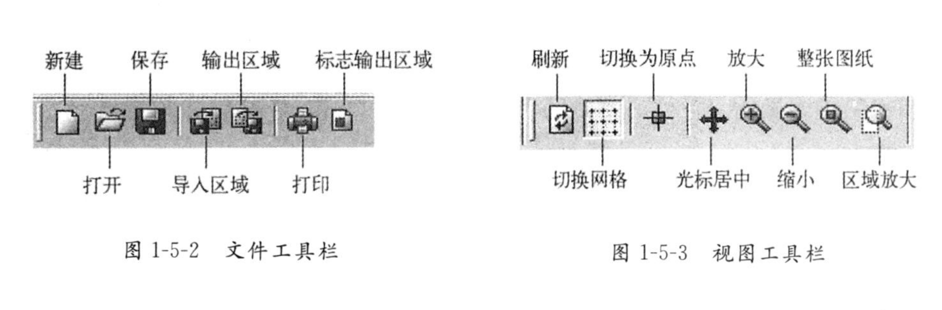

图 1-5-2　文件工具栏

图 1-5-3　视图工具栏

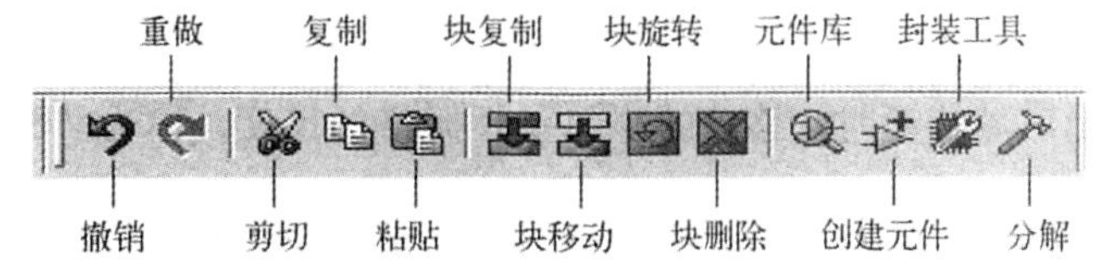

图 1-5-4　编辑工具栏

(4)设计工具栏如图 1-5-5 所示。

(5)绘制电路图工具栏如图 1-5-6 所示。

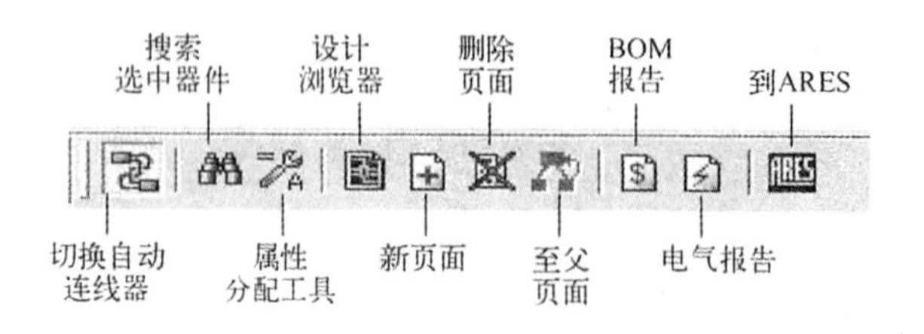

图 1-5-5　设计工具栏

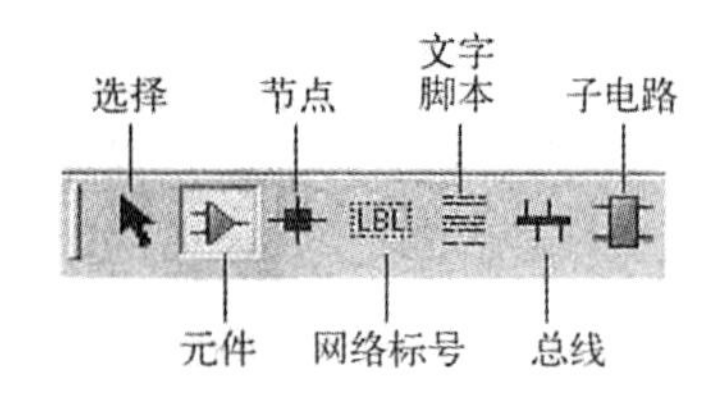

图 1-5-6　绘制电路图工具栏

(6)仪器工具栏如图 1-5-7 所示。

(7) 2D 图形工具栏如图 1-5-8 所示。

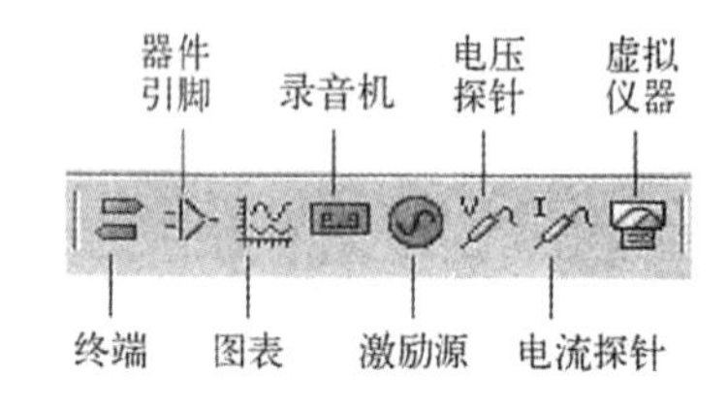

图 1-5-7　仪器工具栏

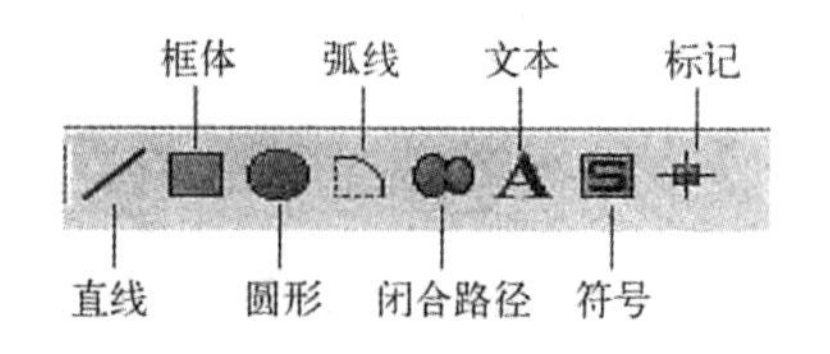

图 1-5-8　2D 图形工具栏

(8)预览对象方位控制工具栏如图 1-5-9 所示。

(9)仿真进程控制工具栏如图 1-5-10 所示。

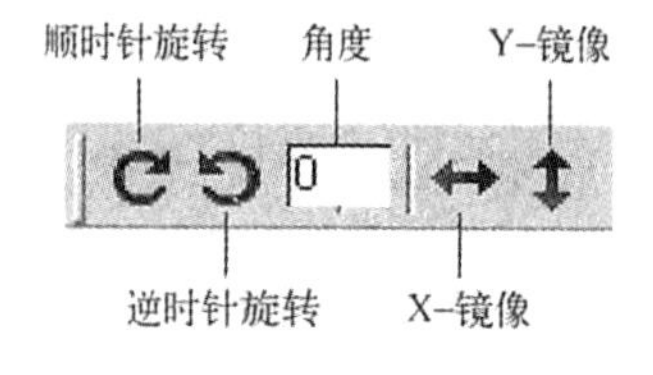

图 1-5-9　预览对象方位控制工具栏

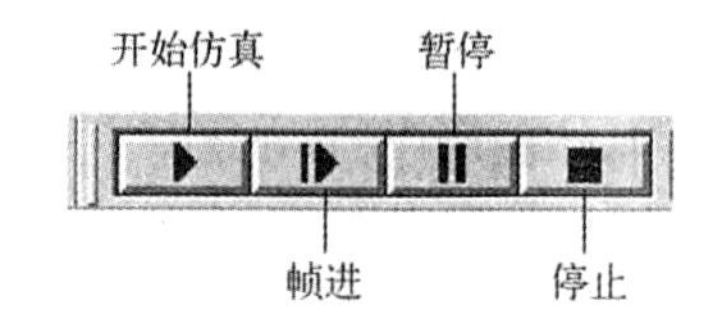

图 1-5-10　仿真进程控制工具栏

(四)视图基本操作

1. 显示和隐藏点状栅格

编辑区域的点状栅格,可使元件依据栅格对齐。

点状栅格的显示和隐藏可以通过如图 1-5-3 所示视图工具栏“切换网格”按钮或者按快捷键“G”来实现。

2. 捕捉

鼠标指针在编辑区域移动时,移动的步长就是栅格的尺度,称为“Snap(捕捉)”,可由“查看”菜单的 Snap 命令设置,或者直接使用相应的快捷键,如图 1-5-11 所示。若通过“查看”菜单选中“Snap 0.1in”或者按 F3 键,则鼠标在原理图编辑窗口内移动时,坐标值以固定的步长 0.1in 变化,称为捕捉。

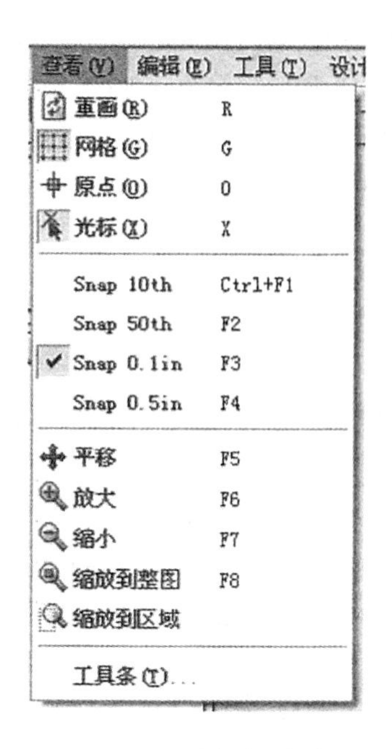

图 1-5-11 “查看”菜单

如要确切地看到捕捉位置，可使用“查看”菜单的“光标”命令，选中后会在捕捉点显示一个小叉或大十字。

3. 实时捕捉

当鼠标指针指向引脚末端或者导线时，鼠标指针将会捕捉到这些物体，这种功能被称为实时捕捉，该功能可以方便地实现导线和引脚的连接。

4. 刷新

编辑窗口显示正在编辑的电路原理图，可以通过执行“查看”菜单下的“重画”命令来刷新显示内容，也可以单击如图 1-5-3 所示视图工具栏的“刷新”图标或者快捷键“R”，与此同时预览窗口中的内容也将被刷新。它的用途是当执行一些命令导致显示错乱时，可以使用该命令恢复正常显示。

5. 视图的缩放

Proteus 的缩放操作多种多样，如图 1-5-11 和图 1-5-3 所示，有整张图纸显示(或按 F8 键)、区域放大显示、放大(或按 F6 键)和缩小(或按 F7 键)、光标居中(或按 F5 键)等。

单击预览窗口中想要显示的位置，使编辑窗口显示以鼠标单击处为中心的内容。

在编辑窗口内移动鼠标，按住 Shift 键不放，用鼠标“撞击”边框，会使显示平移，称为 Shift-Pan。

用鼠标指向编辑窗口滚动鼠标的滚动键，向前滚动时以鼠标指针位置为中心重新放大显示，向后滚动时以鼠标指针位置为中心重新缩小显示。

6. 定位新的坐标原点

鼠标移动的过程中，在状态栏的最右边将出现栅格的坐标值，即坐标指示器，它显示横向的坐标值。因为坐标的原点在编辑区的正中间，所以有的地方的坐标值比较大，不利于进行比较。此时可通过单击“查看”菜单下的“原点”命令，也可以按如图 1-5-3 所示视图工具栏的“切换伪原点”按钮或者按快捷键“0”(字母)来自己定位新的坐标原点。

(五)对象放置

放置对象的步骤如下：

(1)根据对象的类别在工具栏选择相应模式的图标。

(2)根据对象的具体类型选择子模式图标。

(3)如果对象类型是元件、终端、仪器仪表等，从选择器里选择需要放置对象的名称。对于元件，首先需要从库中调出。

(4)单击选中的对象将会在预览窗口中显示出来，可以通过预览对象方位图标对对象进行方位调整。

(5)指向编辑窗口并单击鼠标左键放置对象。

【例 1-5-1】元件的添加和放置。

按下绘制电路图工具栏的“元件”按钮，使其选中，再单击 ISIS 对象选择器顶部左边的“P”按钮，出现如图 1-5-12 所示“Pick Devices”对话框。在这个对话框里可以选择元器件和一些虚拟仪器。找到元器件后双击该元件，这样在左边的对象选择器窗口就添加了相应的元件。如此添加所需多个元件后，关闭对话框回到原理图编辑窗口，先单击对象选择器中需要绘制图形的元件，然后把鼠标指针移到右边的原理图编辑区的适当位置，单击把元件放到了原理图编辑区中。

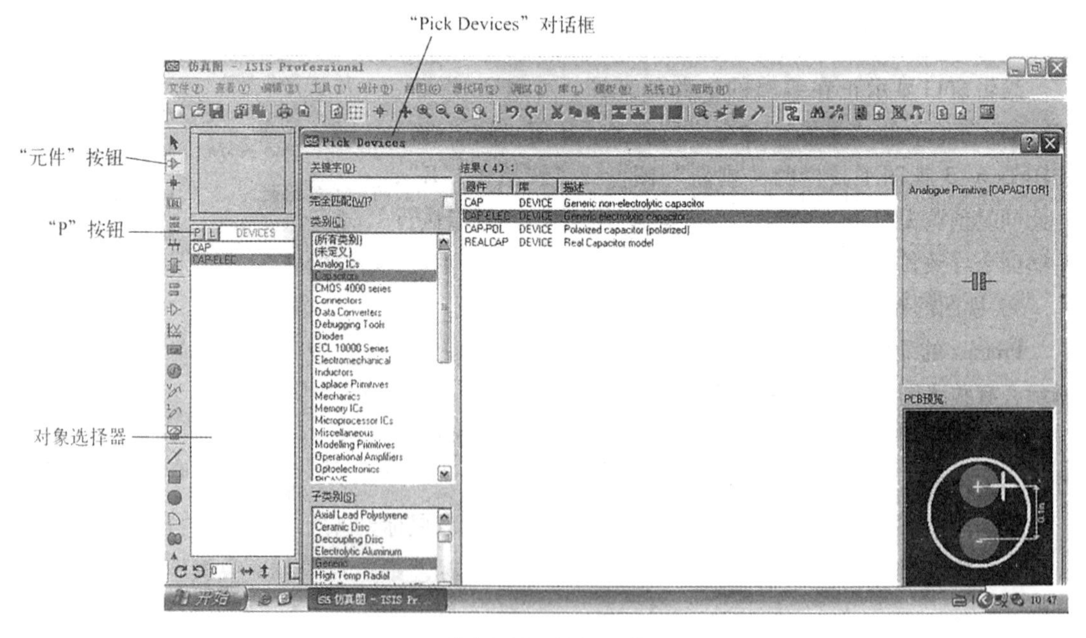

图 1-5-12　添加元件

【例 1-5-2】放置电源及接地符号。

我们发现许多器件没有 V_{CC} 和 GND 引脚，其实它们隐藏了，在使用的时候可以不用绘制。

如果绘制电路的过程中需要绘制电源、地时，可以按下仪器工具栏(见图 1-5-7)的“终端”按钮，这时对象选择器将出现一些终端对象。此时，在对象选择器里单击 GROUND，鼠标移到原理图编辑区，单击左键即可放置接地符号；同理也可将电源符号 POWER 放到原理图编辑区中。

【例 1-5-3】放置虚拟仪器。

按下仪器工具栏(见图 1-5-7)的“虚拟仪器”按钮，这时对象选择器出现表 1-5-1 所示虚拟仪器，选择所要虚拟仪器，鼠标移到原理图编辑区，左键单击放置即可。

表 1-5-1 虚拟仪器

虚拟仪器	含义	虚拟仪器	含义
OSCILLOSCOPE	示踪示波器	SIGNAL GENERATOR	信号发生器
LOGIC ANALYSER	逻辑分析器	PATTERN GENERATOR	波形发生器
COUNTER TIMER	计时器	DC VOLTMETER	直流电压表
VIRTUAL TERMINAL	虚拟终端	DC AMMETER	直流电流表
SPI DEBUGGER	SPI 调试器	AC VOLTMETER	交流电压表
I2C DEBUGGER	I2C 调试器	AC AMMETER	交流电流表

(六)图形编辑的基本操作

1. 选中对象

用鼠标指向对象并单击选中该对象。该操作选中对象并使其高亮(红色)显示，然后可以进行编辑。选中对象时该对象上的所有连线同时被选中。

要选中一组对象，可以通过用鼠标左键拖出一个选择框的方式，但只有完全位于选择框内的对象才可以被选中。

在选择框外空白处单击鼠标左键可以取消所有对象的选择。

2. 删除对象

用鼠标指向对象并双击右键可以删除该对象，同时删除该对象的所有连线。

3. 拖动对象

用鼠标指向选中的对象并用左键拖曳可以拖动该对象。该方式不仅对整个对象有效，而且对对象中单独的标签(labels)也有效。

如果误拖动一个对象使所有的连线都变成了一团糟，可以使用“撤销”命令撤销操作，恢复原来的状态。

4. 拖动对象标签

许多类型的对象都有一个或多个属性标签。例如，每个元件有一个元件序号标签和一个元件值或元件型号标签，可以很容易地移动这些标签使电路图看起来更美观。

移动标签的步骤如下：

(1)选中对象。

(2)用鼠标指向标签,按下鼠标左键不放。

(3)拖动标签到需要的位置。如果要使定位更精确,可以在拖动前改变捕捉的精度[使用 F4、F3、F2、Ctrl+ F1 键(组合键),如图 1-5-11 所示]。

(4)释放鼠标。

5. 调整对象大小

线、框和圆等对象可以调整大小。当选中这些对象时,对象上出现的黑色小方块叫作“手柄”,可以通过拖动这些“手柄”来调整对象的大小。

调整对象大小的步骤如下:

(1)选中对象。

(2)如果对象可以调整大小,对象上会出现“手柄”。

(3)用鼠标左键拖动这些“手柄”到新的位置,可以改变对象的大小。在拖动的过程中手柄会消失,以便不和对象的显示混叠。

6. 调整对象的朝向

许多类型的对象在未放置前可以通过如图 1-5-9 所示预览对象方位控制工具栏调整朝向为 0°、90°、180°、270°,或调整为顺时针旋转、逆时针旋转、X-镜像、Y-镜像。

调整放置后对象朝向的步骤如下:

用鼠标右键单击要调整朝向的对象,出现如图 1-5-13 所示右键菜单,选中相应的朝向即可。

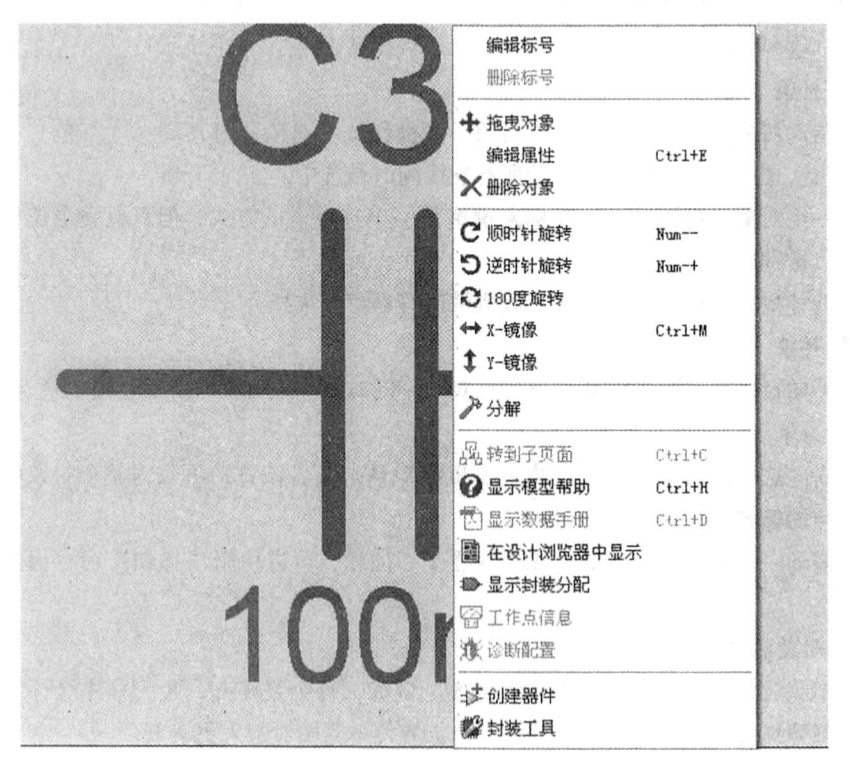

图 1-5-13 指向元件的右键菜单

(七)编辑对象

对象一般都具有文本属性,这些属性可以通过一个对话框进行编辑,这是一种很常见的操作,有多种实现方式。

1. 编辑单个对象

(1)选中对象。

(2)单击对象,此时出现属性编辑对话框,进行修改。

例如图 1-5-14 所示是电阻元件属性编辑对话框,这里可以改变电阻器的标号、电阻值、PCB 封装以及是否隐藏等,修改完毕,单击"确定"按钮即可。

注意:元件标号、参数值不能用中文,参数值单位字母的大小写必须规范,其中如果参数值的数量级是"μ"只能写成"u",否则可能无法仿真。

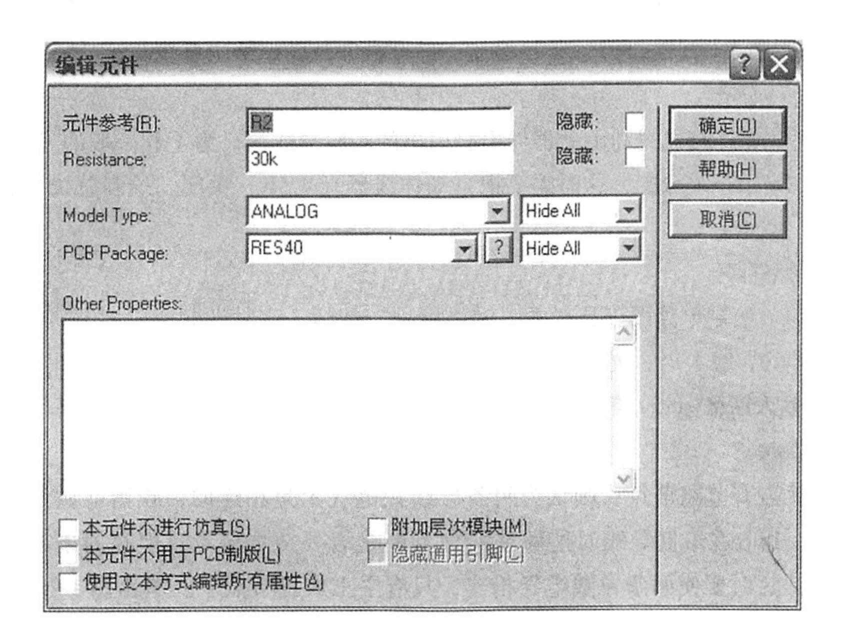

图 1-5-14　电阻元件的"编辑元件"对话框

2. 以特定的编辑模式编辑对象

(1)指向对象。

(2)使用【Ctrl+E】组合键,在弹出的属性对话框中编辑。

3. 通过元件的名称编辑元件

(1)键入"E"。

(2)在弹出的对话框中输入元件的名称。

确定后将会弹出该项目中任何元件的编辑对话框,并非只限于当前 Sheet 的元件。编辑完后,画面将会以该元件为中心重新显示。可以通过该方式来定位一个元件,即便并不想对其进行编辑。

4. 编辑单个对象标签

双击对象标签，进入对话框中进行编辑。

三、原理图绘制及仿真调试

(一)原理图的绘制

1. 基本操作

(1)绘制导线。在两个对象连接点间连导线。

1)单击第一个对象连接点。

2)如果想让 ISIS 自动定出走线路径，只需先后单击两个连接点；如果想自己决定走线路径，只需在想要拐点处单击。

一个连接点可以精确地连到一根导线。在元件和终端的引脚末端都有连接点。

一个节点从圆中心出发有四个连接点，可以连四根线。

在绘制导线的过程中，可随时按键盘上的 Esc 键来放弃导线的绘制。

(2)自动连线器。自动连线器省去了必须标明每根线具体路径的麻烦，该功能默认是启用的，如果先后单击两个连接点，WAR 将选择一个合适的线径。但如果点了一个连接点，然后点一个或几个非连接点的位置，ISIS 将认为是在手工布置线的路径，则所单击的非连接点即为路径的每个拐点，路径最终是通过左击另一个连接点来完成的。

自动连线器可通过使用“工具”菜单里的“自动连线”命令或单击如图 1-5-5 所示设计工具栏中的“切换自动连线器”按钮来关闭。要在两个连接点间直接画出斜线连接线时，需关闭自动连线功能。

(3)绘制总线。为了简化原理图，可以用一条粗导线代表数条并行的导线，这就是所谓的总线。单击图 1-5-6 绘制电路图工具栏的“总线”按钮，即可在编辑窗口绘制总线。

(4)绘制总线分支。总线分支是用来连接总线和由元器件引脚引出的一段导线的。为了和一般的导线区分开来，通常用短斜线来表示总线分支，这时需要把自动连线器(WAR)关闭。绘制总线分支的方法与绘制导线相同。

(5)放置网络标号。单击如图 1-5-6 所示绘制电路图工具栏中“网络标号”按钮，这时光标变成笔形，将光标移动到欲放置网络标号的导线上时，光标笔尖部带着一个小×，单击鼠标，系统弹出“Edit Wire Label”对话框，输入网络标号，单击“确定”放置。

(6)放置节点。如果在交叉点有电路节点，则认为两条导线在电气上是相连的，否则就认为它们在电气上是不相连的。ISIS 在绘制导线时能够智能地判断是否要放置节点，但在两条导线交叉时是不放置节点的，这时要使两条导线电气相连，只有手工放置节点了。单击如图 1-5-6 所示绘制电路图工具栏中的“节点”按钮，当把鼠标指针移到编辑窗口中欲放置节点的地方，单击就放置了一个节点。

2. 块操作

Proteus ISIS 可以同时编辑多个对象，即块操作。常见的有块复制、块删除、块移动和块旋转等几种操作方式。

(1)块复制。复制一整块电路的方式：

1)选中需要复制的对象。

2)单击如图 1-5-4 所示编辑工具栏中“块复制”图标。

3)把复制的轮廓拖到需要放置的位置，单击放置副本。

4)重复步骤 3)可放置多个副本。

5)右击鼠标结束。

在一组元件被复制后，拷贝的标注被自动更新，防止在同一图中出现重复的元件标注。

(2)块移动。移动一组对象的步骤：

1)选中需要移动的对象。

2)单击如图 1-5-4 所示编辑工具栏中“块移动”图标，把轮廓拖到需要放置的位置，单击放置。

可以使用块移动的方式来移动一组导线，而不移动任何对象。

(3)块删除。删除一组对象的步骤：

1)选中需要删除的对象。

2)单击如图 1-5-4 所示编辑工具栏中“块删除”图标(或按键盘上“Delete”键)。如果错误删除了对象，可以使用“撤销”命令来恢复原状。

3. 常用操作

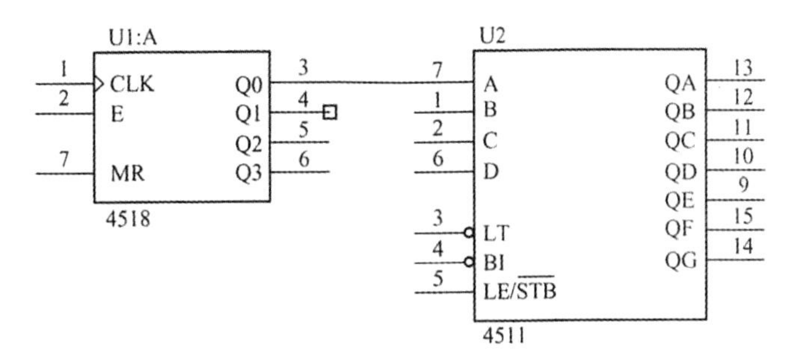

图 1-5-15 重复布线

(1)重复布线。

例：如图 1-5-15 所示，要将 U1：A 的输出 Q0、Q1、Q2、Q3 分别连接至 U2 的输入 A、B、C、D，即要求 4518 的 3、4、5、6 端连接至 4511 的 7、1、2、6 端。首先左击 4518 的 3 端，然后左击 4511 的 7 端，在 3、7 端间画一根水平线；然后双击图 1-5-15 中 4518 的 4 端端头小方框处，重复布线功能会被激活，自动在4、1间布线；同理双击4518的5端，自动在5、2间布线，双击4518的6端，自动在6、6间布线。

重复布线完全复制了上一根线的路径。如果上一根线已经是自动重复布线将仍旧自动复制该路径；如果上一根线为手工布线，那么将精确复制用于新的线。

(2)拖线。如果鼠标指向一个选中线段的端或角，出现一个✥形时，按住鼠标拖动该✥形即可拖动该线段的端或角。

如果鼠标指向一个线段的中间，出现一个↕形或↔形时，按住鼠标拖动即该↕形或↔形即可按符号所示方向拖动该线段平移。

(3)移动线段或线段组。

1)将要移动的线段或线段组周围拖一个选择框，若该“框”为一个线段也可以。

2)单击如图1-5-4所示编辑工具栏中“块移动”图标。

3)如图1-5-16所示垂直方向移动“选择框”至相应位置。

4)单击鼠标结束。

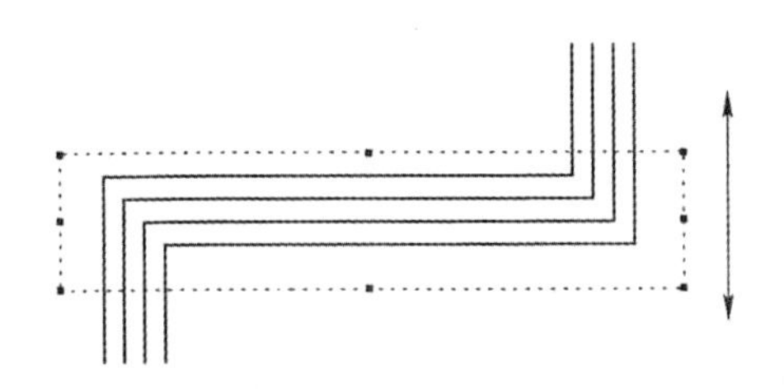

图1-5-16　移动线段或线段组

移动线段或线段组也可以在选择要移动的线段或线段组后直接拖动。

如果操作使图形或线段组变乱，可使用“撤销”命令返回。

(4)从线中移走节点。由于对象被移动后节点可能仍留在对象原来位置周围，ISIS提供一项技术来快速删除线中不需要的节点。

1)选中要处理的线。

2)用鼠标指向节点一角，按住左键。

3)拖动该角和自身重合。

4)松开鼠标左键，ISIS将从线中移走该节点。

(5)元件替换。在仿真调试的过程中有时发现元件失效，这时需要重新放置相同的元件；或在仿真调试的过程中想试试其他同类元件能否在同一电路中使用，这时也需要放置同类元件。只需在元件对象选择器里选择欲放置的元件，用如图1-5-9所示预览对象方位控制工具栏将其方位调到和原理图中待替换元件完全一致后，将鼠标移到原理图编辑区单击一下，这时鼠标上即黏着一个欲放置的虚浮元件，将该虚浮元件移到原理图待替换元件处并与之完全重合时，单击放置元件，这时出现如图1-5-17所示对话框，单击确定即完成元件替换。

图 1-5-17　元件替换确认对话框

(二)仿真调试

用一个简单的电路来演示如何进行仿真调试。电路如图 1-5-18 所示。设计这个电路时先找到“BATTERY(电池)”“FUSE(熔断器)”“LAMP(灯泡)”“POT - LIN(滑动变阻器)”“SWITCH(开关)”这几个元器件并添加到对象选择器里,然后将这些元件放置到原理图编辑区中。另外还需要一个虚拟仪器——直流电流表。按下“虚拟仪器”按钮,找到“DC AMMETER(直流电流表)”,添加到原理图编辑区,按照如图 1-5-18 所示布置元器件、仪表,并连接好。

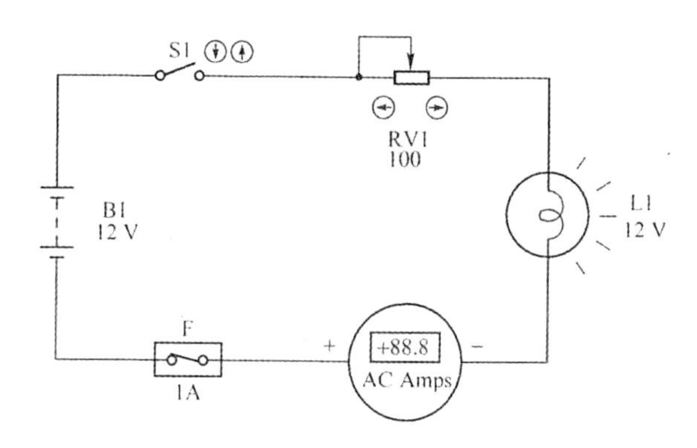

图 1-5-18　电路图

在进行仿真之前还需要设置各个对象的属性。选中电源 B1,再单击鼠标左键,出现了属性对话框。在“元件参考”后面填上电源的名称;在“Voltage”后面填上电源的电动势的值,这里设置为 12V。

其他元器件的属性设置如下:滑动变阻器的阻值为 100Ω;灯泡的电阻是 240Ω,额定电压是 12V;熔断器的额定电流是 1A,内电阻是 0.1Ω。单击“调试”菜单下的“开始/重新启动调试”命令或者单击图 1-5-10 所示仿真进程控制工具栏中“开始仿真”按钮,也可以单击快捷键 Ctrl+ F12 进入仿真调试状态。把鼠标指针移到开关的⊙处,这时出现了一个“+”号,单击一下就合上了开关,如果想打开开关,把鼠标指针移到开关的⊙处,这时将出现一个“-”号,单击一下就会打开开关。开关合上后发现灯泡已经点亮了,电流表也有了示数。把鼠标指针移到滑动变阻器的⊙或⊙处分别单击,使电阻变大或者变小,会发现灯泡的亮暗程度发生了变化,电流表的示数也发生了变化。如果电流超过了熔断器的额定电流,熔断器就会熔断。因为在调试状态下没有修复的命令，所以可以这样修复：单击“停止”按钮停止调试，修改参数后再进入调试状态，熔断器就修复好了。

四、原理图常用设置

(一)系统设置

“系统”菜单如图 1-5-19 所示。

环境设置方法：系统→设置环境…，如图 1-5-20 所示。

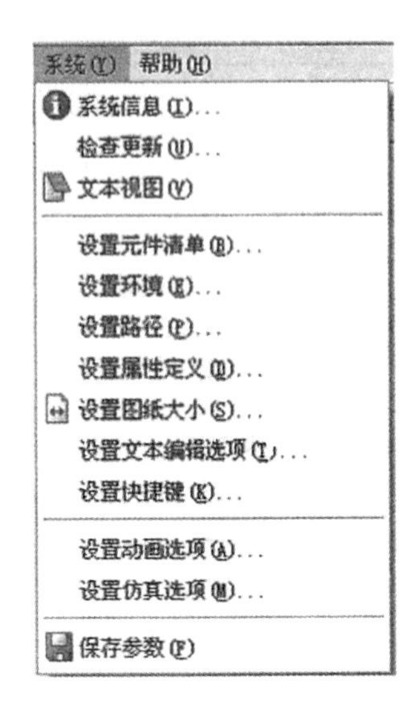

图 1-5-19 “系统”菜单

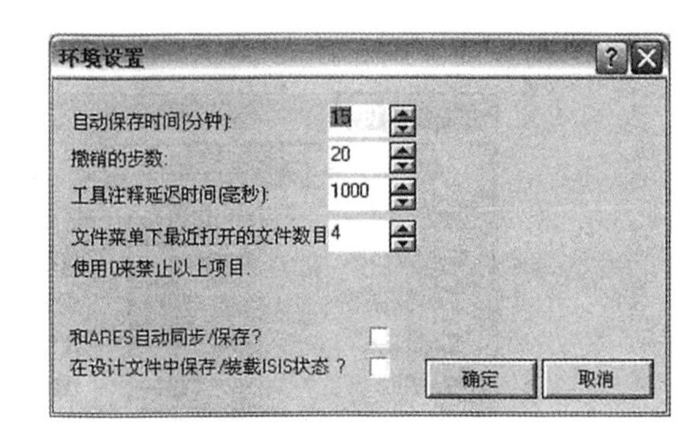

图 1-5-20 “环境设置”对话框

设置动画方式：系统→设置动画选项…，如图 1-5-21 所示。

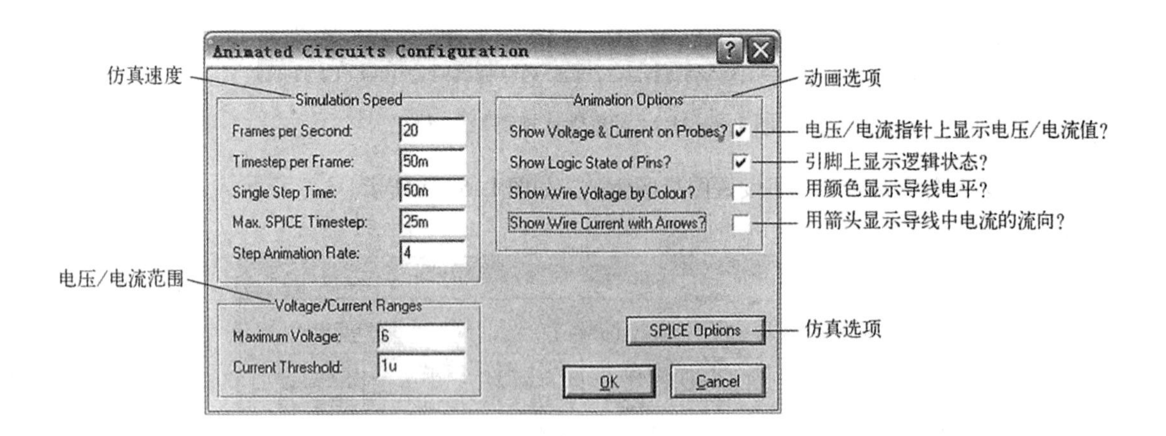

图 1-5- 21 “动画设置”对话框

图纸设置方法：系统→设置图纸大小…，如图 1-5-22 所示。

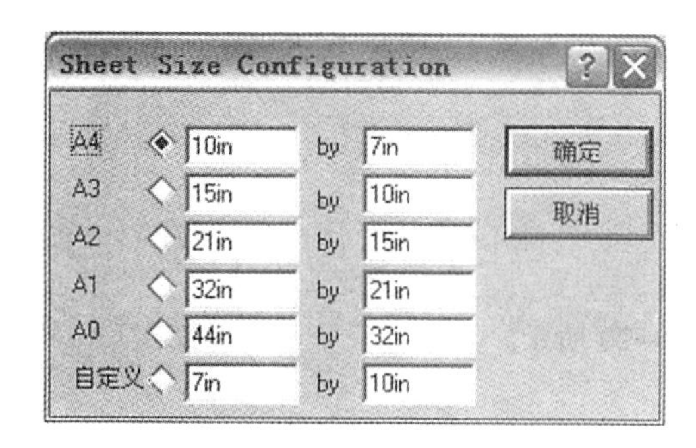

图 1-5-22　“图纸大小”对话框

(二)模板设置

“模板”菜单如图 1-5-23 所示。

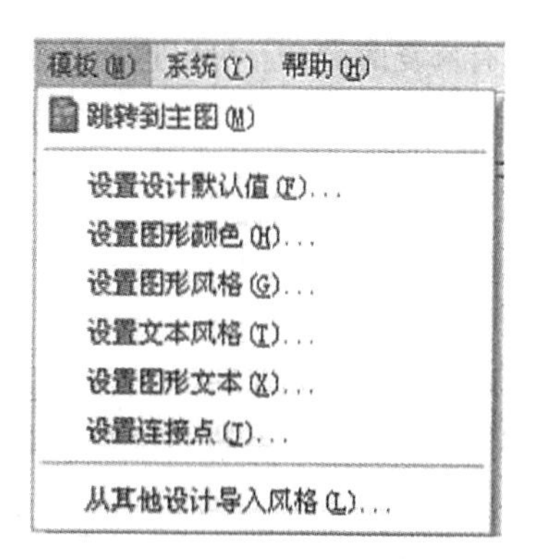

图 1-5-23　“模板”菜单

设置设计默认值方法:模板→设置设计默认值…,如图 1-5-24 所示。通常不需要显示隐藏文本,可使所绘图形更简捷,也可以根据需要更改图纸的颜色(如改为白色)。

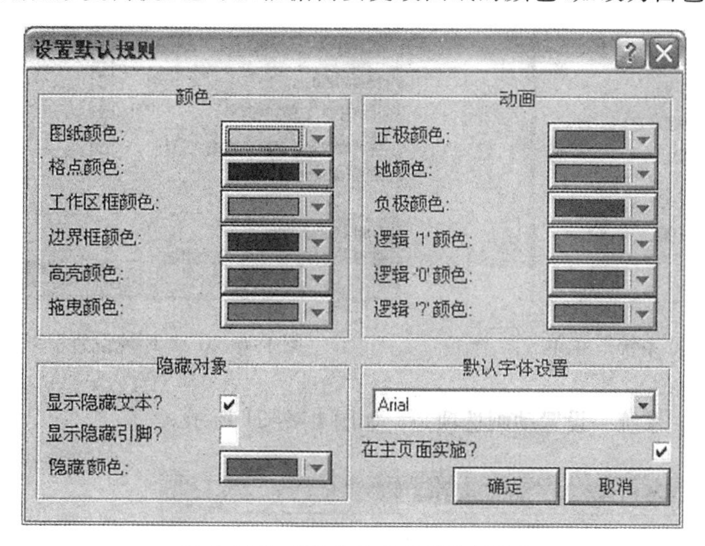

图 1-5-24　“设置默认规则”对话框

设置图表颜色方法:模板→设置图形颜色…,如图 1-5-25 所示。

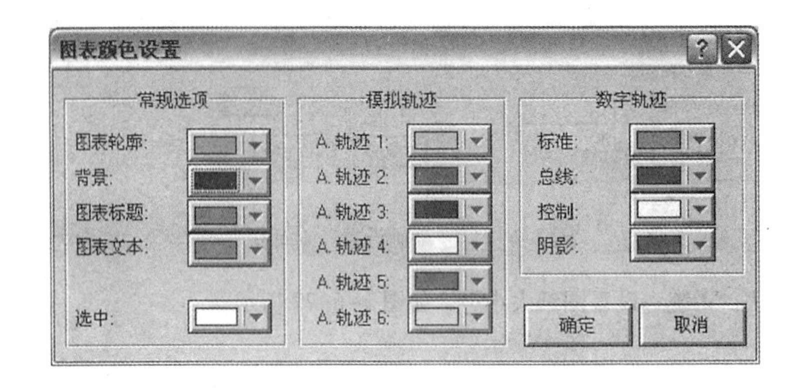

图 1-5-25 "图表颜色设置"对话框

设置图形风格方法:模板→设置图形风格…,如图 1-5-26 所示。系统默认的填充类型为 Solid(实心),有时根据需要可更改为 None(空心),选择方法如图 1-5-26(b)所示。

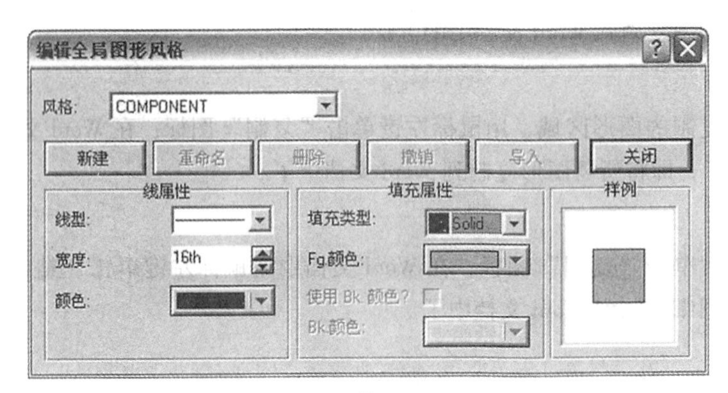

(a) 图形风格

(b) 填充类型

图 1-5-26 "编辑全局图形风格"对话框

设置 2D 图形文本方法:模板→设置图形文本…,如图 1-5-27 所示。

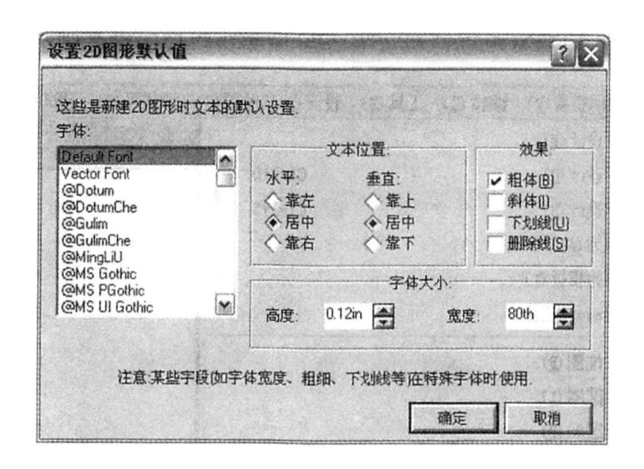

图 1-5-27　“设置 2D 图形默认值”对话框

设置全局文本风格方法:模板→设置文本风格…,如图 1-5-28 所示。

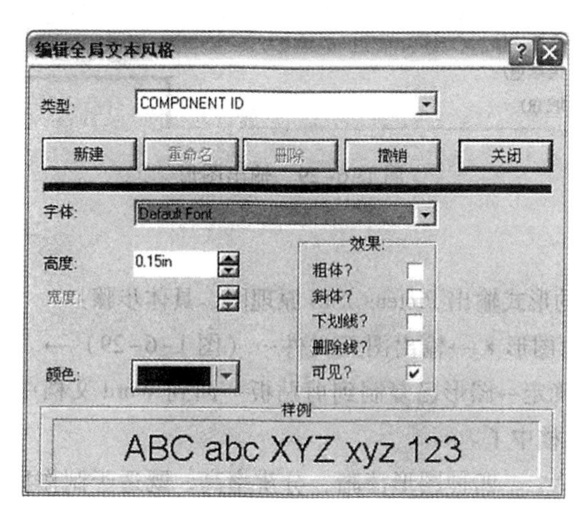

图 1-5-28　“编辑全局文本风格”对话框

五、Proteus ISIS 原理图的复制

下面介绍将 Proteus ISIS 原理图复制到 Word 文档中的方法。

1. 复制选中的图形区域

在 Proteus ISIS 中选中需要复制的图形区域,用鼠标左键单击“复制”图标;在 Word 文档中用鼠标左键单击“粘贴”图标,即将所需图形复制到 Word 文档中了。

2. 复制整张彩色图纸

在 Proteus ISIS 中用鼠标左键单击“复制”图标;在 Word 文档中用鼠标左键单击“粘贴”图标,即将 Proteus 的整张彩色图纸复制到 Word 文档中了。

3. 复制位图

常用输出位图的形式输出 Proteus ISIS 原理图,具体步骤如下:

“文件”菜单→输出图形▸→输出位图…(见图 1-5-29)→“输出位图文件”对话框(见图 1-5-30)→选分辨率(100DPI 最低,600DPI 最高)→“输出文件”→确定→位图已复制到剪贴板→回到 Word 文档中粘贴→将 Proteus ISIS 的整张黑白图纸复制到 Word 文档中了。

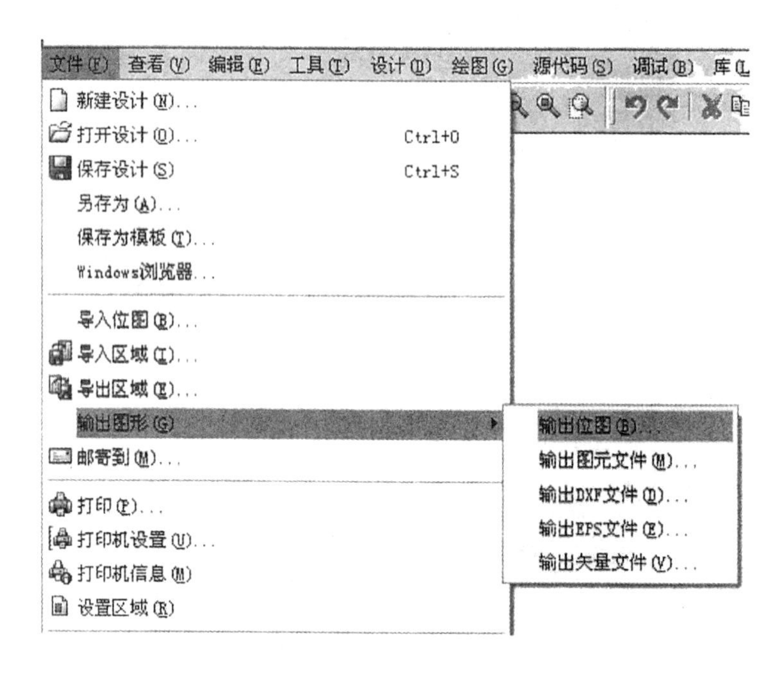

图 1-5-29 输出图形

4. 复制图元文件

常用输出图元文件的形式输出 Proteus ISIS 原理图,具体步骤如下:

“文件”菜单→输出图形▸→输出图元文件…(见图 1-5-29)→“输出图元文件”对话框(见图 1-5-31)→选择→确定→图形已复制到剪贴板→回到 Word 文档中粘贴→将 Proteus ISIS 的整张图纸复制到 Word 文档中了。

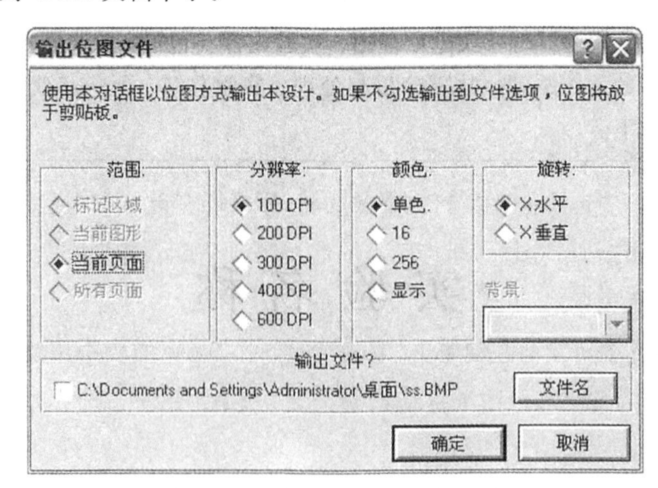

图 1-5-30 “输出位图文件”对话框

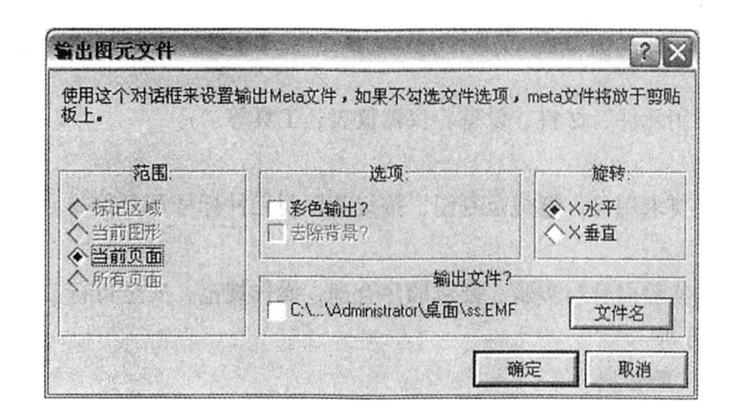

图 1-5-31 “输出图元文件”对话框

以上四种方式中，第二、四种图形清晰，分辨率高，既适于制作原理图，又适于制作彩色仿真图，根据具体情况选择合适的方式，但都需事先处理图纸颜色、图形风格后再复制；第三种多采用黑白打印，最适于制作原理图，如图 1-5-18 所示。不论采用哪种方式，粘到 Word 文档中后，需对图片进行剪切、缩放、压缩等处理，直至达到最佳效果。

第二章 模拟电路功能模块设计

第一节 模拟电路设计概述

一、模拟电路的基本结构

模拟电路一般包含信号振荡、信号放大及处理、驱动、反馈和电源等功能电路，典型的结构框图如图 2-1-1 所示，实际的模拟电路往往由其中的几个单元有机组合而成。

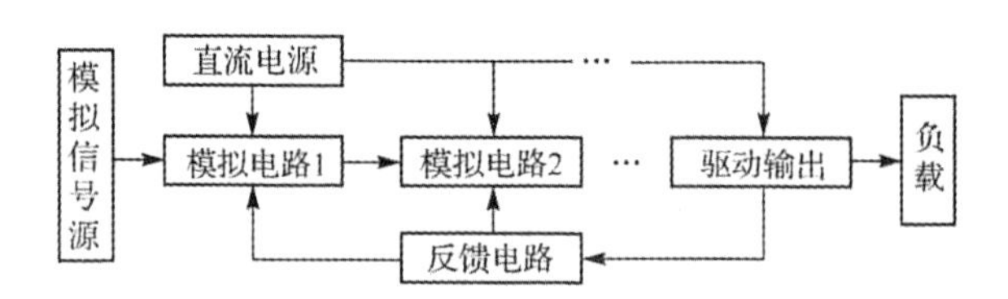

图 2-1-1 模拟电路的典型结构框图

1. 信号源

最常用的模拟信号源是利用自激振荡产生正弦、矩形、三角和阶跃等波形，信号源单元一般只有电源、地和输出三种引脚。此外，各类传感器将温度、声音、压力和光等非电量信号转换成的微弱电信号也常常作为电路的信号源。

2. 信号处理

模拟电路的一项重要基本功能是实现信号的放大或转换，此外还涉及振荡、滤波、求和、求差、积分、微分和电压比较等衍生功能。

3. 驱动

信号驱动单元、执行机构把电路前级传送来的电信号以某些特定的形式输出至扬声器、电铃、继电器、示波管和表头等执行机构或负载，以实现某些特定的功能。

4. 反馈

为了提高模拟电路的工作稳定性、展宽模拟电路带宽、改变模拟电路输入阻抗与输出阻抗，反馈在整个模拟电路中必不可少。

5. 电源

电源主要向电路系统中的各个模拟电路单元提供、转换电能。

虽然很多模拟电路系统结构复杂，但可根据电路实际功能划分为若干结构相对简单、基本功能清晰的单元模块。通过经常接触并熟悉各种基本模拟电路单元的功能及特点，对其进行级联、组合、反馈及参数调整，积累经验，才能逐步具备复杂模拟电路系统设计的能力。

二、模拟电路的发展趋势

经过几十年持续地提升与进步，模拟电路已经进入一个相对成熟的稳定发展阶段。模拟电路系统目前的发展趋势主要集中在以下方面。

1. 集成化

随着近年来集成电路技术的高速发展，很多采用传统分立元件(如三极管、MOSFET、运放)及相应外围元件构成的模拟电路系统已经逐步实现了集成化。使用一只配合少量外围电路的简单集成芯片，即可完成原先由十几只甚至几十只分立元器件才能实现的功能，从而降低电子产品的设计难度、生产装配难度和故障率。

由分立元件构成的功放电路复杂，电路调试难度大，而采用集成功放则只需少量的外围元件即可完成相同的功能，且无须调试。

2. 高频化

高频化代表了模拟电路的一种发展趋势，高频化模拟电路的单元体积更小，频率范围更宽，能够处理的信息也更为丰富。

20 世纪 90 年代以前，开关电源电路的频率一般小于 100kHz，而近几年来，一些高频开关电源电路的工作频率已经接近 1MHz 或更高。

3. 数字化

模拟电路的数字化发展趋势非常明显，20 世纪风靡全球的磁带随身听“Walkman”早已销声匿迹，转而被数字化的 MP3 所取代。由三极管、集成运放构成的各类波形发生器，如今也已逐步进化演变成为数字方式的 DDS 信号发生器。此外，数字式电源也已经开始在要求较高的特殊应用领域取代传统的模拟电源。

如何将模拟技术与数字技术友好、无缝地结合为一体，设计出功能完善、性能更佳的电子产品，是摆在广大电子工程师面前需要面对、重视的艰巨任务。

4. 模块化

模拟电路的设计、调试难度大，系统成本相对较高。对此，一些公司将具备一定功能的模拟电路单元设计成单独的模块(模组)提供给用户，用户仅需简单了解模块功能、引脚排列、外围元器件的参数选配，即可方便、快捷地使用该模块完成方案设计，缩短产品的设计周期，同时也能保证产品的可靠性能及精度等级。

常用的模拟电路模块包括电源模块、滤波器模块和锁相环模块等。

第二节　集成运放基础

20 世纪 90 年代以前的模拟电路主要以三极管为核心展开设计，近 20 年来，随着微电子生产工艺水平的超高速发展，以集成运算放大器（运放）为代表的线性集成电路和专用集成模拟器件已经逐步成为模拟电路设计的主流。

集成运放是一种具有很高电压放大倍数（增益）的线性集成器件，内部采用多级直接耦合的电路结构，具有集成度高、使用方便等优点，但存在一定的输出漂移（零漂/温漂）。

运放的增益很高，即使很微弱的输入信号，也足以引起输出信号饱和。只有在集成运放的外围引脚添加合适的元器件构成负反馈网络，才能使集成运放工作在线性区，完成信号的放大及运算（比例运算、加法运算、差动减法运算、积分运算、微分运算和对数运算等）、信号处理、信号产生及其他电路拓扑结构等。

一、集成运放电路的实用分析方法及步骤

1. 集成运放的特征

将集成运放视为理想运放，满足以下特征：

(1)开环电压增益 $A_{Vd}\to\infty$；

(2)输入阻抗 $r_i\to\infty$，流入运放的工作电流 $I_i\to 0$（虚断），不会衰减输入信号；

(3)运放的输出阻抗 $r_o\to 0$，暂不考虑输出电流能否满足负载的实际需求；

(4)运放的带宽 $f_{BW}\to\infty$，暂不考虑电路的频率响应；

(5)失调电压、失调电流、零点漂移、噪声$\to 0$。

2. 根据反馈极性选择不同的分析方法

(1)当反馈极性为负反馈时，运放工作在线性状态。运用“虚短”概念，将运放同相输入端“+”与反相输入端“-”的电位视为相等：$u_+=u_-$；同时结合“虚断”、串联分压、串联电路电流处处相等、并联分流等基本分析方法，计算集成运放输出端与输入端之间的函数运算关系。

(2)当没有反馈通路、反馈极性为正反馈时，运放工作在非线性状态。将集成运放按照“电压比较器”进行分析，此时运放输出只有高电平（接近正电源电压）、低电平（接近负电源电压）两种可能的状态，再由此展开电路的功能分析。

无论工作在线性或非线性状态，集成运放两个输入端的工作电流始终为 0。

3. 考虑集成运放的真实性能指标，分析电路的实际功能与实际输出

(1)输入阻抗在 $10^6\,\Omega$ 以上，对输入信号或多或少具有一定的衰减或消耗。

(2)输出阻抗在几十至几百欧姆之间，不建议直接用于驱动负载元件。

（3）即使输入信号为0（如直接接地），集成运放通电工作时，其输出端也会产生无规律的输出，因此当集成运放被用于较高精度的直流放大时，原则上需要进行调零。

（4）集成运放在精度、带宽、速度和价格等实际指标之间往往很难取得一致。

二、集成运放的电源供电

集成运放芯片一般采用对称的双电源供电，电源与地之间的连接关系如图2-2-1所示。图中的两只无极性陶瓷电容 C_1、C_2 被分别用于"正/负"电源的退耦与滤波。很多型号的集成运放没有设置接地（⊥）引脚。

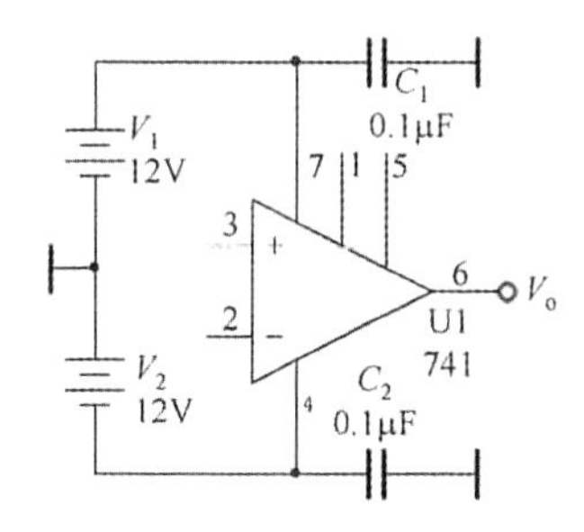

图2-2-1　集成运放的双电源供电

集成运放的供电电压常用取值包括±18V、±15V、±12V、±9V、±5V和±3V等，具体电压值可查阅运放的技术文档，同时结合电路的实际指标需求进行合理选择。运放的低电压供电是总的发展趋势，只是过低的电源电压可能造成集成运放输出信号的动态范围偏窄。

个别低电压运放的电源电压甚至已经降到1V以下，如LMV951；而对于为提高输出电压动态范围而设计的高压运放，电源电压甚至可达100V左右，如OPA454。

随着CMOS微电子工艺的发展，近年来低电压单电源运放的增长趋势明显，很多采用+5V或更低电源电压的集成运放被广泛运用在模拟、数字混合系统中，通过与数字电路单元共用电源电压，从而简化电路的连接关系。

三、集成运放的输出调零

许多集成运放都设置有专门的输出调零引脚，配合外接电位器即可实现零点调节。不同类型的集成运放所使用的调零电路略有差异，常用集成运放的调零电路如图2-2-2所示。

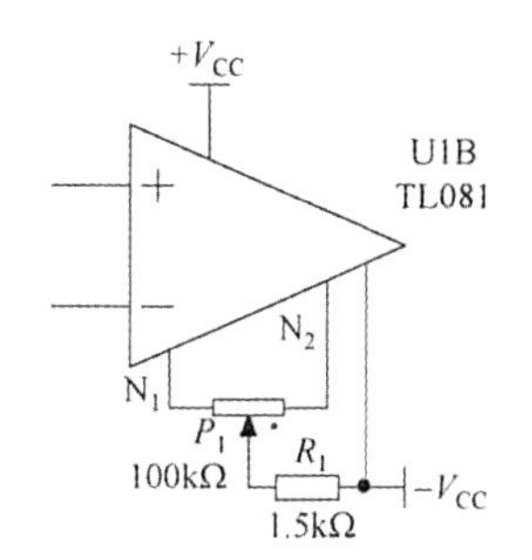

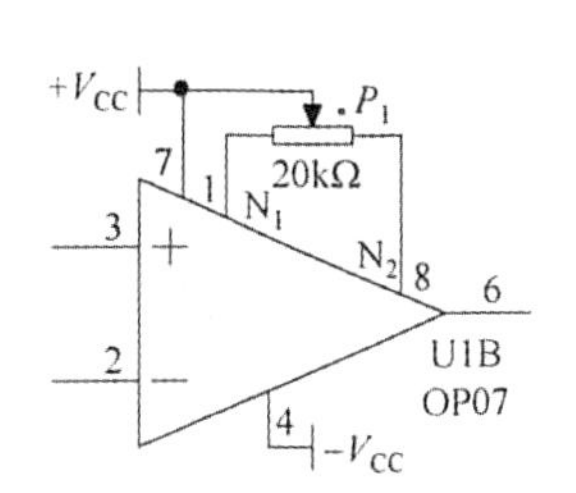

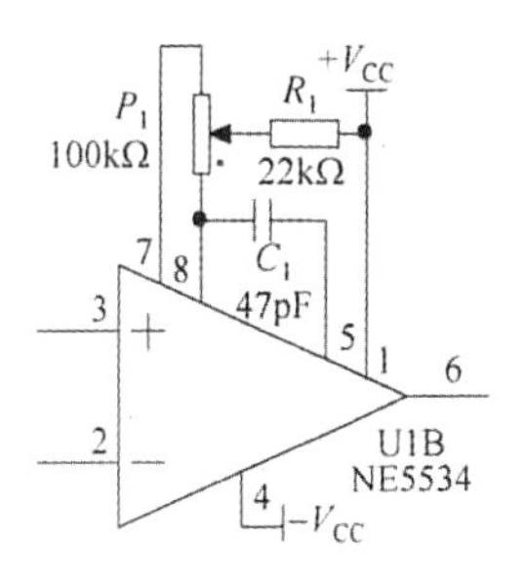

图2-2-2　常用集成运放的调零电路

受引脚数量限制，一些集成运放没有单独设置调零引脚，如仅有 8 只引脚的双运放、仅有 14 只引脚的四运放。此类运放可通过添加运算（加法或减法）电路单元，进行等效调零，如图 2-2-3 所示。

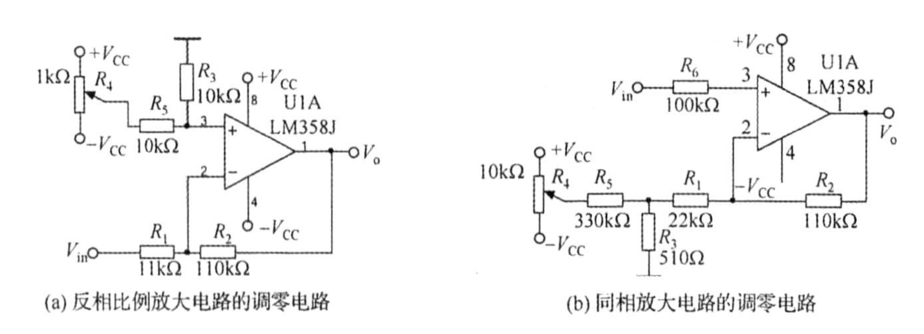

(a) 反相比例放大电路的调零电路　　(b) 同相放大电路的调零电路

图 2-2-3　对无调零引脚集成运放添加调零电路

图 2-2-3(a)是针对反相比例放大电路进行的调零电路设计。添加调零电路后，电路演变为差动减法电路。图 2-2-3(b)是针对同相放大电路进行的调零设计，引入调零电位器后，改变了电路的负反馈量。

在进行运放输出调零时，需要对电路的输入端接地置零，然后使用数字万用表的直流电压挡检测运放输出引脚对地的电压。调零电位器首选 3296 型多圈电位器，用钟表螺丝刀进行调节。调零完成后，需要用热熔胶或油漆固定电位器铜螺母。

当前很多具有自归零、低漂移特性的新型集成运放已经无须使用外接电位器进行调零，因为其本身输出的漂移量已经很小，如零漂移集成运放 OPA378 的漂移(Offset Drift)仅为 0.1μV/℃，对电路的性能影响较小，基本可以忽略。

四、集成运放的负载驱动能力

集成运放的电流输出能力普遍不强，一般能直接驱动 10mA 以内的阻性负载，而且与电源电压高低密切相关。一般而言，运放电源供电电压越低，相应的输出电流越大。

部分集成运放驱动负载的能力较强，可以输出几百毫安的电流，如 TLV4111 在 6V 电源电压的条件下，可以向负载提供高达 500mA 的输出电流。

极个别功率型运放可以驱动 1A 以上的负载，如 LM12、OPA501 等功率运放可以输出±10A 的电流，但这类大功率集成运放的价格非常昂贵且难以购得，因此实际应用中，多采用三极管、MOSFET 扩展输出电流，作为替代的解决方案，如图 2-2-4 所示。

同一芯片内部多只运放单元输出端并联后，也能提高运放输出电流，如图 2-2-5 所示。

集成运放进行并联扩流时，切忌将两只运放的输入、输出直接并联，因为不同运放之间的失调电压存在差异，将引起输出电压之间的相互调整，可能其中一只运放会向另一只运放灌电流，导致芯片损坏或失去应有的电流驱动能力。

部分集成运放驱动容性负载时，容易发生自激振荡，调试时需加以注意。

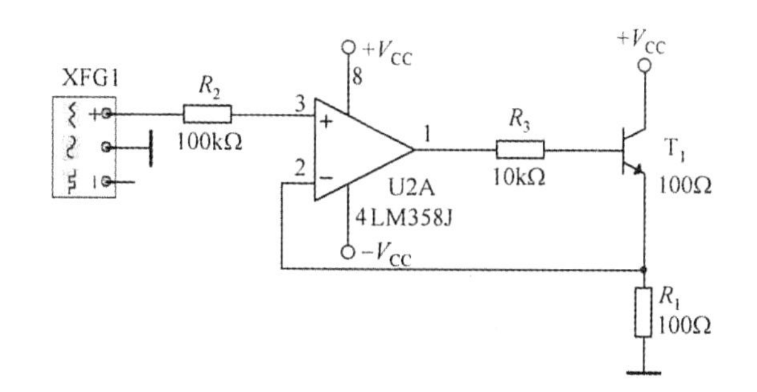

图 2-2-4　利用三极管扩展集成运放的输出电流

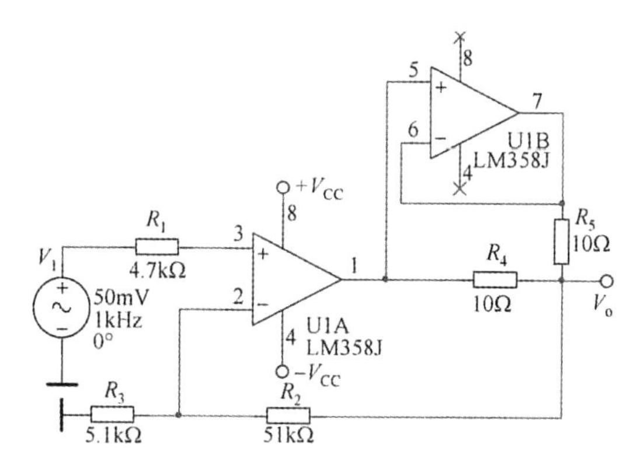

图 2-2-5　并联集成运放输出端以获得较大的输出电流

第三节　电压放大及转换电路设计

电压放大电路承担的主要任务是将小信号按照一定指标进行放大，输出信号应尽可能避免失真。电压放大是模拟系统中应用最普遍的电路形式，很多模拟电路都可以视为由电压放大电路组合或派生而来的。

一、同相比例运算放大电路

同相比例运算放大电路简称“同相放大器”，信号从集成运放同相端输入，运放的反相端连接由电阻器 R_2、R_3 构建的电压串联负反馈网络，电路结构如图 2-3-1(a)所示。

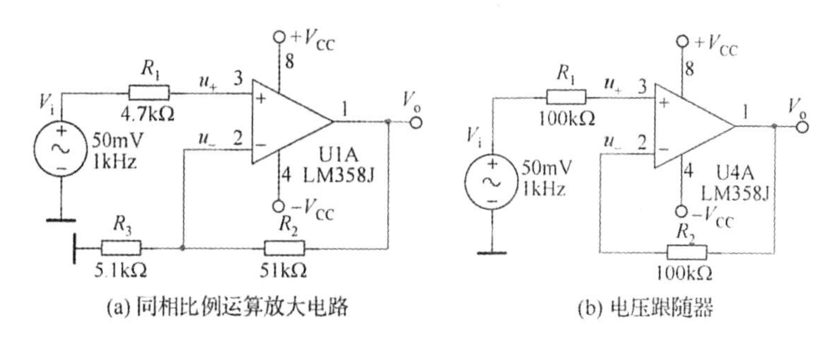

图 2-3-1　同相比例运算放大电路

1. 同相比例运算

在图 2-3-1(a)所示的同相比例运算放大电路中，输出电压 V_o 与输入电压 V_i 的运算关系满足

$$V_o=(1+R_2/R_3)V_i \tag{2-1}$$

图中的 R_1 为平衡电阻，以确保集成运放同相输入端、反相输入端对地(⊥)的静态电阻相等。直流放大电路中 R_1 的取值关系为

$$R_1=R_2//R_3 \tag{2-2}$$

得益于运放外围电阻 R_3 与 R_2 所构建的电压串联负反馈，同相比例运算放大电路具有很高的输入电阻与相对较低的输出电阻，主要用于放大系统中间级，起信号缓冲、阻抗匹配的作用。

同相比例运算放大电路的缺点表现在集成运放两只输入端之间存在共模输入电压且不为零：$u_-=u_+=V_i\neq0$，一般不用在高精度放大电路中。

2. 电压跟随器

R_3 开路后，可得到图 2-3-1(b)所示的电压跟随器，式(2-1)简化为

$$V_o=V_i \tag{2-3}$$

输出电压与输入电压的幅度相等、相位相同。

电压跟随器的负反馈电阻 R_2 具有减小漂移和运放端口保护的功能，R_2 的取值为 $10^2\sim10^4\Omega$，可以根据实际的电路指标要求进行调整。R_2 的阻值过大，可能影响输出电压的跟随效果；R_2 的阻值过小，则失去了对运放端口的保护作用。

如不考虑运放端口的保护，可短接 R_2，得到图 2-3-2 所示的简化的电压跟随器电路。

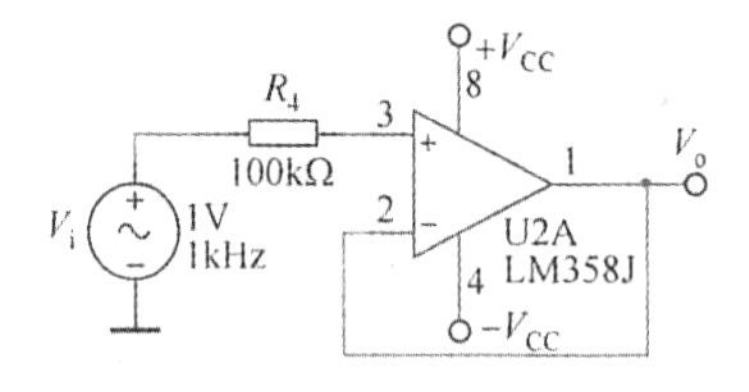

图 2-3-2　简化的电压跟随器电路

电压跟随器电路的输出电压与输入电压相等，近似等同为一根理想的导线；但电压跟随器的阻抗变换功能则是普通导线无法比拟的。

【例 2-3-1】 如图 2-3-3(a)所示，将具有 220kΩ 内阻的信号源直接向 1kΩ 的电阻负载供电，由于信号源内阻与负载电阻构成简单的串联关系，因而在负载两端得到的电压 $V_{P\text{-}P}$ 近似只有 9.016mV，如图 2-3-3(c)上侧(A 通道)仿真波形所示。

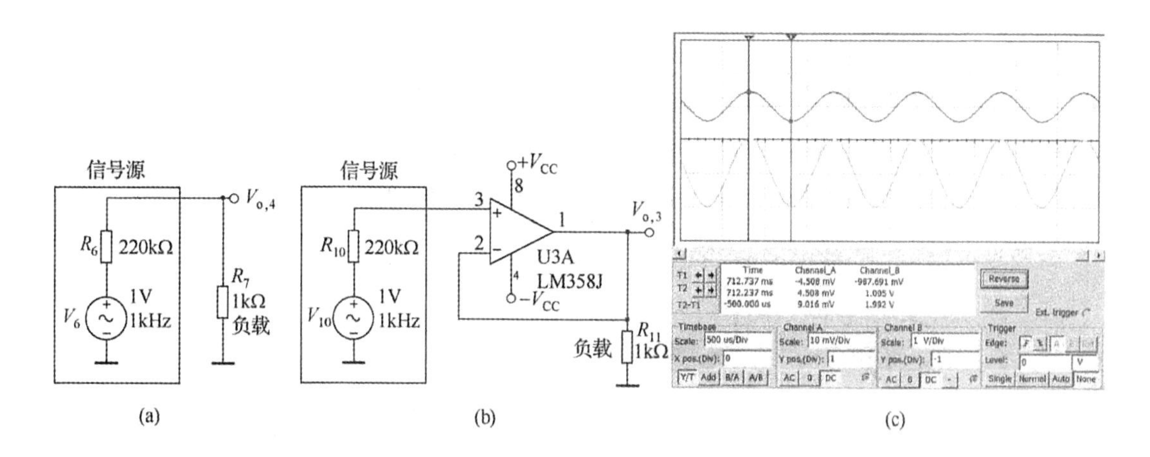

图 2-3-3　例 2-3-1 的电路及仿真波形图

如果将电压跟随器串接在信号源与负载之间，如图 2-3-3(b)所示，图 2-3-3(c)下侧(B 通道)的仿真波形显示，负载 R_{11} 两端的电压 $V_{p\text{-}p}$ 值约为 1.997V，与 2V 的理论输出电压相差无几。这主要得益于电压跟随器具有输入电阻高、输出电阻低的优异特性。

二、同相交流放大电路

同相放大电路的结构形式也常常被微调后用于交流放大电路，如图 2-3-4 所示。

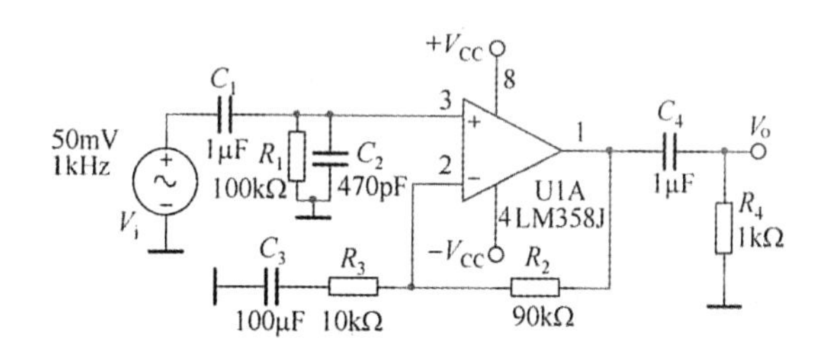

图 2-3-4　同相交流放大电路

同相交流放大电路主要用于音频等纯交流信号的放大，多采用双电源($\pm V_{CC}$)供电。

C_1、C_4 分别为输入、输出耦合电容。由于集成运放同相端输入阻抗很高，因此 C_1 在信号耦合过程中存储的电荷无法经运放同相输入端释放，需要添加 R_1 作为电容器 C_1 的放电通路；同时 C_1 与 R_1 也组成了无源高通滤波电路。

C_2 是一只小容量无极性电容器，与 R_1 配合后可滤除输入信号中的高频噪声。

电容器 C_3 是同相比例运算放大电路中没有出现的元件，容量取值大于 100μF；由于电容器的容量较大，实际电路中多采用有极性的电解电容。C_3 处在放大器的负反馈通道中，对直流反馈信号而言，构成 100％的完全反馈，直流增益为 1；对交流反馈信号而言，则实现了部分负反馈，确保电路具有合适的交流放大倍数。

在音响电路中，C_3 对音质影响较大，可选择钽电容、大体积薄膜电容，以改善音质。不少高保真 Hi-Fi 音响电路中，采用直流伺服电路的结构方案，直接取消了 C_3。

耦合电容 C_1、C_4 的容量与同相交流放大电路的下限截止频率 f_L 及负载电阻 R_L 有关，具体取值可以参考下列经验公式进行选择：

$$C_1 = C_4 \geqslant (5 \sim 10)/(2\pi R_L f_L) \tag{2-4}$$

同相交流放大电路的交流电压增益主要由电阻器 R_2、R_3 决定：

$$A_V = 1 + R_3/R_2 \tag{2-5}$$

输入电阻近似等于 R_1，条件允许时，可把 R_1 的阻值适当取大一些。

【例 2-3-2】交流同相放大电路的耦合电容引入了泄放电阻，使其输入电阻明显降低。对此，可采用图 2-3-5 所示的自举式交流同相放大电路提高输入电阻。

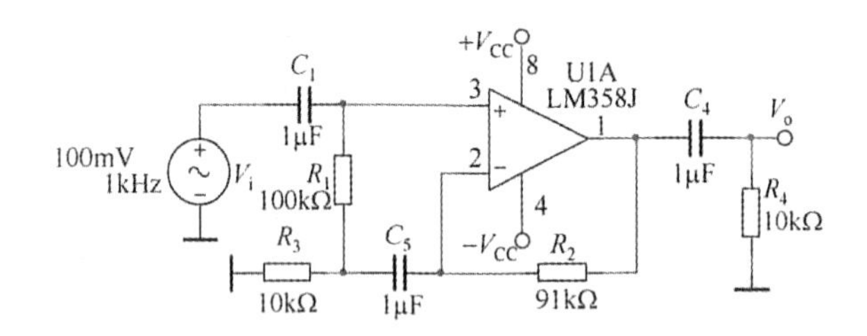

图 2-3-5　自举式交流同相放大电路

对图 2-3-5 所示电路进行仿真测试时，可观察到电阻器 R_1 两端波形基本重合，故流经 R_1 的电流近似为 0，相应其等效电阻可视为∞，电路的实际输入电阻得以大幅提高。

三、反相比例运算放大电路

反相比例运算放大电路的输出电压 V_o 与输入电压 V_i 相位相反，因而也被称为"反相放大器"，典型电路结构如图 2-3-6(a)所示，V_o 与 V_i 相差 180°的仿真波形如图 2-3-6(b)所示。

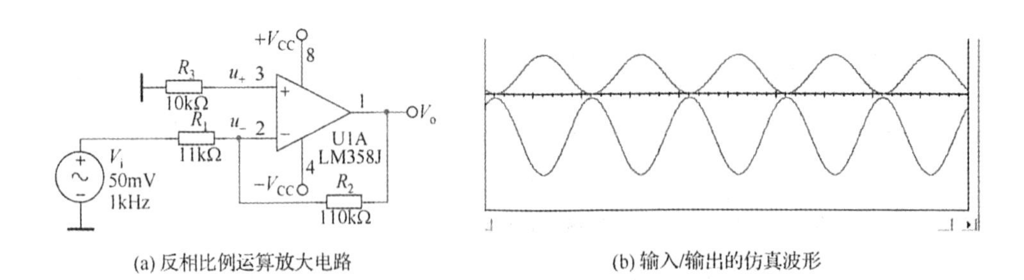

(a) 反相比例运算放大电路　　(b) 输入/输出的仿真波形

图 2-3-6　反相比例运算放大电路及其仿真波形

在图 2-3-6 中，反相比例运算放大电路的同相输入端通过平衡电阻 R_3($R_3 = R_1 // R_2$)接地，以减小集成运放两个输入端存在偏置电流差异而导致的运算误差。

集成运放两只输入端均具有"虚断"特性：$i_- = i_+ = 0$；故流经平衡电阻 R_3 的电流始终

保持为0，根据“欧姆定律”可知，R_3 两端的电压差始终为0，再结合集成运放的“虚短”特性：$u_-=u_+=0$，即可推导出输出电压 V_o 与输入电压 V_i 之间的运算关系：

$$\frac{V_i-0}{R_1}=\frac{0-V_o}{R_2} \tag{2-6}$$

反相比例运算放大电路的共模输入电压为0，在求和、积分、微分等电路中得到了广泛应用。电路的输入电阻由 R_1 决定，过低的输入电阻是其主要缺点。

四、反相交流放大电路

与反相比例运算放大电路相比，反相交流放大电路新增了交流耦合电容 C_1、C_2；集成运放同相输入端的平衡电阻 R_3 可以直接接地，如图2-3-7所示。

音频信号的频率范围为20Hz～20kHz，属于低频交流信号。采用交流反相放大的音频放大电路较为常见，如音调调节电路、MIC前置放大电路等。NE5532、NE5534、LF356、LM833等集成运放的交流性能较好，特别适合音频范围内的反相交流放大电路。

便携式音频放大设备中，集成运放多采用单电源供电；对于反相交流放大电路而言，需要对集成运放的同相端进行直流偏置处理，如图2-3-8所示。

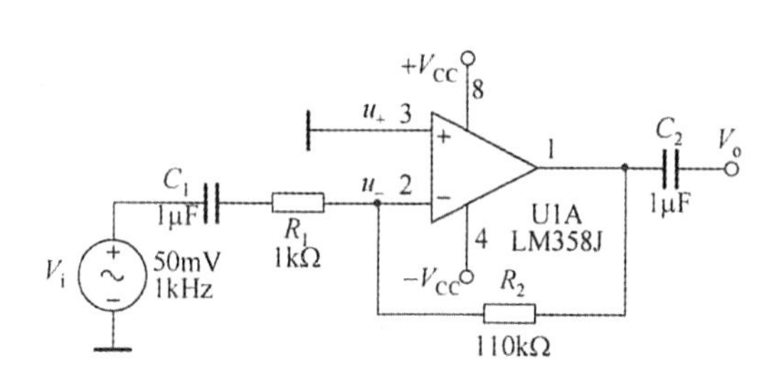

图2-3-7　反相交流放大电路

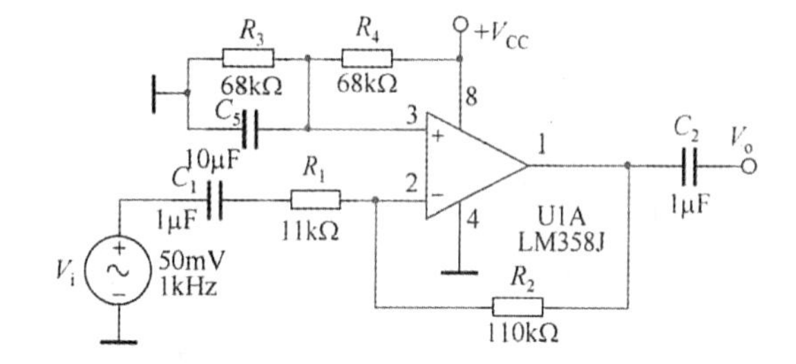

图2-3-8　单电源供电的反相交流放大电路

电阻器 R_3 与 R_4 的电阻值相等，两者串联分压以后的中点电压为 $V_{CC}/2$，根据处在线性工作区集成运放具有的“虚短”特性，运放反相输入端的直流偏置电压同样为 $V_{CC}/2$，从而将经过 C_1 耦合至运放反相输入端的纯交流信号垫高 $V_{CC}/2$，与单电源三极管放大电路的工作原理类似。电容器 C_5 的容量较大，具有稳定偏置电压及滤波的作用。

运放1脚的输出信号包含 $V_{CC}/2$ 的直流偏置电压、放大后的纯交流信号，经过输出耦合电容 C_2 隔断直流偏置电压之后，V_o 端可得到纯交流信号输出。

五、交流信号分配电路

交流信号分配电路能够将输入的单路交流信号分配为多路交流信号输出，多路输出的信号能够以不同用途进行相互独立的后续操作，如分频、检测、控制和滤波等。

【例2-3-3】单电源三路交流信号分配电路如图2-3-9所示。

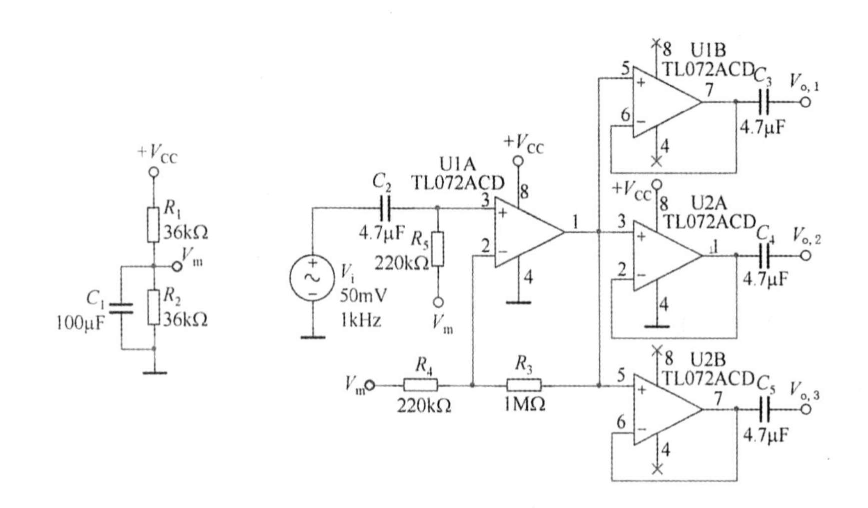

图 2-3-9　单电源三路交流信号分配放大电路

图中的第一级运放 U1A 被设计为同相交流信号放大电路，交流增益由电阻 R_3、R_4 决定。U1B、U2A、U2B 采用电压跟随器的电路结构，具有隔离、缓冲的功能。经过耦合电容 C_3、C_4、C_5 输出三路幅度相等、相位相同、彼此独立、互不影响的正弦交流信号。

图中的每只集成运放均采用单电源供电，因此电路中利用 R_1、R_2 串联分压后得到的 $V_{CC}/2$ 直流电压为集成运放的输入引脚提供直流偏置电压。

六、反相加法电路

加法电路被广泛用于多路模拟信号之间的简单叠加。当多路模拟信号分别从集成运放的同相端或反相端输入时，可构成同相加法电路或反相加法电路。

反相加法电路是主流的信号加法电路方案，之所以较少采用输入电阻更高的同相加法电路，主要在于后者的共模噪声过大、电路结构复杂、参数计算烦琐。

基本的反相加法电路如图 2-3-10 所示。

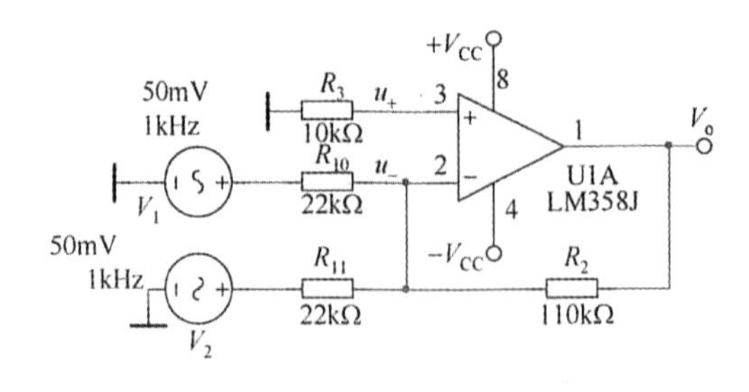

图 2-3-10　反相加法电路

图 2-3-10 所示反相加法电路的输出电压 V_o 与输入电压 V_1、V_2 之间的运算关系满足：

$$V_o = -R_2\left(\frac{V_1}{V_{10}} + \frac{V_2}{R_{11}}\right) \tag{2-7}$$

图中的 R_3 为平衡电阻，参数计算公式为 $R_3 = R_2//R_{10}//R_{11}$。

需要进行加法运算的信号源数量如需继续增加，可按照与 V_1-R_{10}、V_2-R_{11} 相同的结构，并联后添加到运放的反相输入端。相应的输出电压计算公式调整为

$$V_o = -R_2\left(\frac{V_1}{V_{10}} + \frac{V_2}{R_{11}} + \cdots + \frac{V_n}{R_m}\right) \tag{2-8}$$

反相加法电路结构简单且易于实现，各路输入信号之间的干扰、影响较小；主要缺点在于输入阻抗较低，图 2-3-10 中两通道的输入阻抗均只有 22kΩ。

七、差动减法电路

差动减法电路可进行简单的减法运算，典型电路结构如图 2-3-11 所示。为了简化运算关系，在电阻取值上一般选择：$R_1 = R_3$，$R_2 = R_4$。满足电阻等值条件后，差动减法电路输出信号 V_o 与两个输入信号 V_1、V_2 之间的运算关系满足：

$$V_o = -\frac{R_2}{R_1}(V_2 + V_1) \tag{2-9}$$

【例 2-3-4**】**电阻电桥传感器常用来测量温度、压力等缓慢变化的物理量，测量精度高，但具有较高的输出阻抗。在图 2-3-12 所示电桥 R_b 的 A 点输出电压约为 2.512 5V，B 点输出电压为 2.5V，真正有用的差模输出信号不足 15mV。如直接对 A、B 两点输出信号分别进行放大，受运放电源电压限制，放大器输出极易饱和。采用如图 2-3-12 所示的差动减法电路对电桥输出信号 A、B 进行减法求差运算，可方便地检测出并放大有用信号，而不至于发生输出饱和。

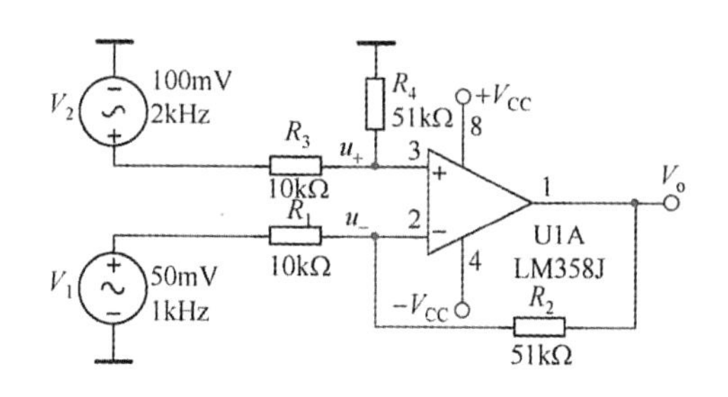

图 2-3-11　差动减法电路

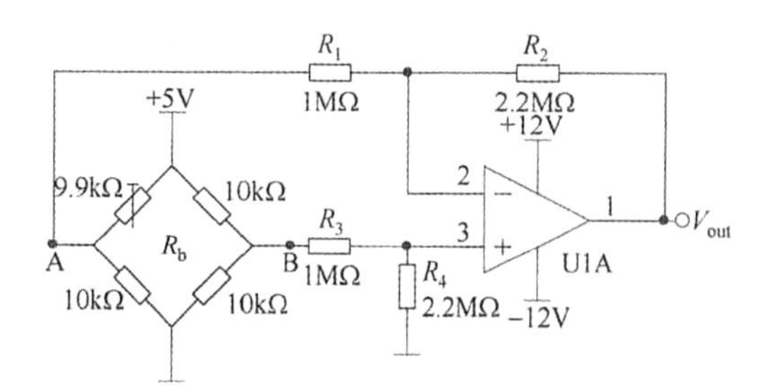

图 2-3-12　差动减法电路放大电桥输出信号

图 2-3-11 中仅由单运放构成的差动减法电路具有结构简单、性能稳定、成本低廉的优点，但由于运放同相输入端的输入电阻→∞、反相输入端的输入电阻仅为 kΩ 数量级，造成输入电阻间的不平衡，因而不建议连接到信号源内阻较高的传感器输出端。

【例 2-3-5**】**具有较高输入电阻的差动减法电路如图 2-3-13 所示。

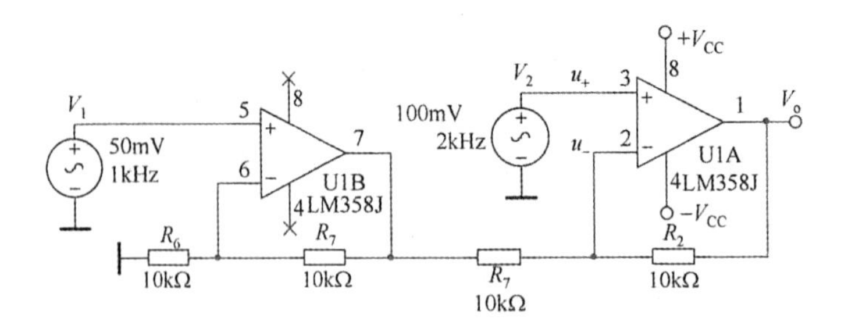

图 2-3-13　输入电阻较高的差动减法电路

由于集成运放反相端的输入电阻较低，如果在输入信号与差动减法电路反相输入端之间串入一级同相放大器，就能提高该路输入信号的输入电阻。V_2 从集成运放的同相端输入，本身已经具有较高输入阻抗，无须额外添加同相放大器。

【例 2-3-6】图 2-3-14 提供了另外一种实现减法运算的电路结构。集成运放 U1B 构成反相放大器，实现了输入信号 V_1 的反相输出；U1A 构成反相加法电路；"负负得正"之后，在输出端 V_o 得到正极性的 V_1 与负极性的 V_2，从而实现差动减法运算。

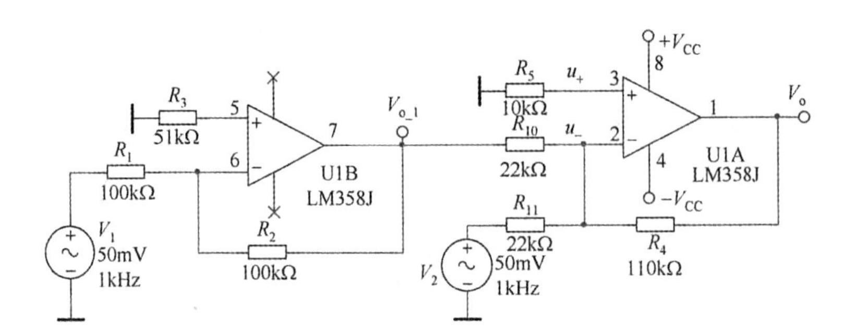

图 2-3-14　两级运放构成减法运算电路

第一级集成运放单元 U1B 的输出电压 V_{o_1} 与 V_1 之间构成反相比例运算：

$$V_{o\_1}=-\frac{R_2}{R_1}V_1 \tag{2-10}$$

第二级运放单元 U1A 构成反相加法电路，输出电压 V_o 与两组输入电压之间的运算关系：

$$V_o=-R_4\left(\frac{V_2}{R_{11}}+\frac{V_{o\_1}}{R_{10}}\right)=\frac{R_2R_4}{R_1R_{10}}V_1-\frac{R_4}{R_{11}}V_2 \tag{2-11}$$

适当调整式(2-11)中电阻器的参数比值，可得到相对较为简单的减法运算关系：V_1-V_2。

八、仪表放大器电路

传感器输出的信号多数较为微弱，且容易受到外界干扰。如果采用普通放大电路，可能无法达到理想的性能指标，而图 2-3-15 所示的仪表放大器电路则是一种较好选择。

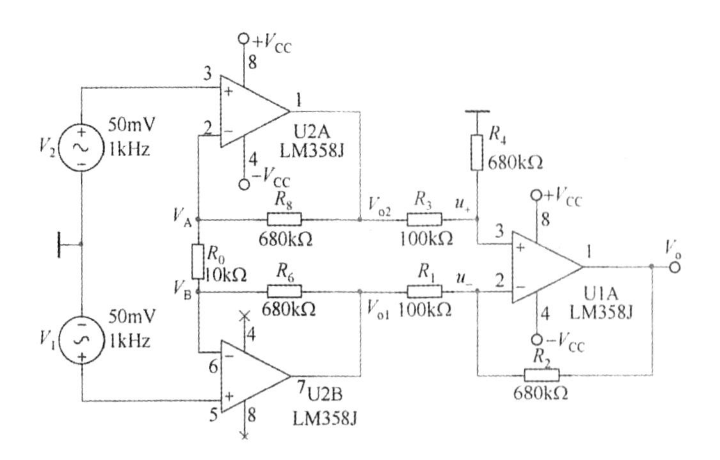

图 2-3-15　仪表放大器电路

集成运放单元 U2A、U2B 为对称结构，R_6、R_8 构成反馈网络。输入信号 V_2 与 V_1 之差构成仪表放大电路的净输入信号 $V_{in}=V_2-V_1$；由运放"虚短"特性可得 $V_2=V_A$、$V_1=V_B$；综上所述，可得出电阻器 R_0 两端的电压为

$$V_{R0}=V_A-V_B=V_2-V_1=V_{in} \tag{2-12}$$

再根据运放的"虚断"特性可得

$$V_{o2}-V_{o1}=\frac{(V_A-V_B)(R_0+R_6+R_8)}{R_0}=\frac{(V_2-V_1)(R_0+2R_6)}{R_0} \tag{2-13}$$

运放单元 U1A 构成差动减法电路，输出电压 V_o 与输入电压$(V_{o2}-V_{o1})$之间满足：

$$V_o=\frac{(V_{o2}-V_{o1})R_2}{R_1}=\frac{(V_2-V_1)R_2(R_0+2R_6)}{R_0R_1} \tag{2-14}$$

仪表放大器电路为双端输入、单端输出结构，输入级 U2A、U2B 采用同相放大器，输入电阻很高。如果外围电阻配对精度足够高，电路共模抑制比可做得很高，能够较好地抑制共模及干扰信号，被广泛用于仪器仪表测量电路的前级，"仪表放大器"也由此而得名。

如果采用通用运放及普通电阻器进行仪表放大器电路的搭建与调试，由于集成运放性能指标、电阻参考精度在事实上的差异及不平衡，所完成仪表放大器电路的各项性能指标往往并不能令人满意。

实际的仪表放大器方案多采用专用集成芯片的方案，以减少调试工作量、降低系统成本、提高系统稳定性与可靠性，如 INA128、INA115、INA333、PGA205 等。

价格较高、工作频率不高、转换速率低则是仪表放大器电路存在的主要不足。

九、反相积分电路

实用的有源反相积分电路如图 2-3-16 所示。

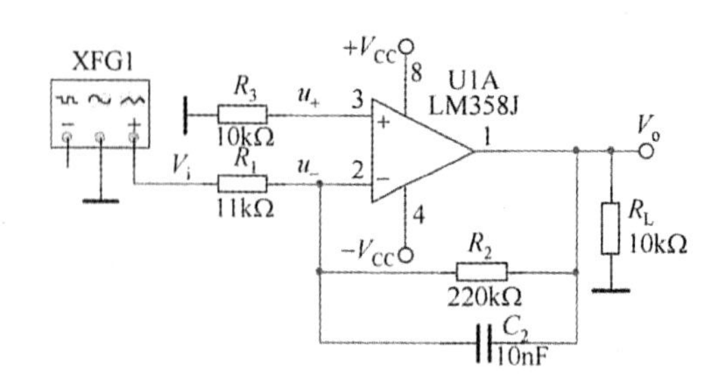

图 2-3-16　反相积分电路

信号从集成运放 U1A 的反相端输入，R_2 与 C_2 并联构成负反馈网络。反相积分电路中存在“虚地”特性：$u_-=u_+=0$。结合集成运放的“虚断”特性，R_1 与 $R_2//C_2$ 构成串联网络，电流保持相等：$i_{R_1}=i_{R_2//C_2}$。由于 R_2 的电阻阻值较大，在进行简化分析计算时可以将 R_2 视为开路。由此列出反相积分电路输出电压 V_o 与输入电压 V_i 之间的近似关系：

$$V_o(t)=V_c(0)-\frac{1}{R_1C_2}\int_0^t V_i\mathrm{d}t \tag{2-15}$$

$V_c(0)$是 $t=0$ 时刻电容 C 两端的初始电压值，初始状态下，可令 $V_c(0)=0$。

R_2 是积分电容 C 的放电电阻，如果没有 R_2，则 C_2 存储的电荷无法泄放，将导致电容两端电压持续增长，并最终使运放输出端出现饱和，无法完成积分运算。

如图 2-3-16 所示的信号源如果采用图 2-3-17(a)所示的矩形波，经仿真得到输出电压与输入电压的波形如图 2-3-17(b)所示。

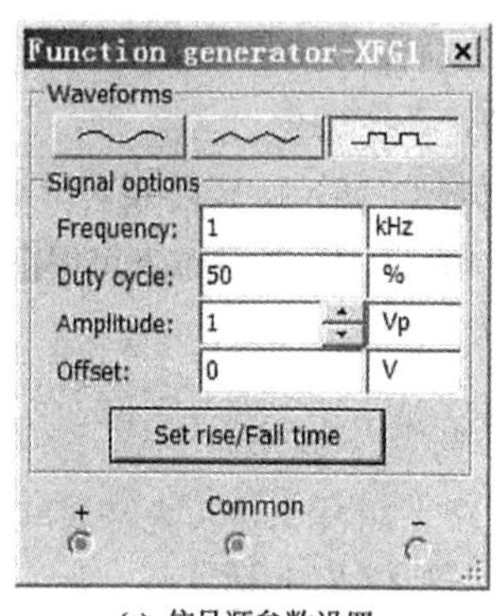

(a) 信号源参数设置

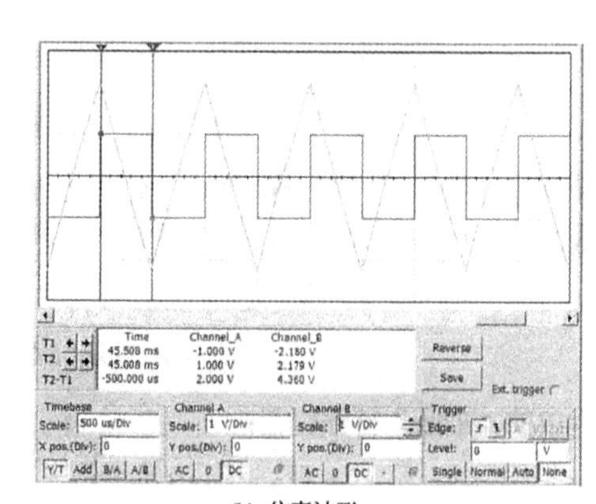

(b) 仿真波形

图 2-3-17　反相积分电路

当输入电压为固定的直流电压时，式(2-15)将演变为

$$V_o(t)=V_c(0)-\frac{V_it}{R_1C_2} \tag{2-16}$$

反相积分电路的输出电压 $V_o(t)$与充电时间 t 具有线性关系。如果输入电压只有高、低电平两种电压取值，结合电容两端电压不能突变的特性，反相积分电路将输出三角波。

十、反相微分电路

作为积分电路的逆运算，原理性的微分电路结构比较简单，仅仅将积分电阻与积分电容进行位置交换即可，如图 2-3-18(a)所示。

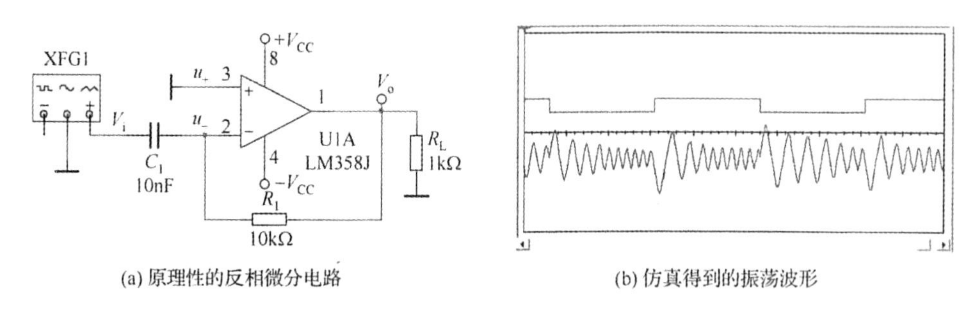

(a) 原理性的反相微分电路　　(b) 仿真得到的振荡波形

图 2-3-18　原理性的反相微分电路

原理性的反相微分电路对高频噪声非常敏感，极易产生图 2-3-18(b)所示的严重自激振荡。能够正常进行模拟微分运算的电路结构如图 2-3-19(a)所示，额外增加了输入端电阻 R_1 与负反馈电容 C_2，实用的反相微分电路仿真波形如图 2-3-19(b)所示。

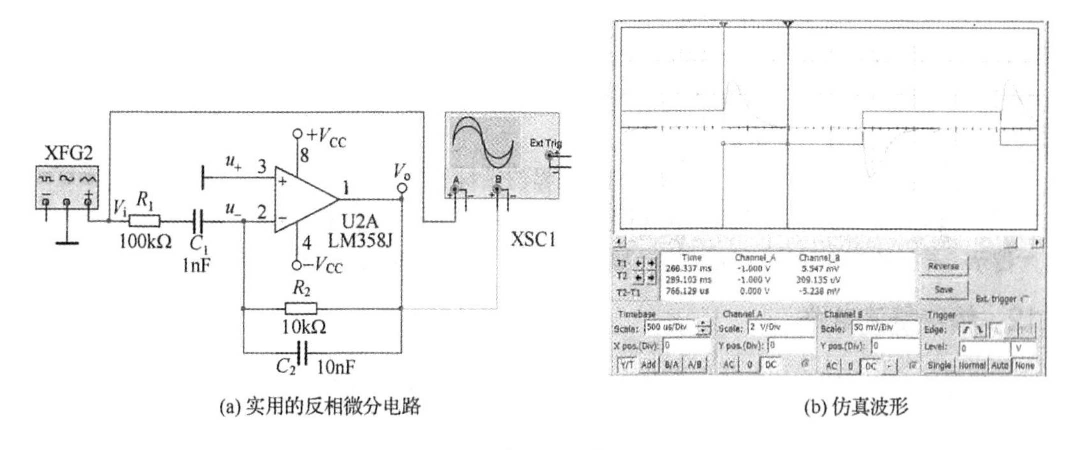

(a) 实用的反相微分电路　　(b) 仿真波形

图 2-3-19　实用的反相微分电路

如果输入信号的频率 $f<1/2\pi R_2C_2$，输出电压 V_o 与输入电压 V_i 的运算关系满足：

$$V_o=-R_1C_1\frac{dV_i}{dt} \tag{2-17}$$

反相微分电路可以将矩形波转换为尖峰脉冲，曾经被广泛用在可控硅触发电路中。此外，反相微分电路还具有衰减高频噪声的作用。

十一、峰值检测电路

峰值检测电路(Peak Detector)主要用于对输入的电压信号进行峰值的甄别并保持该峰值电压。为了实现这一目标，峰值检测电路的输出应具有较好的保持功能，直到输入电压出现了下一个更大峰值电压时才会被取代，如图 2-3-20 所示。

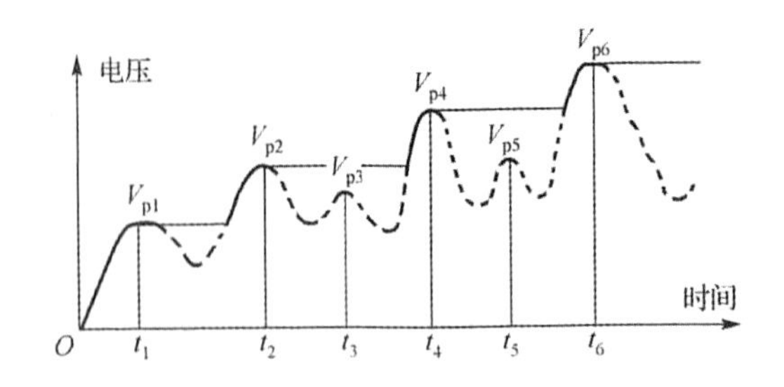

图 2-3-20　峰值检测电路的工作电压波形

一种简洁的峰值检测电路如图 2-3-21 所示。

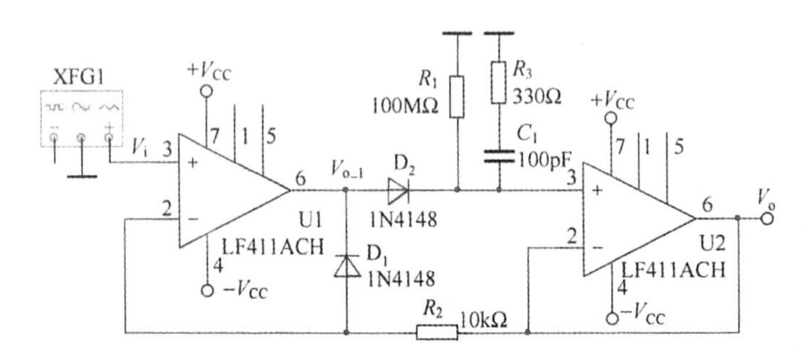

图 2-3-21　峰值检测电路

图中的 U1 构成线性半波整流电路，U2 构成电压跟随器电路。当输入信号 V_i 处在正半周时，V_{o_1} 输出正信号，使 D_2 导通、D_1 截止，同时向 C_1 充电，带动输出电压 V_o 跟随变化，直到 $V_o=V_i$ 时停止充电过程。当输入信号 V_i 降低时，D_2 截止，V_o 保持刚才的峰值电压不变。

峰值检测电路中设置有泄放电阻 R_1，能够释放掉峰值电容 C_1 存储的电荷。R_1 的阻值与输入电压工作频率、电源电压幅度大小密切相关。

(1)泄放电阻阻值过小，峰值保持线将出现明显的倾斜下移；

(2)泄放电阻阻值过大，C_1 存储的电荷无法完全释放，而漏掉峰值保持线后续的较高峰值。

峰值检测电路在 AGC(自动增益控制)、传感器极值求取等电路中具有广泛应用。

十二、精密整流电路

整流电路的功能是将交流电转换为直流电，最常用的半导体整流器件是二极管，最简单的整流电路是由单只二极管构成的半波整流，如图 2-3-22 所示。

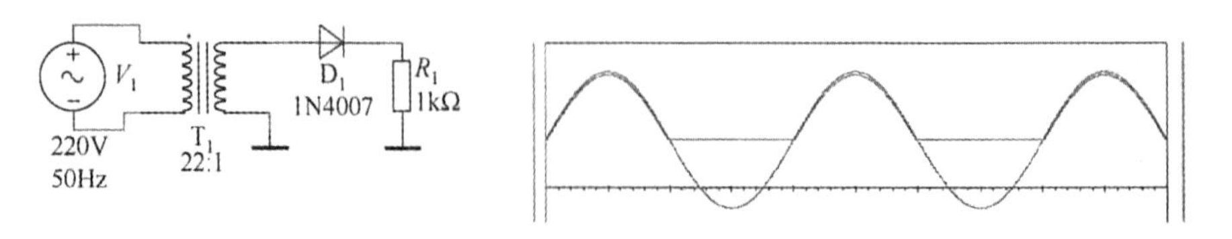

图 2-3-22　二极管半波整流电路及其仿真波形

二极管存在死区电压(Si 管 0.5V、Ge 管 0.1V),如果输入电压低于死区电压,二极管截止,整流电路将没有输出。此外,Si 二极管正向导通时具有 0.7V 正向电压降,因此经二极管整流后的输出电压波形将在输入电压基础上整体下降一定幅度,从仿真波形可以观测到输入、输出波形在峰值部位具有一定的不重合现象。

精密整流电路可将微弱的交流电压以极低的损耗转换成直流电压输出,有效消除了二极管死区电压、饱和电压的影响。全波精密整流电路的仿真电压波形如图 2-3-23 所示。

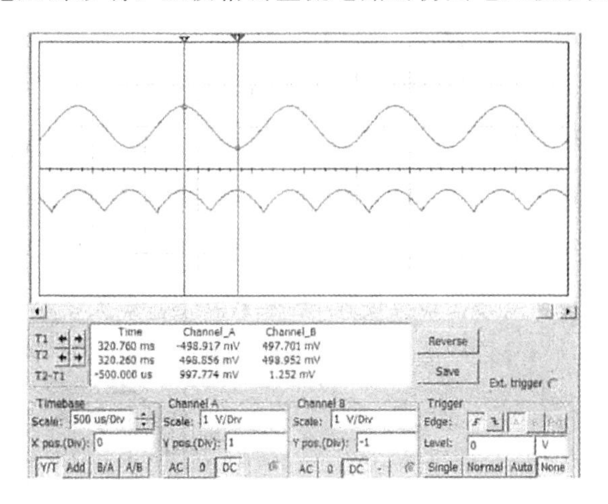

图 2-3-23 全波精密整流电路的仿真波形

从仿真波形可以看出,整流输出的电压波形保留了输入电压的形状,仅有输入电压极性的改变。从游标读出的波形幅值参数可以看出,精密整流电路实现了信号的绝对值运算。

图 2-3-24 给出一种经典的精密整流电路示例。将运放与二极管结合起来,利用运放极高的电压增益,确保很小的输入信号都能够产生足够的电压输出。

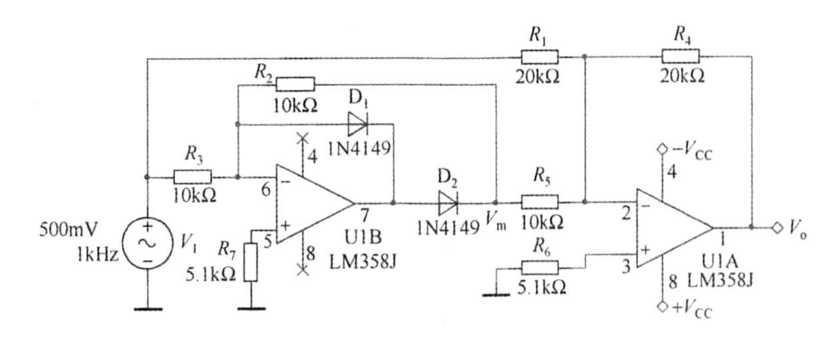

图 2-3-24 精密整流电路示例

精密整流电路的第一级运放 U1B 构成反相比例运算电路,第二级运放 U1A 构成反相加法电路,具体的工作流程如下。

(1)当 $V_1<0$ 时,U1B 输出高电平,D_1 导通、D_2 截止,流经 R_2 的电流为 0;D_1 构成的负反馈确保 U1B 处在线性工作区,根据运放的"虚地"特性,U1B 的 6 脚、U1A 的 2 脚电压均等于 0,故 $V_m=0$。此时,V_1 经 R_1、R_4 构成的反相放大电路:$V_m=-V_1$。

(2)当 $V_1>0$ 时,U1B 输出低电平,D_1 截止、D_2 导通,U1B 构成反相放大电路,输出电压 $V_m=-R_2V_1/R_3=-V_1$;V_1 与 V_m 是 U1A 的两个输入端,经过反相加法运算后得

$$V_o=-\frac{R_4}{R_1}V_1-\frac{R_4}{R_5}V_m=-V_1-2V_m=V_1 \tag{2-18}$$

为保证整流精度,电阻 R_1、R_2、R_3、R_4、R_5 的精度等级要求较高。

如果在电阻 R_4 的两端并联一只电容器,则可以将脉动的绝对值信号转变为较为平滑的直流电压。电容器的容量与信号频率、负载参数密切相关。

十三、电流-电压转换电路

电流-电压(I-V)转换电路将微弱的输入电流转换为与之成比例、易于测量的电压输出,I-V 电路在光电二极管、光电池、光电倍增管等传感器前置放大单元中较为常见。

I-V 转换电路的增益单位为 $\Omega(V_o/I_i)$,也被称为互阻放大电路(TIA),典型的电路结构如图 2-3-25 所示。I-V 转换电路的输出电压、输入电流的运算关系为

$$V_o=-i_1R_1 \tag{2-19}$$

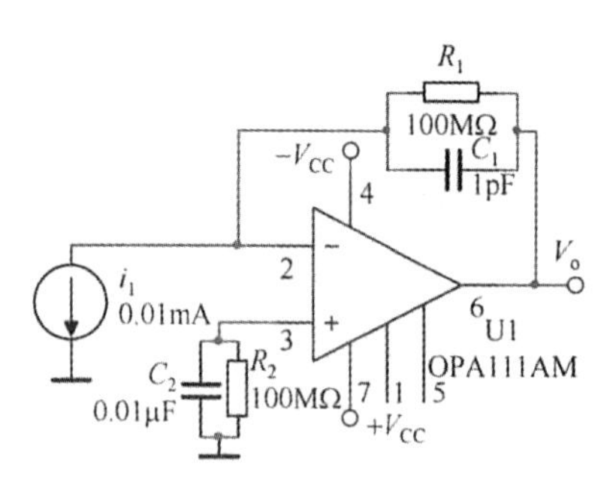

图 2-3-25 I-V 转换电路

光电二极管、光电倍增管等电流输出型传感器的输出寄生电容一般较大,因此需要在 I-V 转换电路的反馈电阻两端并联一只负反馈电容 C_1,进行相位超前补偿,以防止电路发生自激振荡(Gain Peaking),确保电路稳定。此外,C_1 还兼有限制带宽、降低宽频带噪声的作用。C_1 的具体参数一般需要通过实际的在线测试后得出。

I-V 转换电路与电荷放大器的结构类似,但 I-V 转换电路的关键反馈元件为电阻,电荷放大器的关键反馈元件为电容。

十四、电压-电流转换电路

电压-电流(V-I)转换电路将输入电压转换为与之成比例关系的电流输出,主要被用于制作各类恒流源、电池恒流充电器,此外也常被用来驱动仪表、传感器。

V-I 转换电路的增益单位为 $S(I_{out}/V_{in})$,习惯称之为“互导放大器”。

1. 利用 NPN 型晶体管构成 V-I 转换电路

运放结合 NPN 型复合三极管(达林顿管)TIP122 构建的 V-I 转换电路如图 2-3-26

所示。

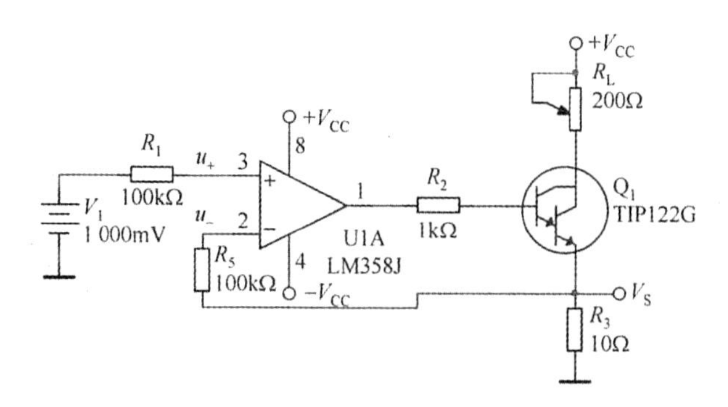

图 2-3-26　利用 NPN 型晶体管构成 V-I 转换电路

图 2-3-26 中的 R_2、Q_1 的 b-e 结、R_3、R_5 构成负反馈通道，确保集成运放工作在线性状态，具有“虚短”特性：$u_+=u_-$；根据“虚断”可知，流经电阻 R_5 的电流 $i_{R_5}=0$，R_3 对地电压 $V_S=u_-=u_+=V_1$（输入电压），从而计算出流经 R_3 的电流 $I_{R_3}=V_1/R_3=100\text{mA}$。

负载电阻 R_L 与 R_3 为近似串联关系，即使 R_L 的阻值在一定范围内小幅波动，流经 R_L 的电流也能够基本维持不变，从而实现了恒流输出，恒流电流 I_L 与输入电压 V_L 成正比：

$$I_L=I_{R_3}=V_1/R_3 \tag{2-20}$$

除了使用 NPN 型的达林顿管外，也可以使用大功率 NMOS 替代图中的电流驱动管 Q_1；如果输出电流不大，普通 NPN 型三极管、N 型 JFET 管均可胜任。

如图 2-3-26 所示 V-I 转换电路的结构简单，元器件易于获取，但负载 R_L 没有接地引脚，与后续电路的接口不太友好，相关参数不易测得。

2. 利用 PNP 型晶体管构成 V-I 转换电路

集成运放结合 PNP 型晶体管同样可以构建如图 2-3-27 所示的 V-I 转换电路。

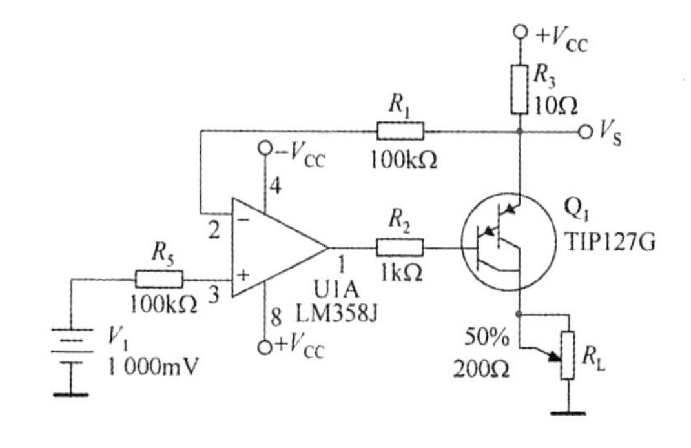

图 2-3-27　利用 PNP 型晶体管构成 V-I 转换电路

图 2-3-27 所示 V-I 转换电路的恒流输出：$I_L=(V_{CC}-V_1)/R_3$；电源电压$+V_{CC}$ 的波动将影响电流输出精度。但由于负载 R_L 具有接地引脚，因而可实现单点测量，与其他电路的接口也变得相对较为简单。

第四节　电压比较器电路设计

电压比较器对输入电压与参考电压进行电压值的比较，输出“高”“低”两种电平值，用以指示电压比较的结果。早期的电压比较器曾使用三极管搭建，目前实际的电压比较器则采用专用集成芯片：单电压比较器LM311、双电压比较器LM393、4电压比较器LM339。

电压比较器的电气符号与运算放大器类似，如图2-4-1所示，包含同相输入、反相输入、比较输出、电源正极、电源负极（或电源地）等基本引脚。

集成电压比较芯片的输出端大多采用集电极开路输出（OC）或漏极开路输出（OD）的结构，工作时需要外接上拉电阻，否则芯片的输出状态不确定。OC或OD结构允许多个比较器的输出端直接并联，如图2-4-1所示。

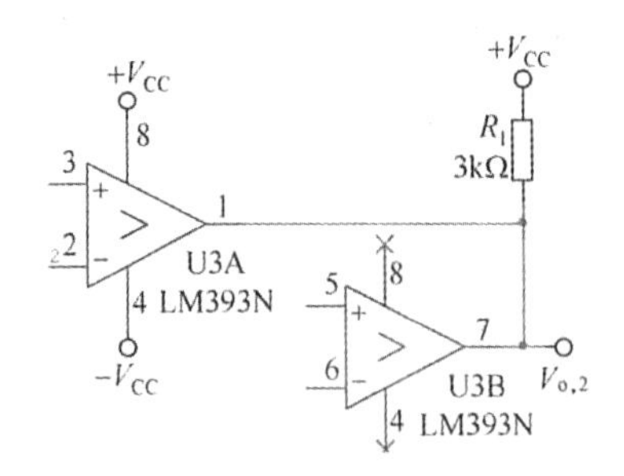

图2-4-1　集成电压比较器的上拉电阻R_1及输出端并联

在一些切换速度要求不高的场合，处于开环（正反馈或无负反馈）状态的集成运放可应急替代集成电压比较器使用，但是综合性能较差，不推荐在实际电路中应用。而集成电压比较器原则上无法替代工作在放大状态的集成运算放大器。

常用的电压比较器包括单限（过零）比较、迟滞比较和窗口比较等多种类型，主要用于非正弦模拟波形的变换及产生、模拟信号向数字信号的转换、电压高低比较等场合。

一、单限电压比较

单限电压比较包括同相比较与反相比较两大类，是集成电压比较器最简单的应用。

1. 同相单限电压比较

图2-4-2(a)所示为同相单限电压比较电路，输入电压V_{in}从集成比较器的同相端输入，与比较器反相输入端所接的参考电压V_2进行比较。如果$V_{in}>V_2$，V_o输出高电平；如果$V_{in}<V_2$，V_o输出低电平。当V_{in}按照上升或下降的规律穿过V_2的电压值时，V_o将出现阶跃

跳变。

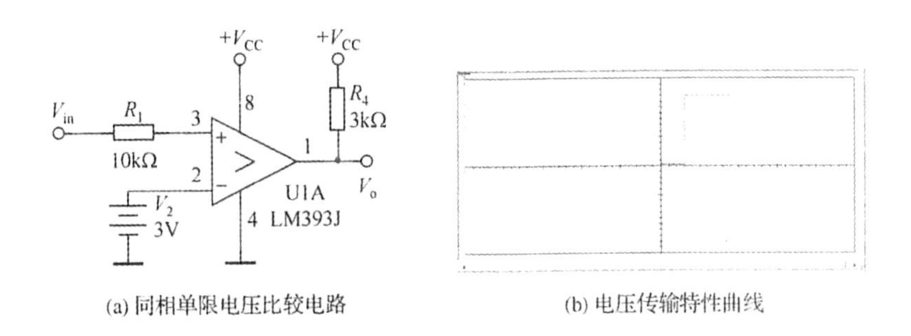

图 2-4-2 同相单限电压比较电路

表征电路输出电压(电流)与输入电压(电流)之间变化关系的曲线,被称为传输特性曲线,其中 V-V 传输特性曲线便于利用示波器进行观测。同相单限电压比较电路的电压传输特性曲线如图 2-4-2(b)所示。

2. 反相单限电压比较

反相单限电压比较电路的结构如图 2-4-3(a)所示,输入电压 V_{in} 从比较器芯片的反相端输入,与同相输入端的参考电压 V_2 进行比较。如果 $V_{in}<V_2$,V_o 输出高电平;如果 $V_{in}>V_2$,V_o 输出低电平。反相单限电压比较器的电压传输特性曲线如图 2-4-3(b)所示。

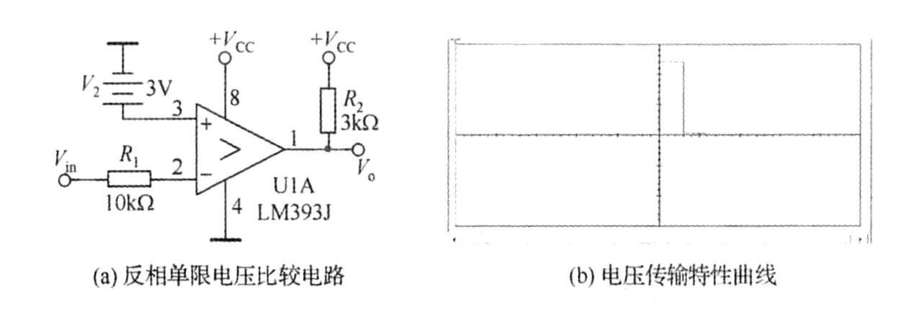

图 2-4-3 反相单限电压比较电路

单限电压比较电路结构简单,灵敏度高,但抗干扰能力差,例如,当输入电压 V_{in} 的大小在 V_2 附近来回波动时,V_o 将不断地在正向饱和电压与负向饱和电压之间切换,从而产生大量状态错误的矩形波输出,如图 2-4-4 所示。如果这些无序的输出抖动出现在控制系统中,将会对执行机构造成严重的影响。

图 2-4-2、图 2-4-3 中的参考电压 V_2 可通过图 2-4-5 所示的两种电路结构获得:电阻器(电位器)串联分压、稳压二极管反向击穿稳压。

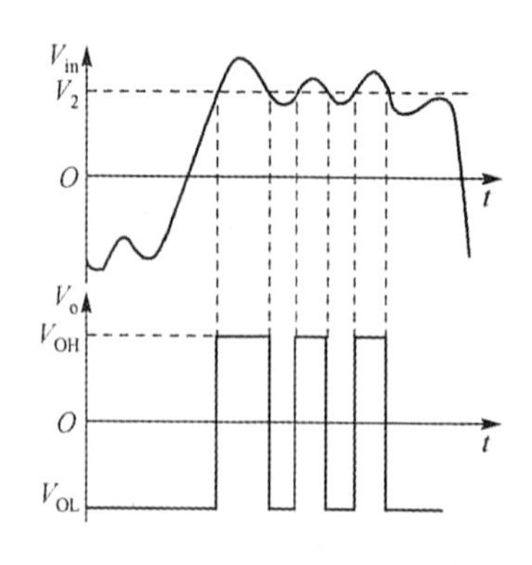

图 2-4-4 单限比较引起输出抖动

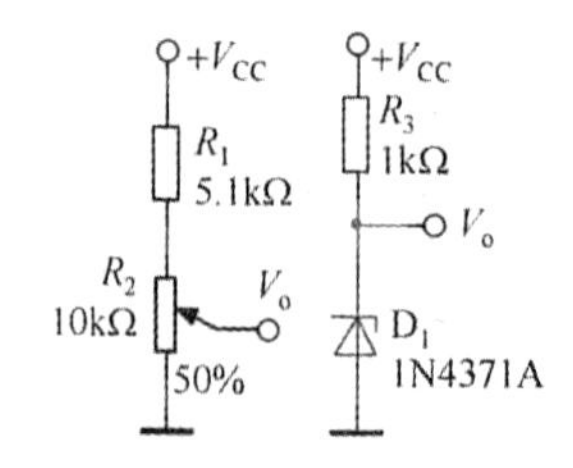

图 2-4-5 参考电压的获取

【例 2-4-1】用于智能小车的循光检测电路如图 2-4-6 所示，其核心单元为集成电压比较器 LM393。X_1 为光敏电阻，当周围环境光线较为明亮时，X_1 的电阻值较低；在 X_1 的感光面被不透光物体遮挡后，其电阻值迅速升高。

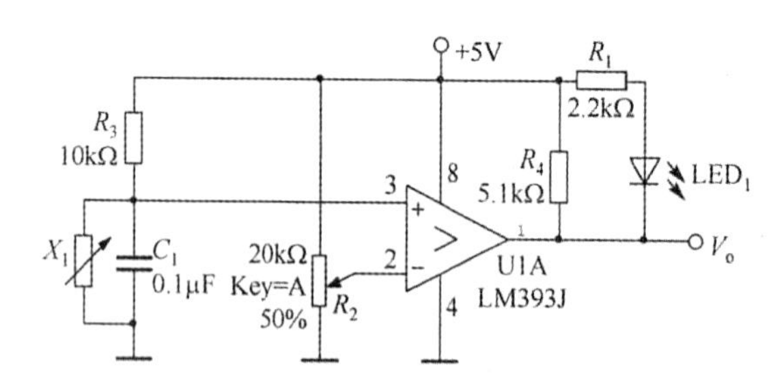

图 2-4-6 智能小车的循光检测电路

(1)当环境中光亮度较低时，X_1 的电阻值较大，与电阻器 R_3 串联分压后的电压值较高，使 3 脚同相输入端电压超过 2 脚反相输入端电压，输出端 V_o 为高电平，LED$_1$ 熄灭。

(2)在环境中光亮度增强后，X_1 的阻值降低，与 R_3 的串联分压值减小，在 3 脚电压低于 2 脚电压后，V_o 跳变至低电平并点亮 LED$_1$，提示环境光亮度已经发生改变。

电位器 R_2 用于调节循光检测电路的系统灵敏度，以适应不同环境的光亮度及不同型号的光敏电阻 X_1。电路输出 V_o 可用于触发继电器模块的控制端、单片机的中断引脚。

3. 过零比较

如果将单限比较电路的基准电压接地，则可构成过零比较电路，如图 2-4-7 所示。

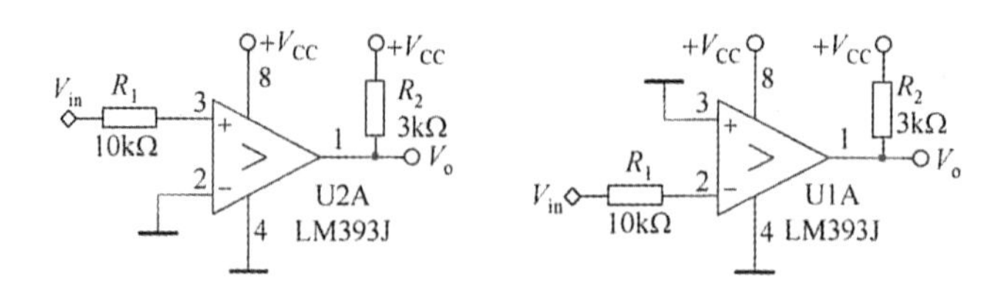

图 2-4-7 过零比较电路

过零比较电路可将不规则的输入波形(包括交流输入电压)转换成高、低两种规范的电平输出，常用于模拟电路与数字电路的接口单元。

二、迟滞电压比较

通过向单限电压比较器添加图 2-4-8(a)所示的正反馈通道(R_1、R_2)后，比较器不再只有单一的基准电压，转而具有了“上限阈值 V_{TH+}”“下限阈值 V_{TH-}”两个基准电压。

(1)当输入电压 V_{in} 从低电压向高电压变化时，上限阈值电平为比较器的参考电压；

(2)当输入电压 V_{in} 从高电压向低电压变化时，下限阈值电平为比较器的参考电压。

这种电压比较器具有“滞回”或“施密特”特性，也被称为“迟滞电压比较电路”“滞回比较器”“施密特比较器”，由于上、下限阈值电平不等，可有效消除因输入电压波动引发的输出抖动、频繁翻转的故障现象。

1. 同相输入的迟滞比较

同相输入迟滞电压比较电路的信号从比较器的同相端输入，如图 2-4-8(a)所示。

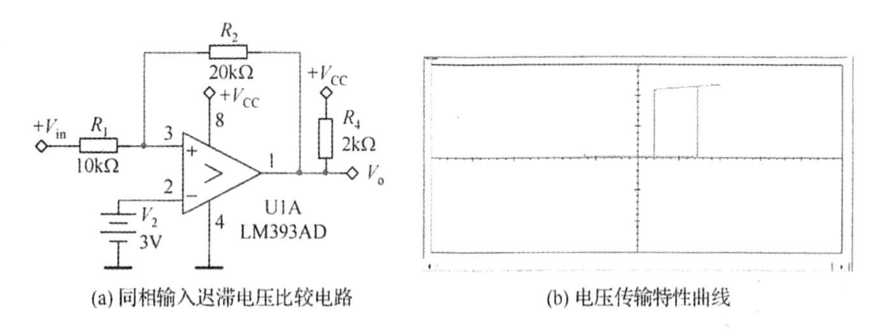

(a) 同相输入迟滞电压比较电路　　(b) 电压传输特性曲线

图 2-4-8　同相输入迟滞电压比较电路及其电压传输特性曲线

同相输入迟滞电压比较电路的电压传输特性曲线如图 2-4-8(b)所示，图中有两根垂直于时间轴(横轴)的跳变沿，右侧的跳变沿在横轴的投影即为“上限阈值电平 V_{TH+}”，左侧的跳变沿在横轴的投影则为“下限阈值电平 V_{TH-}”。

迟滞电压比较器引入的正反馈加速电压跳变进程，确保跳变沿非常陡峭。

2. 迟滞比较电路的阈值电平计算

在图 2-4-8 所示同相输入迟滞电压比较电路中，在集成比较器芯片 LM393 的输出端发生翻转的瞬间，3 脚的同相输入端电压与 2 脚的反相输入端电压应该近似相等。根据这一关系，可以推导出迟滞电压比较电路的上限阈值电平 V_{TH+} 与下限阈值电平 V_{TH-}：

$$V_{TH+}=\frac{R_1+R_2}{R_2}V_2-\frac{R_1}{R_2}V_{OL} \tag{2-21}$$

$$V_{TH-}=\frac{R_1+R_2}{R_2}V_2-\frac{R_1}{R_2}V_{OH} \tag{2-22}$$

当 LM393 采用单电源供电时，高电平输出电压近似等于(实际略低于)电源电压 $+V_{CC}$，粗略计算时可取 $V_{OH}\approx+V_{CC}$；低电平输出近似等于(实际略高于)0V，近似可取 $V_{OL}\approx0$。当迟滞电压比较电路采用正/负双电源供电时，则 $V_{OL} \approx -V_{CC}$。

3. 反相输入的迟滞比较

除同相输入迟滞电压比较电路之外，还有图 2-4-9(a)所示的反相输入迟滞电压比较电路，图 2-4-9(b)显示了其电压传输特性曲线。两种迟滞比较器在实际运用中的差别不大。

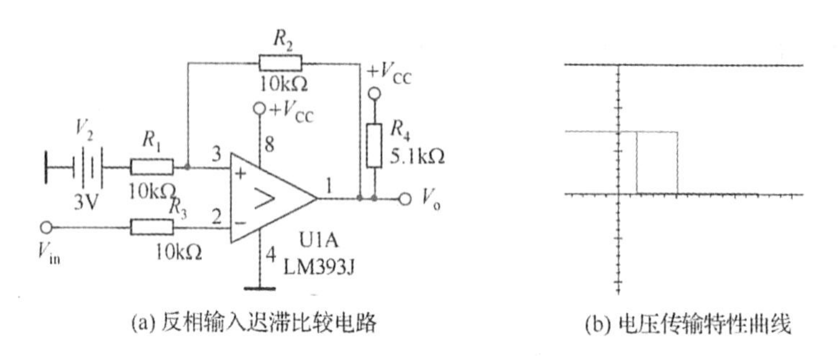

(a) 反相输入迟滞比较电路　　(b) 电压传输特性曲线

图 2-4-9　反相输入型迟滞比较电路及其电压传输特性

【例 2-4-2】锂电池供电系统的低压保护电路可避免锂电池出现过放电而提前损坏：当锂电池端电压低于 2.75V 时，系统切断供电回路。此时锂电池因负载突然减轻，端电压会出现小幅反弹，如果低压保护单元采用迟滞比较电路的结构，将上限阈值电平 V_{TH+} 设为 3.7V，而将下限阈值电平 V_{TH-} 设为 2.75V，就能避免锂电池与负载之间反复接通、断开的故障现象。

三、窗口电压比较

简单的单限电压比较电路仅能鉴别输入电压 V_{in} 比参考电压 V_2"高"或"低"的状态，而窗口电压比较电路采用两个单限电压比较组合为双限电压比较，可用来判断输入电压是否处在两个不相等的窗口基准电压($V_{R,1}$、$V_{R,2}$)之间，如图 2-4-10(a)所示。当 $+V_{CC}$ 取 +12V、$V_{R,1}=2V$、$V_{R,2}=5V$ 时，测得窗口电压比较电路的电压传输特性曲线如图 2-4-10(b)所示。

当输入电压 $V_{in}< 2V$ 或 $V_{in}> 5V$ 时，窗口比较器的输出电压 V_o 约为 321mV，呈低电平状态(左侧游标)；当 $2V<V_{in}<5V$ 时，窗口比较电路的输出电压 V_o 约为 11.92V(右侧游标)，接近电源电压值，呈高电平状态。

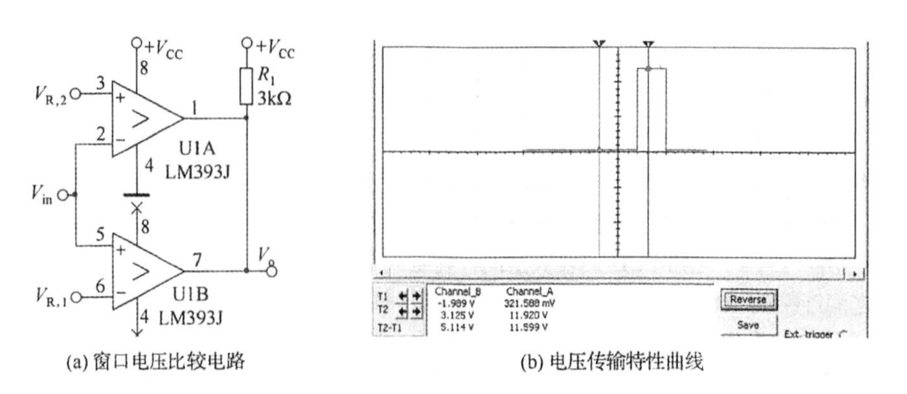

(a) 窗口电压比较电路　　(b) 电压传输特性曲线

图 2-4-10　窗口电压比较电路与电压传输特性曲线

第五节　功率放大电路设计

功率放大电路(简称功放)能够输出较大功率去驱动扬声器、直流电机等负载。衡量一个功率放大电路性能优劣的常用评价指标体系包括输出功率是否足够大、能量转换效率是否足够高、失真系数是否足够小、静态待机电流是否足够小等。能量本身无法被放大,因而功放电路的本质是电流的放大或功率的转换。

20 世纪 80 年代,受集成工艺限制,集成功放的价格高、故障率高、输出功率低,很多商品级的功放电路只能采用三极管、MOSFET 等分立元件搭建。这些由分立元件构成的功放电路存在结构复杂、调试工作量大和生产成本高等缺陷。

随着近年来集成工艺的不断升级进步,由集成芯片构成的功放电路具有结构简单、性能优越、工作可靠、调试方便等诸多优点。目前除少量大功率功放电路仍采用分立元件方案外,绝大多数中小功率功放电路均优先采用了集成功放的设计方案。

集成功放芯片内部除包含基本的前置放大和功率输出单元外,还集成了噪声抑制、短路保护、过热保护、输出使能和电源升压等功能单元。

一、OTL 功放

OTL(Qutput Transformer Less)功放相对于古老的变压器功放而得名。OTL 功放采用单电源供电,将变压器功放的输入、输出变压器用耦合电容进行替代。

BA527 是一款经典的单声道 OTL 功放,电路结构如图 2-5-1 所示。

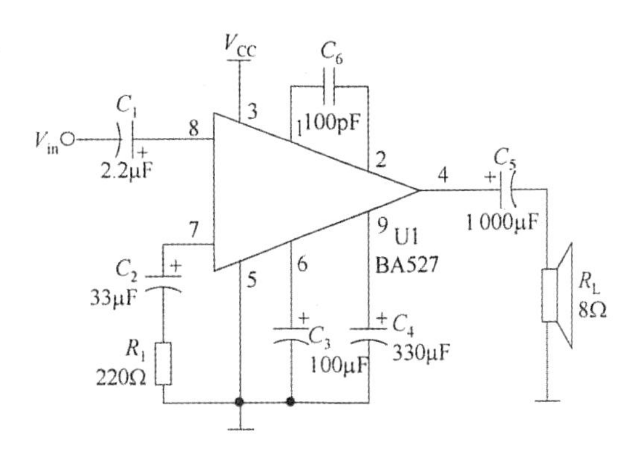

图 2-5-1　BA527 构成 OTL 功放

图 2-5-1 中 8 脚为集成 OTL 功放的同相信号输入端,C_1 为输入耦合电容,对前后级的直流通路进行隔离。7 脚为集成功放的反相输入端,负反馈电阻被集成在了芯片的内部;当改变电阻器 R_1 的阻值时,即可调整功放的电压放大倍数(增益)。

4 脚是集成功放的输出引脚,经放大的电压与电流信号经 C_5 耦合至扬声器 R_L,避免了扬声器被太高的直流电压损坏；在 OTL 功放的电路原理中，C_5 同时兼有储能的作用。C_5 是大体积、大容量、圆柱形的电解电容，占据了电路 PCB 的较大空间，特征明显。

1-2 脚之间连接的 100pF 电容具有相位补偿功能。6 脚为电源滤波引脚，9 脚为旁路(Bypass)引脚。随着集成工艺的升级，在新型的 OTL 集成功率放大器方案中，这几种引脚已经部分地集成进芯片内部，如图 2-5-2 所示。

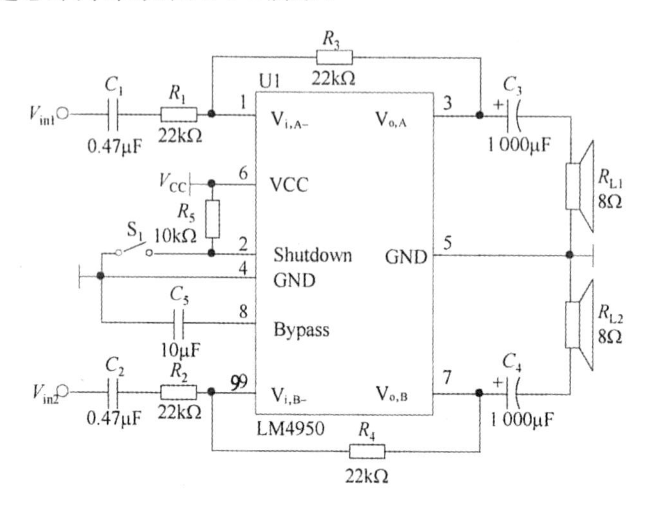

图 2-5-2　LM4950 构成的新型 OTL 功放

LM4950 是一款立体声(双通道)OTL 集成功放芯片，与 BA527 等古老的集成功放相比，LM4950 的负反馈系数由外接电阻(R_3-R_1、R_4-R_2)设定；旁路(Bypass)引脚依然保留；相位补偿引脚、电源滤波引脚被集成到芯片内部。而新增的“启动/停止”(Shutdown)引脚，可以方便地将集成功放芯片与单片机等数字器件的端口相连。

(1)当开关 S_1 断开时，“Shutdown”引脚置低，LM4950 正常工作；

(2)当开关 S_1 闭合时，LM4950 处于关断状态，扬声器没有输出，芯片静态功耗很低。

二、OCL 功放

OCL(Qutput Capacitor Less)功放因省去 OTL 功放输出端所连接的大体积、大容量电解电容而得名。OCL 功放较好地改善了输出信号的频率响应(电容具有通高频、隔低频的特性)，但电路供电方式从单电源调整为双电源，与普通运放的供电结构类似。OCL 功放电路的调试稍显复杂，输出端直流电压必须严格为 0V 后，才允许接入扬声器等负载。

TDA2030 是应用较广的 OCL 集成功放，其电路结构如图 2-5-3(a)所示，非常简洁。

图 2-5-3(a)中，TDA2030 仅有 5 只引脚，电路结构酷似集成运放构成的同相交流放大器。外部信号经输入耦合电容 C_1 连接至 TDA2030 的同相输入引脚，R_2、R_3、C_2 构成负反馈网络。二极管 D_1、D_2 构成保护单元，防止双电源被反接。R_4、C_4 为输出端的消除振荡单元。

TDA2030 的电源电压上限可达±15V，当负载电阻为 4Ω 时，输出功率超过 10W。

OCL 与 OTL 功放电路具有原理上的一致性，可通过增加直流偏置的方法，将 OCL 电路方案改造成为采用单电源工作的OTL功放电路，如图2-5-3(b)所示。

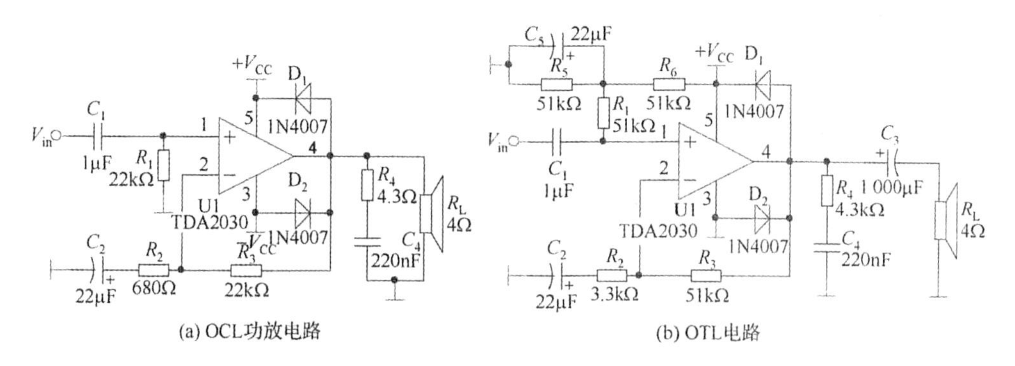

图2-5-3　TDA2030构成的功放电路

与OCL电路相比，TDA2030构成OTL电路时的3脚不再连接至负电源，直接接地即可。电阻R_5、R_6串联分压后得到的$V_{CC}/2$连接至同相输入端，为TDA2030芯片提供合适的偏置电压。此时，TDA2030的输出端将被抬高至$V_{CC}/2$的直流电压，因而需要在功放输出引脚与负载R_L之间串接一只大容量电解电容C_3，以起到储能、隔离直流的双重作用。

【例2-5-1】 OCL功放电路采用正/负双电源供电，与大多数集成运放供电方式相同。如果将集成运放与OCL功放的输出单元(推挽放大器)结合起来，可以设计出功率更大的功放电路。图2-5-4所示为一种采用集成运放驱动推挽放大器的功放电路设计方案。

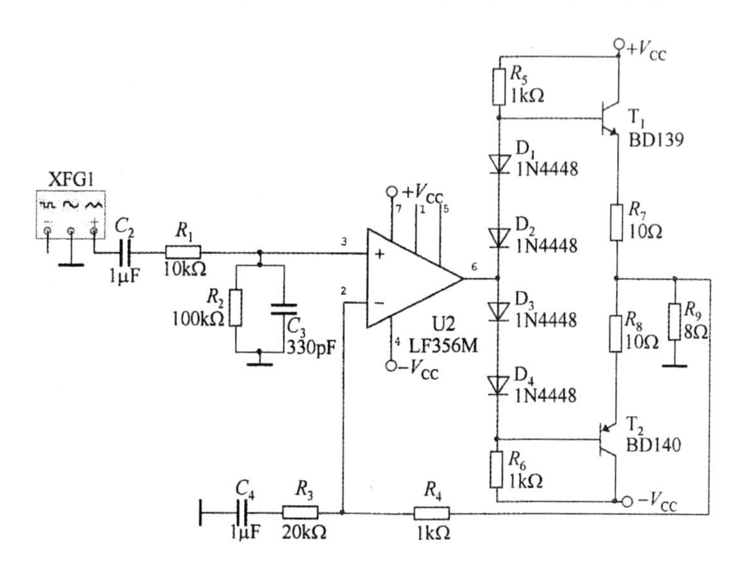

图2-5-4　集成运放驱动OCL推挽电路构成组合式较大功率功放

集成运放LF356M接为同相放大器，负反馈电阻网络R_3、R_4决定放大器增益。R_1、C_3构成低通滤波电路，R_2是输入耦合电容C_2的泄放电阻。R_5、R_6可调节推挽电路的静态工作点，建议采用3296电位器使功率对管T_1、T_2的静态电流被精确地控制在20～50mA范围内，以降低交越失真。R_7、R_8是电流负反馈电阻，起到稳定功放电路输出电流的作用。

通过选择功率管的参数型号及较高的电源电压，同时适当调整阻容元件参数，即可设计出具有较大功率输出、适应不同负载类型的组合式功放电路，灵活性较高。

三、BTL 功放

BTL(Bridge Tied Load)功放也被称为桥式推挽功率放大电路，可等效为两只极性相反的 OCL(或 OTL)功放单元的组合。两只功率放大电路的输出级与负载(如扬声器)之间采用了“H”桥式连接，如图 2-5-5 所示。

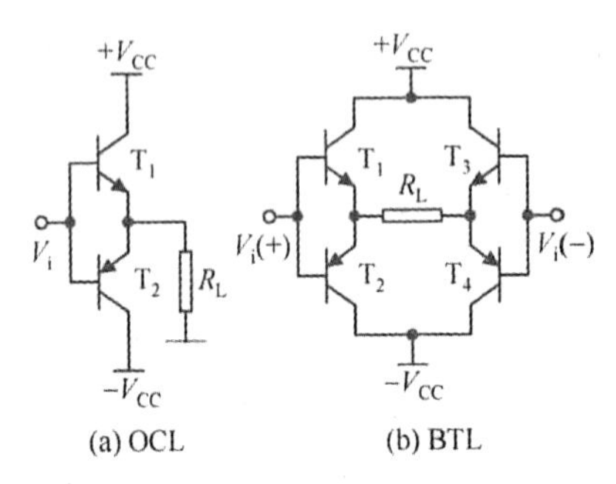

图 2-5-5　功放输出端与负载的连接

如图 2-5-5(a)所示为 OCL 功率放大电路的推挽输出结构，输出级中点与负载相连。图 2-5-5(b)使用了输入信号相位相反的两组 OCL 功率放大电路，负载引脚被分别接至两组功放电路的输出端，均没有接地。

与 OTL/OCL 功放电路相比，BTL 功放电路充分利用了系统电源电压，提高了直流电源利用效率，适用于低压蓄电池供电、功率输出较大的场合，如汽车音响。在相同电源电压和负载的条件下，BTL 功放的功率输出可达 OTL/OCL 功放的 3～4 倍。

单电源 OTL 功放进行 BTL 电路改造之后，不仅可实现功率倍增，还能省略大容量的输出耦合电解电容，并能展宽 OTL 功放电路的带宽。

【例 2-5-2】 LM4950 内部包含两组 OTL 功放单元，可组合成如图 2-5-6 所示的 BTL 电路。

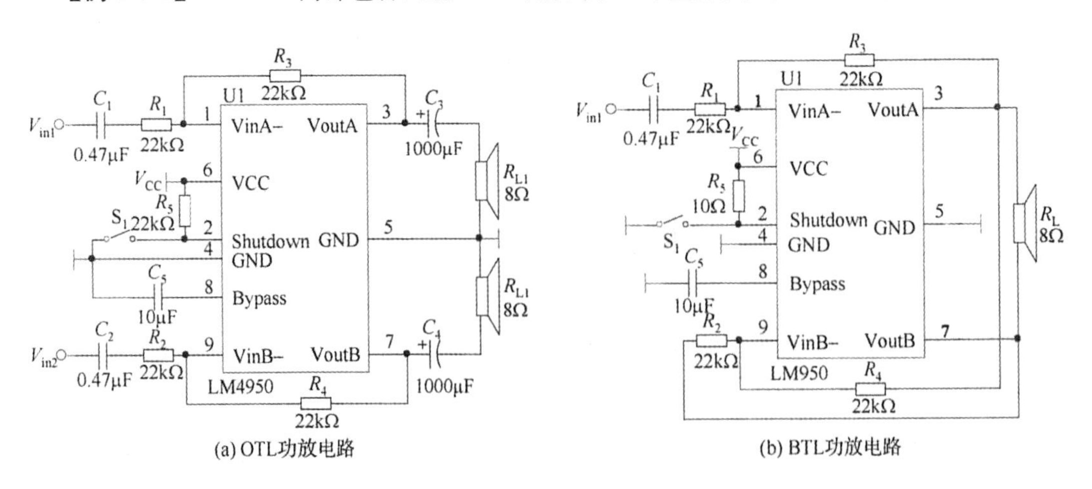

图 2-5-6　LM4950 构成的 OTL、BTL 功放电路结构对比

将两组 OTL/OCL 功放单元组合成为 BTL 功放的基本流程如下：

(1)去掉第二组功放单元的输入信号 V_{in2} 及输入耦合电容 C_2。

(2)短接第二组功放单元的输出耦合电容 C_4，去掉第二组功放单元的负载 R_{L2}。

(3)短接第一组功放单元的输出耦合电容 C_3。

(4)断开第一组功放单元的负载 R_{L1} 的接地端，将其连接至第二组功放单元的输出端 V_{outB}。

(5)连接第二组功放单元的输出端 V_{outB} 至第二路功放单元的输入电阻 R_2。

(6)连接第一组功放单元的输出端 V_{outA} 至第二路功放单元的负反馈电阻 R_4。

经过上述改动之后，两组功放单元的输入信号之间具有了 180°的相位差。为确保两组功放单元的参数平衡，R_1、R_2、R_3、R_4 需要采用较高阻值精度的电阻产品。

第六节　有源滤波电路设计

有源滤波电路被广泛用于信息处理、数据传输和干扰抑制等领域，由电阻、电容与放大器(三极管、MOSFET、集成运放)按照一定拓扑结构组合而成。

有源滤波电路允许某些特定频率范围的信号通过，抑制或急剧衰减该频率范围之外的信号。根据对频率选择性不同，可将有源滤波电路分为低通(LPF)、高通(HPF)、带通(BPF)与带阻(BEF)4 种基本类型。滤波电路的幅频特性曲线分别如图 2-6-1(a)(b)(c)(d)所示。

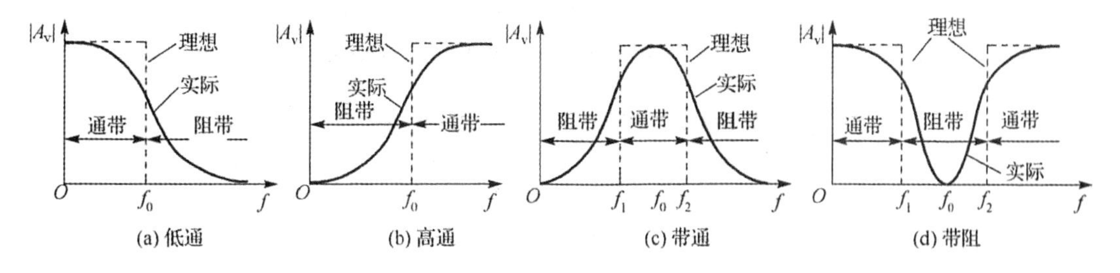

图 2-6-1　基本滤波电路的幅频特性曲线

具有理想幅频特性(图 2-6-1 中的虚折线)的滤波电路几乎无法实现，实际应用时都是以近似的幅频特性(见图 2-6-1 中的弧形实线)去逼近理想的特性曲线。滤波电路的阶数越高，幅频特性的衰减速率越快，越接近理想的幅频特性。高阶滤波电路的元件参数计算复杂，电路调试困难，相频特性较差，因而很多实际的高阶滤波电路常采用多组低阶滤波电路级联而成。

一、滤波电路的计算机辅助设计

FilterPro 由 TI 公司推出，是一款简单、易用的滤波电路辅助设计软件，通过简化复杂的参数计算过程，能够帮助使用者以较快的速度完成滤波电路结构、阻容元件参数设计等内容。

【例 2-6-1】基于 FilterPro 软件的二阶低通滤波电路设计流程。

解：(1)运行 FilterPro 软件，系统弹出如图 2-6-2(a)所示的主窗口界面。

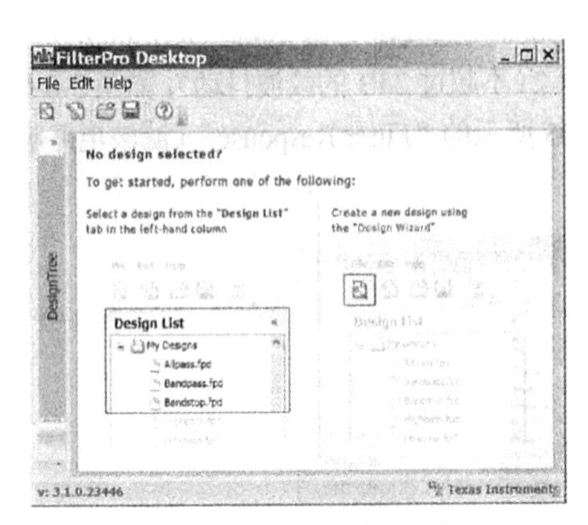

(a) FilterPro 软件的主窗口界面

(b)“滤波电路类型”选择窗口

图 2-6-2 FilterPro 软件的系统主界面及“滤波电路类型”选择窗口

(2)依次单击【File】→【New】→【Design】主菜单项，系统弹出如图 2-6-2(b)所示的“滤波电路类型”(Filter Type)选择窗口。

(3)在图 2-6-2(b)中的“Filter Type”(滤波器类型)框中，选择“Lowpass”(低通)单选按钮，单击“Next”按钮，进入如图 2-6-3 所示的“Filter Specifications”(滤波电路规格)窗口。

(4)在图 2-6-3 中单击选中窗口中部的“Optional-Filter Order”复选框，然后在右侧的下拉列表框中选择“2”(进行二阶滤波器的设计)，如图 2-6-4(a)所示。

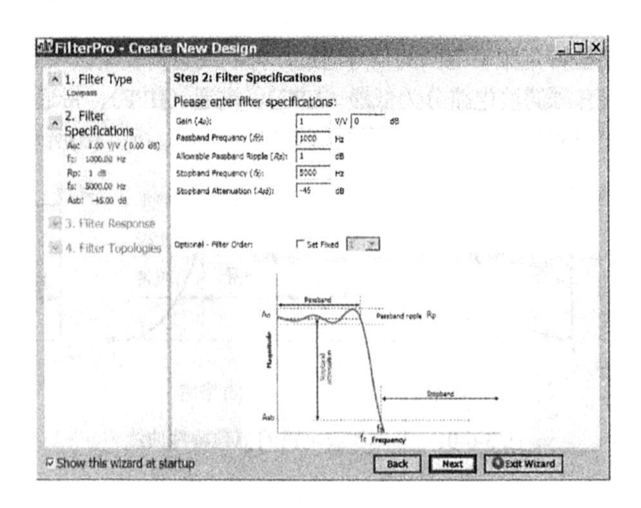

图 2-6-3 “滤波电路规格”(Filter Specifications)窗口

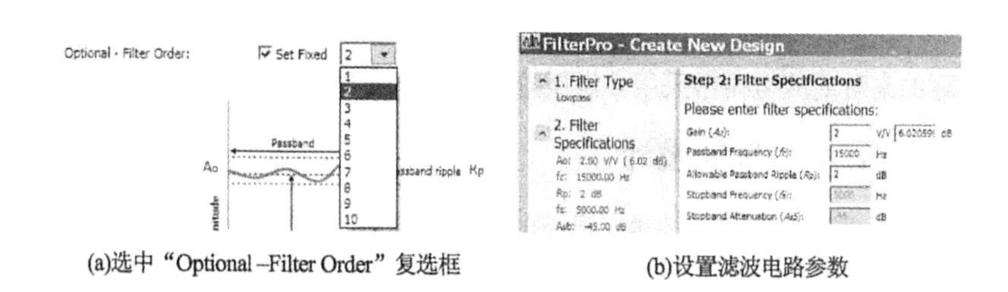

(a)选中“Optional –Filter Order”复选框　　　　(b)设置滤波电路参数

图 2-6-4　设置“滤波电路规格”(Filter Specifications)

(5)在图 2-6-3 所示窗口中的“Gain”(增益)文本框中输入 2(滤波器具有 2 倍的电压增益),在“Passband Frequency(fc)”(截止频率)文本框中输入 15 000(滤波器的截止频率为 15 000Hz),在“Allowable Passband Ripple(Rp)”(通带纹波)文本框中输入 2(不超过 2dB 的纹波抖动),如图 2-6-4(b)所示。最后单击窗口最下方的“Next”按钮,弹出如图 2-6-5 所示的“Filter Response”(滤波电路响应)窗口。

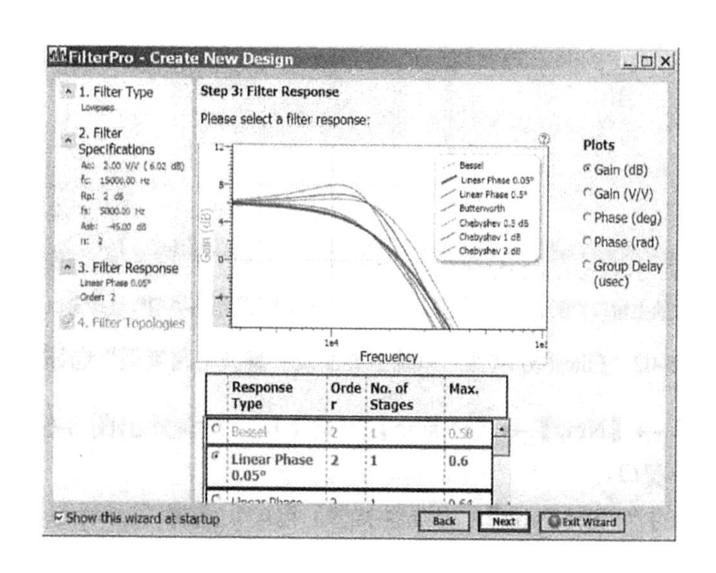

图 2-6-5　“Filter Response”(滤波电路响应)窗口

(6)在列表框中选择第一行的“Bessel”单选项,设置滤波电路的截止特性;接着单击窗口下方的“Next”按钮,弹出如图 2-6-6 所示的“Filter Topology”(滤波电路拓扑结构)窗口。

常用有源滤波电路的类型包括“贝塞尔”(Bessel)、“线性相位”(Linear Phase)、“巴特沃斯”(Butterworth)、“切比雪夫”(Chebyshev)等。

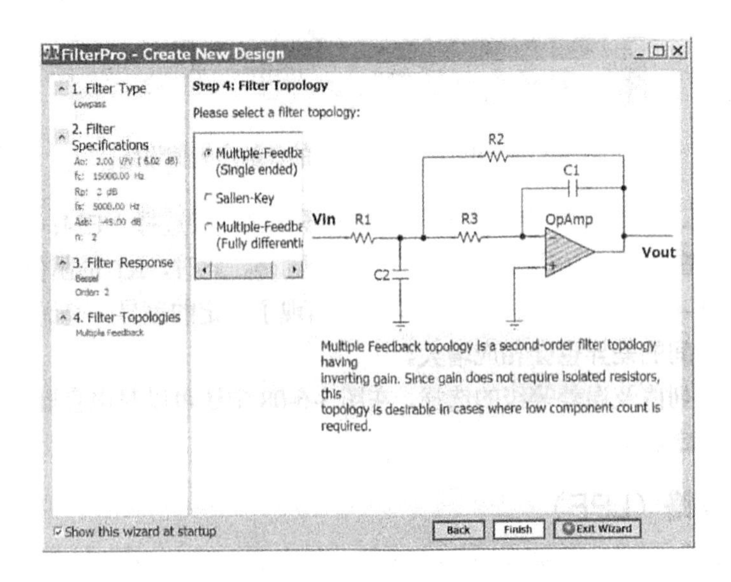

图 2-6-6 "Filter Topology"(滤波电路拓扑结构)窗口

(7)图 2-6-6 给出了常用的三种滤波电路拓扑结构,其中的"Multiple-Feedback"(多重反馈型,简称 MFB)与"Sallen. Key"(电压控制电压源型,简称 VCVS)具有简单易用的特点,适合初学者学习、测试。选择"Multiple-Feedback"型的拓扑结构,然后单击"Finish"按钮,系统将设计完成有源滤波电路结构,以及增益、群延迟波形等仿真结果,如图 2-6-7 所示。

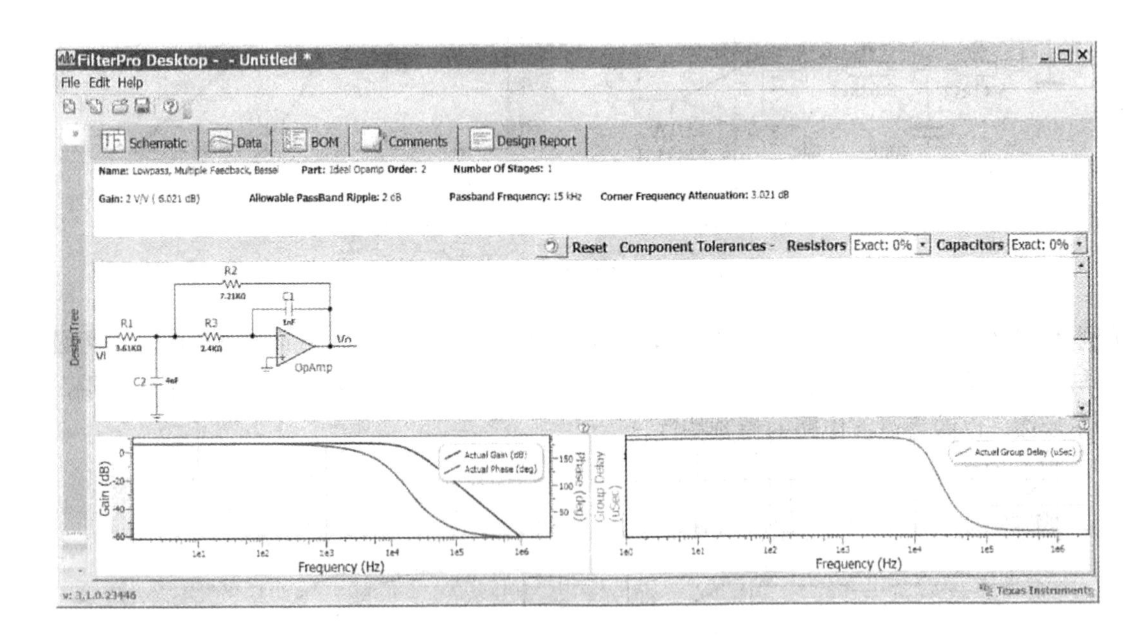

图 2-6-7 FilterPro 完成的滤波电路设计电路及仿真波形

(8)如图 2-6-7 所示的设计电路并没有考虑电阻、电容的生产系列值及误差等级;如果采用系统默认选项“Exact：0％”（没有参数误差的准确计算值），则电阻值会出现 360.7Ω、721.4Ω 这类需特别定制的非标电阻，难以购得且价格昂贵。如果希望选择易购买的通用阻容元件，可按照图 2-6-8 所示的电阻器参数序列值进行相应设定。

1)“E192：0.5％ or lower”选项代表 E192 系列值的电阻器，这类电阻器的误差等级优于 0.5％，价格较高。选择该下拉项后，R1 阻值从 360.7Ω→361Ω，R2 阻值从 721.4Ω→723Ω。

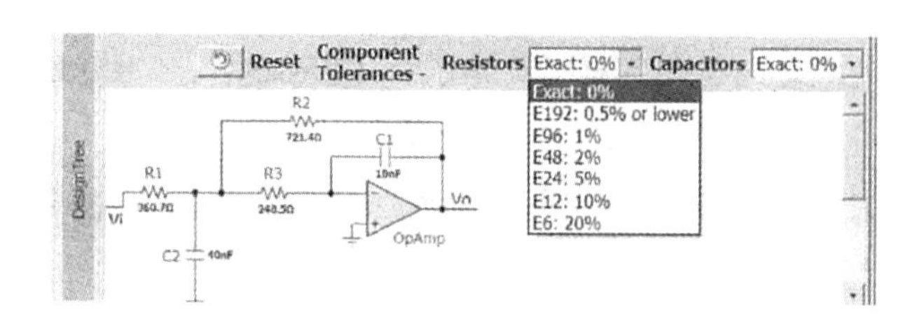

图 2-6-8　电阻、电容元件的参数序列值设定

2)在实验室环境、手工 DIY 等精度要求不高的场合，建议选择“E24：5％”（E24 系列值，5％的参数误差）下拉项，E24 系列的电阻价格便宜且易于购得。此时，R1 的阻值将从 360.7Ω→390Ω，R2 的阻值将从 721.4Ω→750Ω，与理论计算的电阻值出现了一定的差异，毫无疑问，实际完成的滤波电路与理想滤波特性之间的差异也会相应增大。

3)类似于电阻系列值及误差等级的选择，在图 2-6-8 中还可以对电容器（Capacitors）的系列值及误差等级进行类似设定。

二、低通滤波电路（LPF）

低通滤波电路允许低于截止频率 f_c 的信号通过，而高于 f_c 的信号将被衰减、抑制或滤除。

【例 2-6-2】 截止频率为 1 000Hz 的 Bessel 型二阶 MFB 低通滤波电路结构如图 2-6-9(a)所示，对应的幅频/相频特征曲线如图 2-6-9(b)所示。

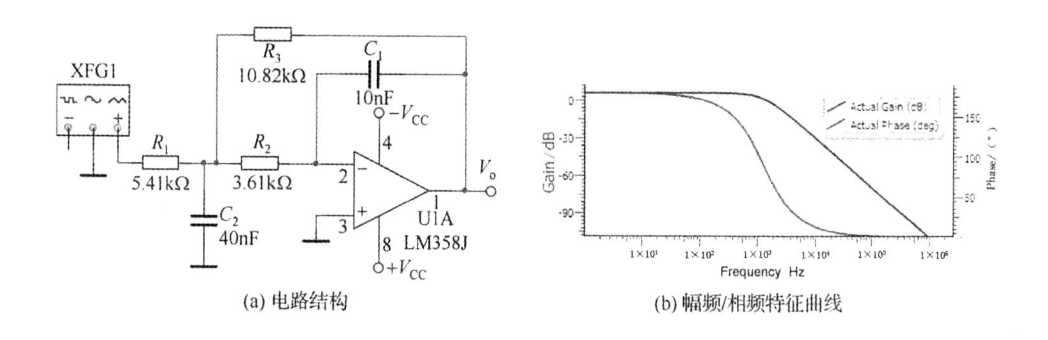

(a) 电路结构　　(b) 幅频/相频特征曲线

图 2-6-9　二阶 MFB 低通滤波电路

【例 2-6-3】 如图 2-6-10 所示为典型的 Sallen-Key 型二阶 Bessel 有源低通滤波电路，由

两级 RC 滤波环节与同相比例运算电路组合而成，其中第一级滤波环节的电容 C_2 接至滤波电路的输出端，引入了适量的正反馈，以改善滤波电路的幅频特性。

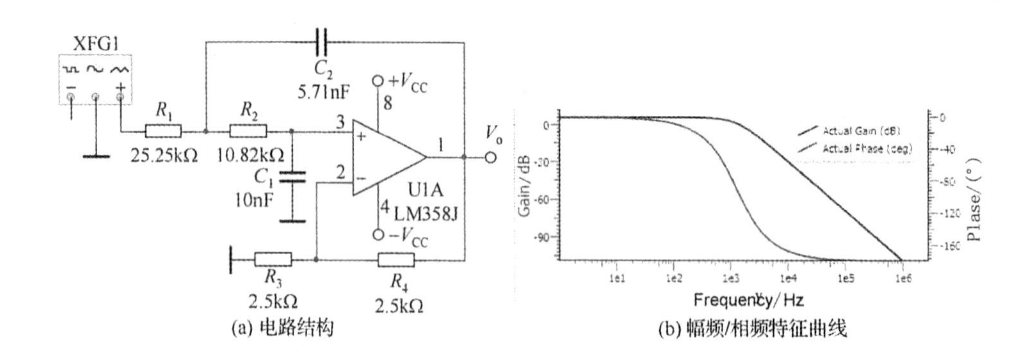

图 2-6-10　二阶 Sallen-Key 型低通滤波电路

低通滤波是应用最为广泛的滤波电路形式，低音炮音响中的重低音分频电路即为低通滤波器的典型应用。此外，低通滤波器还具有防止电路发生高频振荡的功能。

三、高通滤波电路(HPF)

高通滤波电路的性能与低通滤波电路正好相反，允许高频信号通过，衰减或抑制较低频率的信号，其频率响应特性与低通滤波电路为“镜像”关系。参考低通滤波电路的结构及分析方法，将电阻、电容位置互换，并对参数进行适当调整后，即可设计出有源高通滤波电路。

【例 2-6-4】截止频率为 10kHz 的 Bessel 型二阶 MFB 高通滤波电路的结构如图 2-6-11(a)所示，对应的幅频/相频特征曲线如图 2-6-11(b)所示。

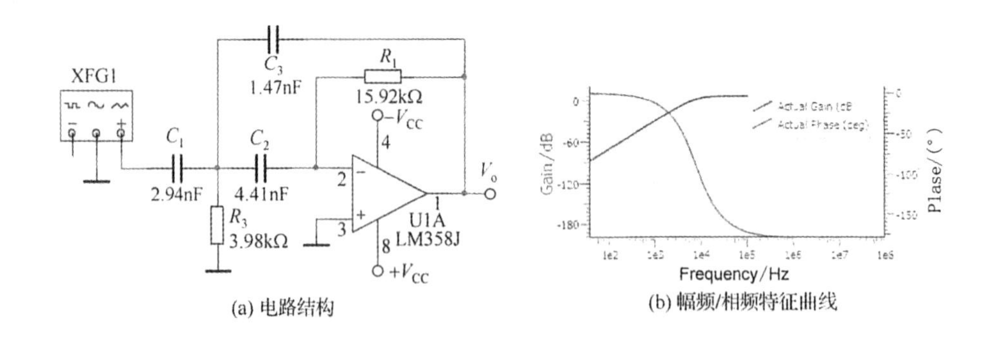

图 2-6-11　二阶 MFB 高通滤波电路

【例 2-6-5】截止频率为 10kHz 的 Bessel 型二阶 Sallen-Key 高通滤波电路的结构如图 2-6-12(a)所示，对应的幅频/相频特征曲线如图 2-6-12(b)所示。

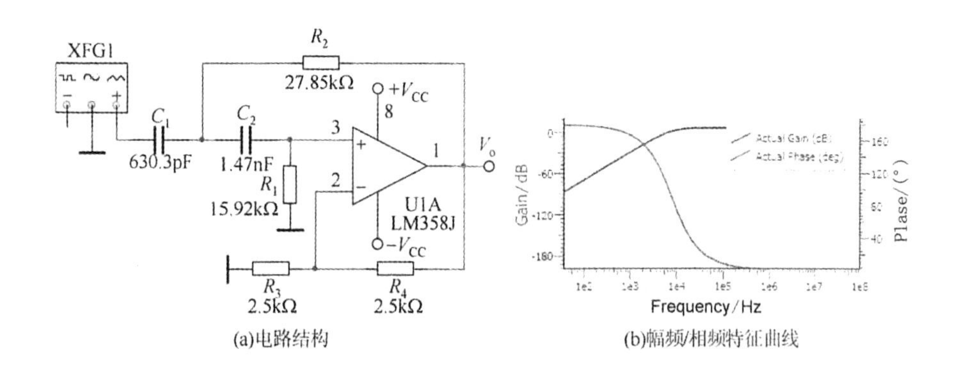

(a)电路结构　　(b)幅频/相频特征曲线

图 2-6-12　二阶 Sallen-Key 高通滤波电路

高通滤波电路可被用于抑制低频噪声，在音响设备的前级有源分频电路中应用较多；此外，高通滤波电路还被广泛用于电子载波通信设备、皮肤肌电图机（EMG）中。

四、带通滤波电路(BPF)

带通滤波电路允许指定通频带范围内的波形通过，而对频段范围之外的低频、高频信号进行抑制、衰减或屏蔽。带通滤波电路的幅频特性可以理解为低通通带与高通通带之间的交叉部分，类似于一个闸门。

【例 2-6-6】二阶 MFB 带通滤波电路的结构如图 2-6-13(a)所示，从图 2-6-13(b)所示的幅频/相频特性曲线可以观察到：在中心频率附近，带通滤波电路具有一定的增益，当频率向高频段、低频段两端延伸时，Gain(增益)迅速下降。

【例 2-6-7】二阶 Sallen-Key 带通滤波电路的结构如图 2-6-14(a)所示，与二阶 Sallen-Key 的低通滤波电路的结构比较类似，只是将其中的一路低通滤波电路修改为高通滤波电路。

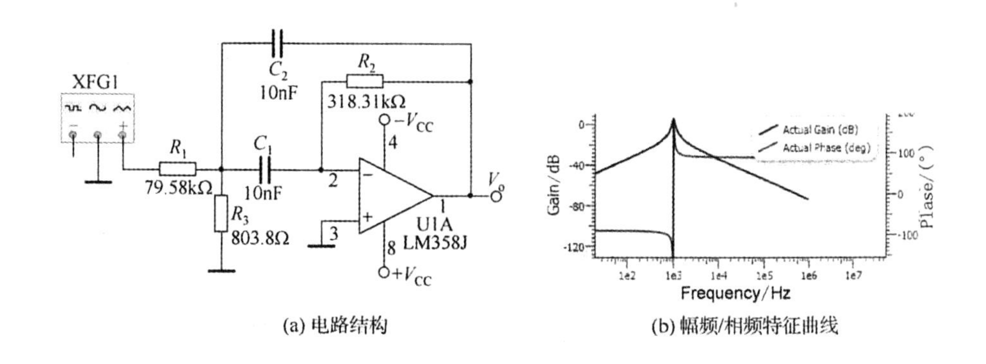

(a) 电路结构　　(b) 幅频/相频特征曲线

图 2-6-13　二阶 MFB 带通滤波电路

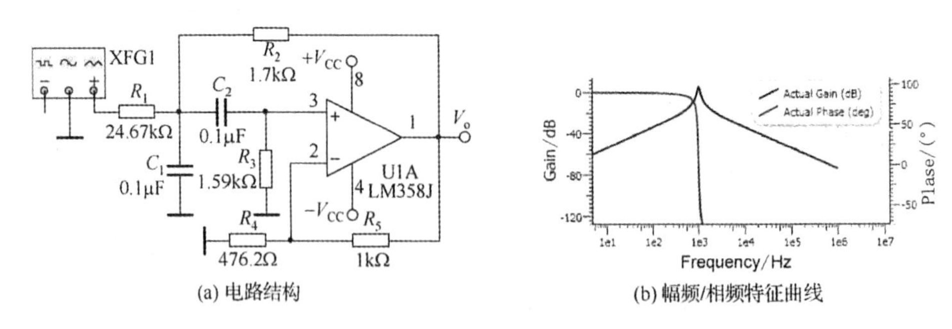

(a) 电路结构　　(b) 幅频/相频特征曲线

图 2-6-14　二阶 Sallen-Key 带通滤波电路

在一些音响设备的频谱控制单元中，常常使用带通滤波电路选出各个不同频段的信号进行音乐重放，以得到不同的听觉效果。此外，带通滤波电路还被广泛应用在天线伺服装置及语音通信系统中。

五、带阻滤波电路(BEF)

带阻滤波电路的性能和带通滤波电路刚好相反，在规定频带内的信号将受到大幅度的衰减或抑制，而在规定频带之外的频率信号则能顺利通过。

【例 2-6-8】 中心频率 1kHz，通带宽度 1kHz 的 MFB 型二阶切比雪夫带阻滤波电路如图 2-6-15(a)所示，对应的幅频/相频特性曲线如图 2-6-15(b)所示。

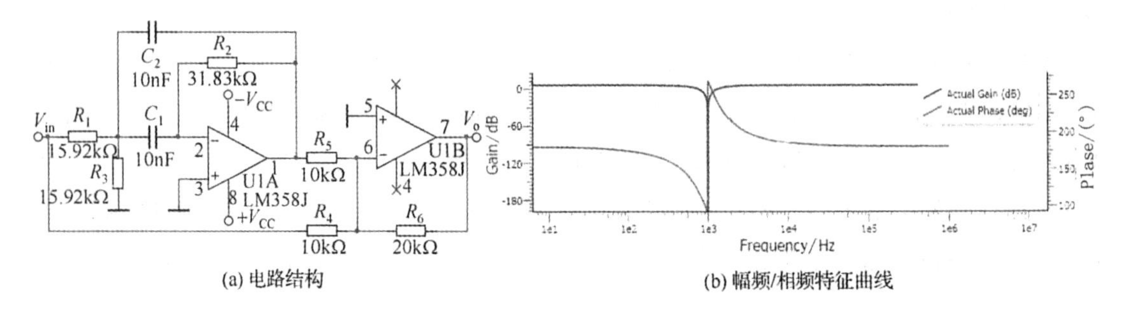

(a) 电路结构　　(b) 幅频/相频特征曲线

图 2-6-15　二阶 MFB 带阻滤波电路

【例 2-6-9】 中心频率 1kHz，通带宽度 1kHz 的 Sallen-Key 型二阶切比雪夫带阻滤波电路如图 2-6-16(a)所示，从结构上看，该电路是在一个双 T 网络基础上添加一级同相比例运算电路构成的，对应的幅频/相频特性曲线如图 2-6-16(b)所示。

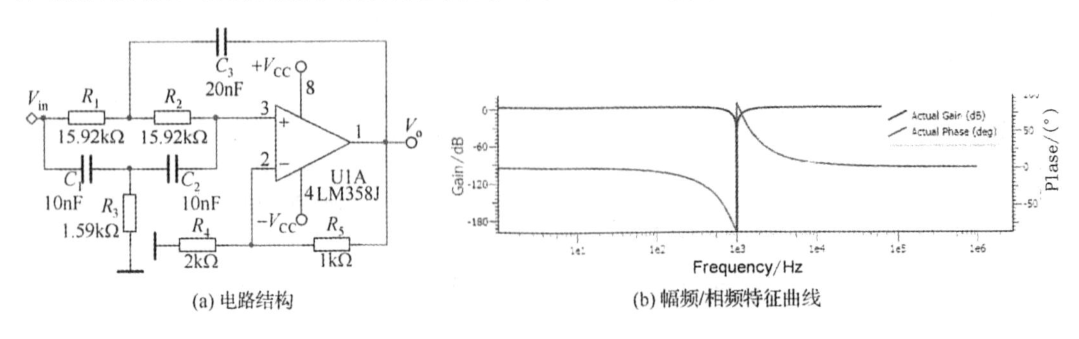

(a) 电路结构　　(b) 幅频/相频特征曲线

图 2-6-16　二阶 Sallen-Key 型切比雪夫带阻滤波电路

心电图机(ECG)使用了带阻滤波电路对 50Hz 的工频电网干扰进行高效滤除；此外，在无线通信系统中，带阻滤波电路也被广泛用于抑制高功率发射机的杂散输出及非线性功放、带通滤波电路生成的寄生通带。

第七节　波形发生器电路设计

模拟电路中常用的波形种类包括正弦波、矩形波和三角波(锯齿波)，这些波形可以通过放大器以自激振荡的形式产生。

一、正弦波振荡电路

从结构上看，正弦波振荡电路没有外接输入信号，而是利用带选频网络的正反馈放大单元对系统内部的微小电压扰动进行放大、起振后，维持振荡过程以形成持续的波形输出。

用于产生 0.1Hz～1MHz 频率范围正弦低频信号的振荡电路多采用电阻、电容元件构成选频网络，也称为“*RC* 正弦波振荡电路”。常见的 *RC* 正弦波振荡电路包括文氏桥电路、*RC* 移相电路、双 T 选频网络电路等结构形式。

1. 文氏桥正弦波振荡电路

文氏桥正弦波振荡电路是 *RC* 正弦波振荡电路中较为常用的一种，电路的基本结构如图 2-7-1 所示，由 4 只阻容元件的参数决定振荡频率。

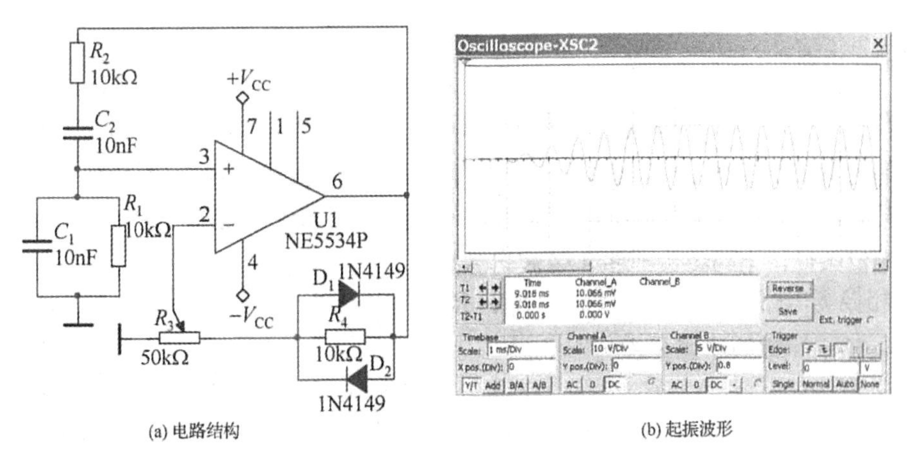

(a) 电路结构　　(b) 起振波形

图 2-7-1　文氏桥正弦波振荡电路

图 2-7-1 中的 R_1、C_1、R_2、C_2 是集成运放 U1 的正反馈网络，同时也组成了设计巧妙的文氏桥，其串并联的结构具有选频的功能。在进行参数选择时，需保证 $R_1=R_2$、$C_1=C_2$。

R_3、R_4、D_1、D_2 是集成运放的负反馈回路，同时具有稳定输出波形幅度的功能。开关二极管 D_1、D_2 反向并联，利用二极管的非线性(端电压低时，等效电阻较大；反之亦然)协助振荡电路顺利起振及稳幅。电阻 R_4 除了能决定电路的反馈系数外，同时能削弱二极管 D_1、D_2

的非线性，以改善波形的失真。

实际调试文氏桥振荡电路时，需要首先调节电位器 R_3，以满足正弦波振荡电路起振的幅度条件，尽可能减小输出波形的失真程度。文氏桥正弦波振荡电路的输出频率计算公式：

$$f_0 = \frac{1}{2\pi R_1 C_1} \tag{2-23}$$

实际的文氏桥电路多采用双刀多掷开关进行 C_1、C_2 的容量切换，粗调振荡频率（量程切换）；电阻 R_1、R_2 一般采用双联电位器实现参数的同步调节，并最终完成频率的微调，如图 2-7-2 所示。

图 2-7-2 中的虚线表示"联动"的概念，即每次动作使开关切换至相同的刀口位置、电位器按照相同的角度旋转。

2. RC 移相振荡电路

采用三极管作为放大单元的 RC 移相振荡电路如图 2-7-3 所示。

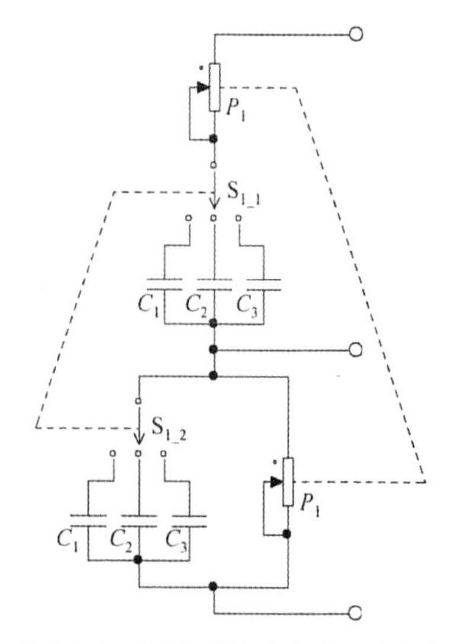

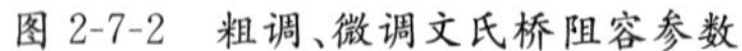
图 2-7-2　粗调、微调文氏桥阻容参数

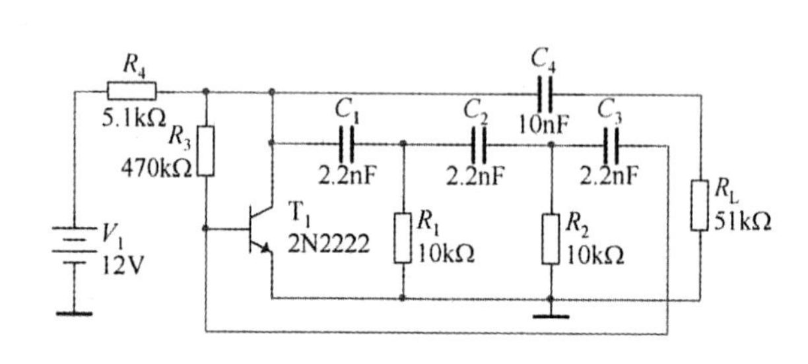

图 2-7-3　RC 移相振荡电路

R_1-C_1、R_2-C_2、R_3-C_3 各构成一级移相网络，由于每级的相位超前量小于 90°，因而三级移相网络总的相位超前量小于 270°，与具体工作频率有关；而 T_1 构成的共射放大器具有 180°的相移量，因此存在某个频率，使 RC 移相振荡电路出现 360°的总相移，满足起振的相位条件。如果放大器的参数满足起振的幅值条件，电路将会产生正弦波自激振荡。

对 RC 移相振荡电路进行参数设计时，R_1、R_2 的阻值应大于放大器的输入电阻 R_i；放大单元的增益应大于 29；输出频率的计算公式为

$$f_0 = \frac{1}{2\sqrt{6}\,\pi R_1 C_1} \tag{2-24}$$

RC 移相振荡电路结构简单，但频率调节比较麻烦（需要同时改变三个元件的参数）、选

频特性较差，输出波形存在明显的失真，幅度稳定性也不太好，因而主要用于频率相对固定、对波形稳定性要求不高的电路中，如警报器、警笛等。

【例 2-7-1】RC 移相振荡电路的输出信号频率范围为 10Hz～100kHz，因此也可用运算放大器构建放大单元，甚至还可以直接使用集成功率放大器芯片与移相网络构成“振荡”＋“功放”电路，直接驱动扬声器发声，如图 2-7-4 所示。

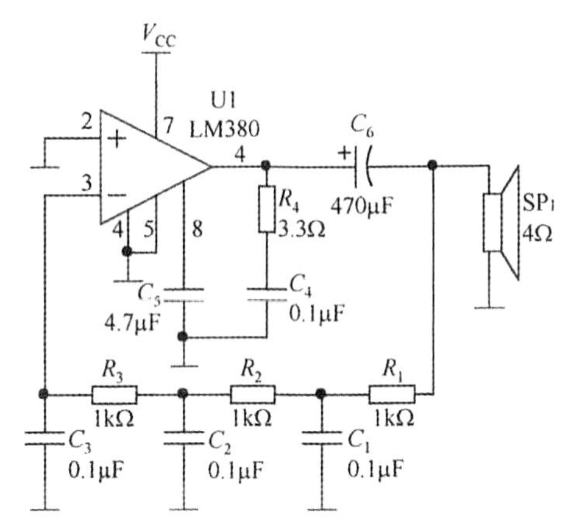

图 2-7-4　集成功放 LM380 构成移相振荡、功放电路

LM380 同时完成自激振荡与功放，电路简洁、性价比高，被广泛用于各种警笛电路。

二、矩形波振荡电路

从形状上看，矩形波与数字电路中常见的方波非常近似，但方波输出高电平与零电平，而在模拟电路中较为常用的矩形波则具有正、负两种极性的电平输出。

产生矩形波的振荡电路方案较多，其中以采用集成运放、集成电压比较器构成的振荡电路结构最为简单，且易于调试，在实际产品中应用较多。

1. 利用集成运放构成矩形波振荡电路

图 2-7-5(a)所示为典型的矩形波振荡电路，采用 JFET 型的双运放芯片 TL072CP 作为有源放大器件；电路的起振波形及电容器 C_3 对地的充放电波形如图 2-7-5(b)所示。

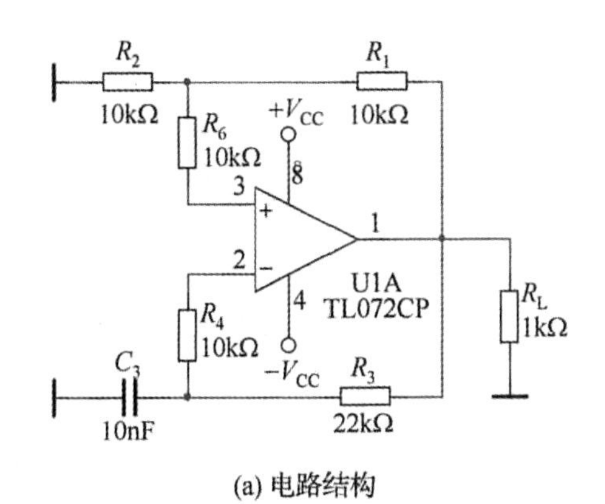

(a) 电路结构

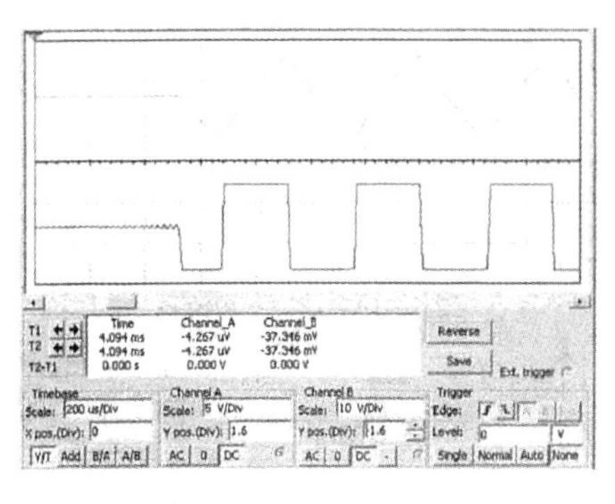

(b) 仿真波形

图 2-7-5　采用集成运放构成矩形波振荡电路

图 2-7-5(a)中的 R_1、R_2 构成正反馈网络，使运放 U1A 工作在迟滞比较器的状态。R_3、C_3 组成积分电路，将运放输出端状态反馈至运放反相输入端，通过电容 C_3 充放电的状态切换，引起集成运放输出端状态发生反复跳变，如图 2-7-5(b)所示。电路输出矩形波的频率为

$$f=\frac{1}{2R_3C_3\ln(1+2R_2/R_1)} \tag{2-25}$$

2. 利用集成电压比较器构成矩形波振荡电路

在图 2-7-5(a)所示的矩形波振荡电路中，集成运放实际扮演了"迟滞比较器"的角色，因此完全可以直接使用集成电压比较器替代集成运放构建矩形波振荡电路，如图 2-7-6(a)(b)所示。对图 2-7-6(b)运行仿真后得到的仿真波形如图 2-7-6(c)所示。

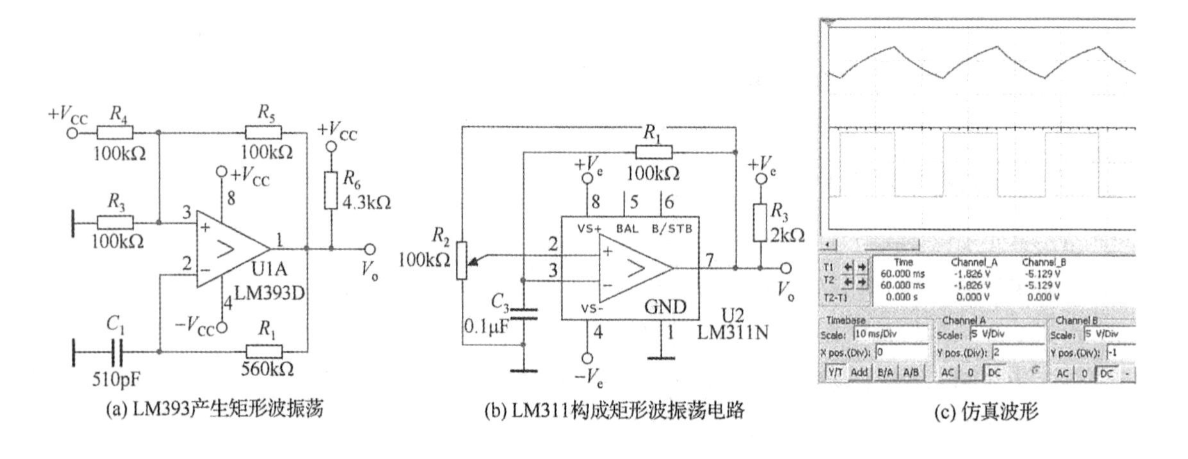

图 2-7-6 采用集成电压比较器构成矩形波振荡电路

集成运放、集成电压比较器构成的矩形波振荡电路在结构上非常接近，但多数集成电压比较器输出引脚为集电极开路结构，因此需要通过一只上拉电阻连接至电源正极。

集成运放构成的矩形波振荡电路输出频率除了与 R、C 元件参数密切相关外，同时还受运放的带宽限制。集成电压比较器矩形波振荡电路的输出频率明显高于集成运放。

三、三角波发生电路

常用的三角波发生电路一般由迟滞比较电路和 RC 有源积分电路首尾相连而成，如图 2-7-7(a)所示。集成运放 U1A、R_3、C_3 构成有源反相积分电路；集成运放 U1B、R_4、R_6 构成典型的迟滞比较器(施密特触发器)电路结构。

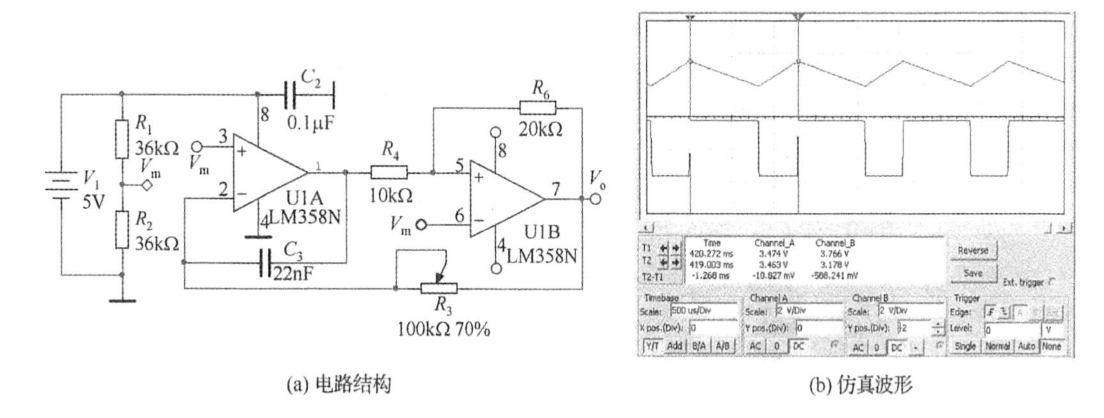

(a) 电路结构　　(b) 仿真波形

图 2-7-7　矩形波-三角波振荡电路

迟滞比较器 U1B 输出的矩形波被加载到有源积分电路 U1A 的反相输入端。由于矩形波每一段的高、低电平均为恒定的直流电压，因而可以实现对积分电容的恒流充电，从而能够输出线性较好的斜坡沿，如图 2-7-7(b)所示。R_3 与 C_3 决定积分电路的时间常数。

有源积分电路 U1A 输出的三角波经迟滞比较器 U1B 后，重新被转换为矩形波。电阻器 R_4、R_6 构成正反馈网络，其阻值参数决定有源积分电路的充放电过程在何时切换。

矩形波-三角波发生器的输出波形频率计算公式为

$$f_0=\frac{R_6}{4R_3R_4C_3} \tag{2-26}$$

矩形波-三角波振荡电路采用单电源供电，C_2 为电源滤波电容，R_1、R_2 对电源电压进行串联分压后，向两只运放单元提供 $V_{CC}/2$ 的直流偏置电压。

矩形波-三角波振荡电路具有结构简单、成本低廉等优点，常用于设计呼吸灯电路。

【例 2-7-2】市内高大建筑顶部的航空障碍灯指示、笔记本待机状态指示、部分 Android 手机来电未接或电量不足时的状态指示均采用了“渐亮—渐灭—渐亮—渐灭……”的呼吸灯闪烁效果，视觉感官上比单一的数字式“亮—灭—亮—灭……”的闪烁方式更佳。

第八节　晶体管驱动电路设计

晶体管（三极管、JFET、MOSFET）是基本的分立元件放大器，但目前被直接用于搭建放大电路的工程实例却非常少见，主要原因在于其外围电路过于复杂、调试及维护工作量较大、综合性能一般。除了某些特殊需求的放大电路（如高电压、高频、极低噪声等）外，实际的电路产品中已经较少见到晶体管的身影。

但是，晶体管在各类驱动电路中却得到了非常广泛的应用。这是因为普通运放、电压比较器等集成芯片难以直接驱动继电器、蜂鸣器和直流电机等需要较大工作电流的负载，往往需要在集成芯片的输出端与较大功率负载之间添加一级由晶体管构成的驱动电路。

一、晶体管反相驱动电路

图 2-8-1(a)中,三极管作为简单的反相电路使用,可以将较小的输入波形转换为与数字电路系统兼容的电平。基极电阻 R_2 两端并联的二极管 D_1 可以提高开关速度。

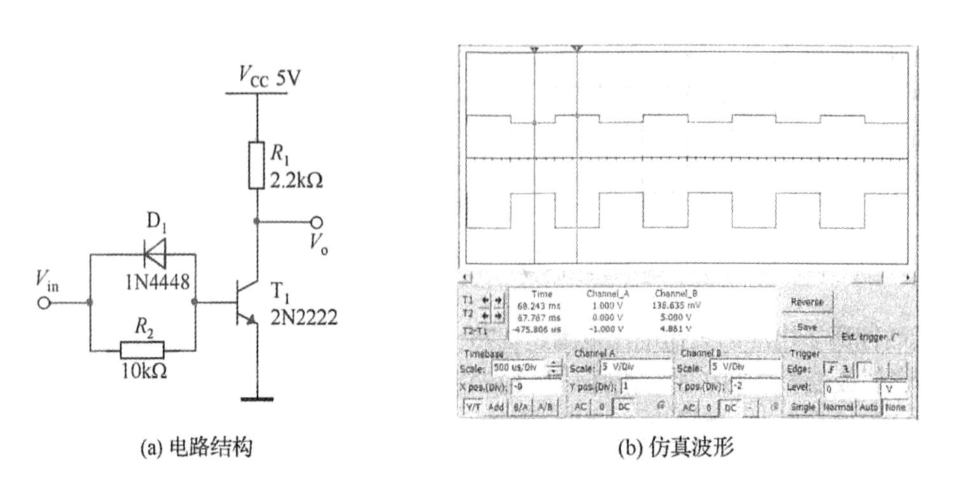

图 2-8-1　三极管反相驱动电路

从图 2-8-1(b)所示的仿真波形可以看出,输入脉冲高电平仅为 1V,因此无法被 TTL 集成芯片识别为高电平;而经过三极管 T_1 后,高电平达到 5V,低电平为 138mV 左右,能够被 TTL 系统准确识别。此外,输入、输出信号之间存在明显的相位反相。

NPN 型三极管可以更换成 PNP 三极管或 MOSFET,相应的电路如图 2-8-2 所示。

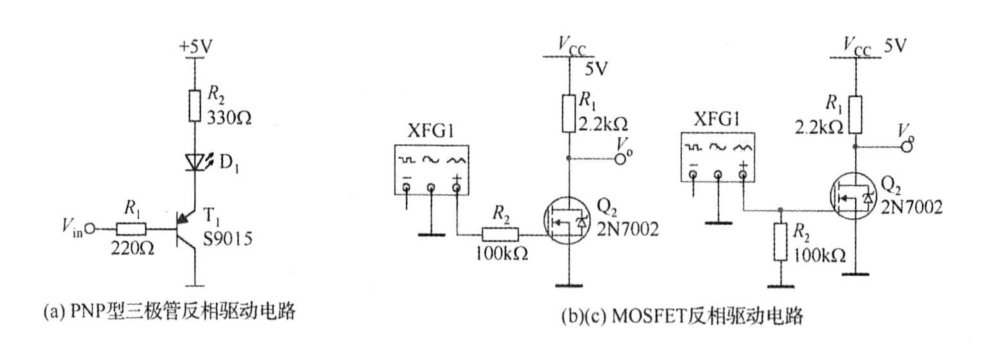

图 2-8-2　采用 PNP 型三极管、MOSFET 构成反相驱动电路

二、功率负载驱动电路

采用 NPN 型三极管驱动直流继电器、白光 LED 的电路如图 2-8-3 所示,图中 R_1 为基极电阻,R_2 为限流电阻。

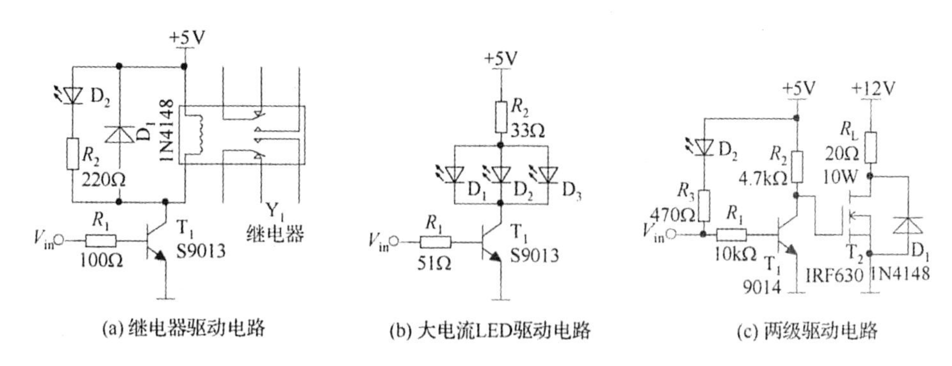

图 2-8-3　NPN 型三极管驱动电路

对继电器、蜂鸣器等电感性负载元件而言，当线圈绕组断开时，会产生很大的反向电动势，足以击穿驱动三极管。实际电路中需要在被驱动线圈绕组两端反向并联一只保护二极管，以吸收反向电动势，如图 2-8-3(a)中的 D_1 所示。

在继电器 Y_1 的绕组吸合后，发光二极管 D_2 点亮，可作为工作状态指示。

图 2-8-3(b)所示大电流 LED 驱动电路不存在反向电动势，故可以省去保护二极管。

图 2-8-3(c)为两级驱动电路，以便适应不同的工作电压，D_1 为保护二极管。

在高电压、大电流负载的驱动电路中，常用达林顿管替代普通的功率三极管。

第三章 数字电路功能模块设计

第一节 基本应用电路

现代的数字电路是由若干数字集成器件构成的，逻辑门是数字逻辑电路的基本单元。从整体上看，数字电路可以分为组合逻辑电路和时序逻辑电路两大类。组合逻辑电路由最基本的逻辑门电路组合而成，特点是输出值只与当时的输入值有关，电路没有记忆功能，输出状态随着输入状态的变化而变化，如加法器、译码器、编码器和数据选择器等都属于此类；时序逻辑电路是由最基本的逻辑门电路加上反馈逻辑回路或器件组合而成的电路，与组合电路最本质的区别在于时序电路具有记忆功能。时序电路的特点是输出不仅取决于当时的输入值，而且还与电路过去的状态有关，如触发器、锁存器、计数器和移位寄存器等都属于此类。

一、触发器与移位寄存器

1. 触发器

触发器具有两个稳定状态，用以表示逻辑状态“1”和“0”，在一定的外界信号作用下，可以从一个稳定状态翻转到另一个稳定状态，它是一个具有记忆功能的二进制信息存储器件，是构成多种时序逻辑电路的基本器件之一。触发器按功能可分为 RS 触发器、D 触发器、JK 触发器和 T 触发器；按电路的触发方式可分为主-从触发器和边沿触发器（包括上升边沿触发器和下降边沿触发器）两类。目前 TTL 集成触发器主要有边沿 D 触发器（74LS74）、边沿 JK 触发器（74LS112）与主-从 JK 触发器（74LS76）等。利用这些触发器可以转换成其他功能的触发器，但转换成的触发器其触发方式并不改变。如图 3-1-1 所示为触发器的逻辑符号图。

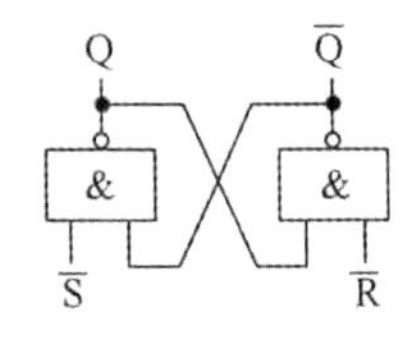

(a)基本 RS 触发器

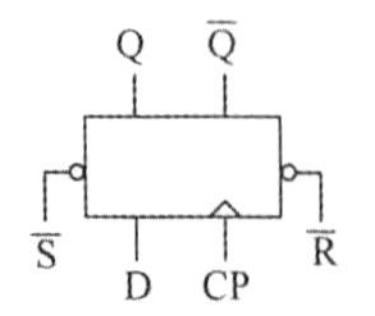

(b)D 触发器

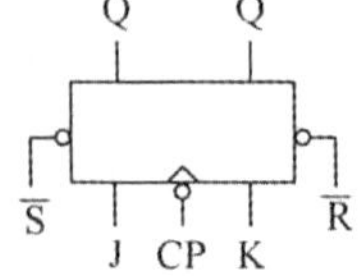

(c)JK 触发器

(d)由 JK 触发器构成的 T 触发器

图 3-1-1 触发器的逻辑符号

集成触发器通常具有异步置位/复位输入端、时钟输入端和控制输入端。异步置位、复位输入端一般用$\overline{S_D}$、$\overline{R_D}$表示，低电平有效。当$\overline{S_D}$或$\overline{R_D}$端有驱动信号时，触发器的状态不受时钟脉冲与控制输入端所处状态的影响；集成触发器的时钟输入端，用 CP 表示，在$\overline{S_D}=\overline{R_D}=1$情况下，只有 CP 脉冲作用时才能使触发器根据控制输入端的信号进行状态更新，在数字逻辑器件的符号图上，输入端没有圆圈，表示在高电位有效，若输入端有圆圈，则表示低电位有效，如在图 3-1-1(b)中，是用 CP 脉冲的上升沿更新触发器状态；集成触发器的控制输入端，用 D、J、K 等表示。在异步置位、复位输入端对电路没有影响的情况下，加在控制输入端的信号通过时钟使触发器状态更新，即触发器的输出根据它来变化。

2. 寄存器/移位寄存器

具有暂时存储数据（操作数或运算的中间结果）功能的逻辑电路称为寄存器，寄存器由触发器组成。一个触发器只能存放一位二进制数，因此如果要存放 N 位二进制数，就得使用 N 个触发器，N 位二进制数可以在时序的控制下并行输入、输出。如果前一级触发器的输出与后一级的输入相连，并且各个触发器都受同一个时钟脉冲的控制，那么寄存器中的二进制信息就能够进行逐位左移或右移，该功能电路称为移位寄存器。移位寄存器是电子计算机、通信设备和其他数字系统中广泛使用的基本逻辑部件之一，常常用于串行通信、计数及二进制数的乘除运算等。

图 3-1-2 所示为利用两片 74LS194 构成的 8 位双向移位寄存器电路，左边芯片的 Q_3 接右边芯片的 DSR，右边芯片的 Q_0 接左边芯片的 DSL，信号 S_0、S_1、CP、$\overline{CR}$ 分别接到两个芯片上。在$\overline{CR}=1$的前提下，按照 74LS194 的工作模式，S_0、$S_1=00$ 时，各触发器保持原态不变；S_0、$S_1=01$ 时，数据右移；S_0、$S_1=10$ 时，数据左移；S_0、$S_1=11$ 时，并行置数。移位寄存器对数据的写入、读出，可以是串行输入，串行输出；可以是串行输入，并行输出；也可以并行输入，并行输出。

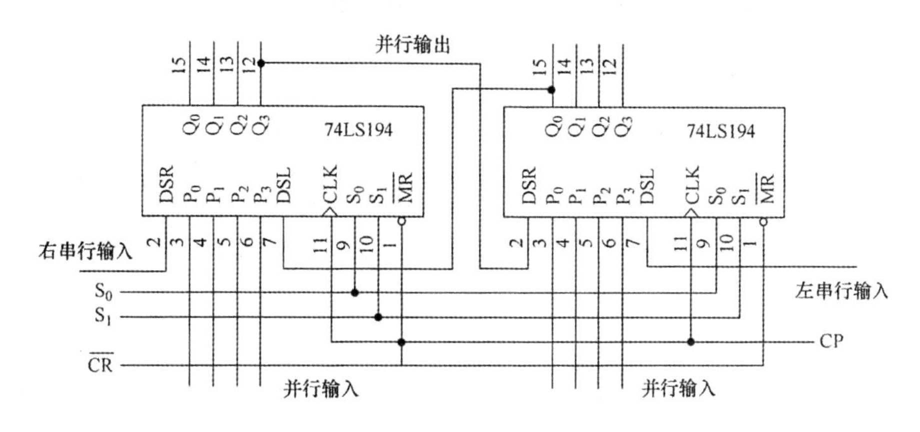

图 3-1-2　8 位移位寄存器电路

电路实验时，注意参考集成电路芯片手册，一般在数字电路的原理图中，V_{CC} 和 GND 是隐含的，实际使用时需要给芯片提供+5V电源。

二、编码/译码电路

(一)编码电路

在数字电路中一般采用二进制编码。所谓二进制编码，是用二进制代码表示相关对象信息的过程，如计算机的键盘上的数字或字符都定义了编码，当某个键按下时，内部编码电路就将该键的二进制编码输入到计算机。n 位二进制代码有 2^n 种状态，可以表示 2^n 个信息。因此，对 N 个信号进行编码时，可用公式 $2^n \geqslant N$ 来确定需要使用的二进制代码的位数 n。

编码器是实现编码操作的电路，按照被编码信号的特点和要求，有二进制编码器，如用门电路构成的4线-2线编码器、8线-3线编码器等；二-十进制编码器，是将十进制的0～9编成BCD码，如10线十进制到4线BCD码编码器CD40147等；优先编码器按输入信号的优先级进行编码，如8线-3线优先编码器74LS148等。编码器的输出状态与输入的编码对应，或者说从输出到输入有唯一的对应关系。

1. 二进制编码器

将信号编为二进制代码的电路称为二进制编码器，如图3-1-3所示为8线-3线编码器的逻辑图，该电路由三个或门组成，输入 $I_1 \sim I_7$，输出 $Y_0 \sim Y_2$。

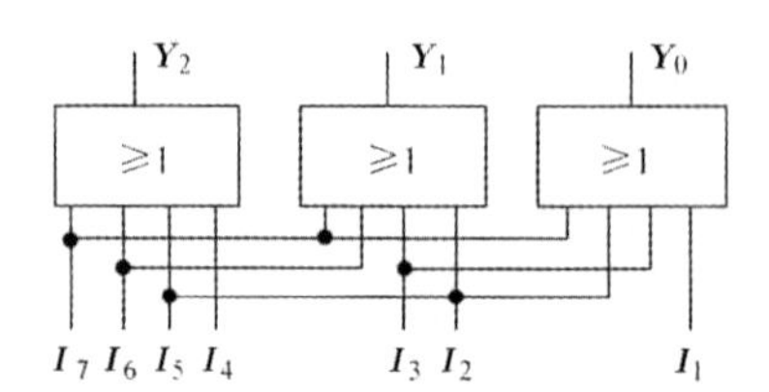

图3-1-3　8线-3线编码器逻辑电路图

3位二进制编码器($2^3=8$ 种状态)可以编制8种信息。该电路 I_0 被隐含了，即 $I_7 \sim I_1$ 全为0时，输出就是 I_0 的编码。表3-1-1是它的真值表。

表3-1-1　8线-3线编码器的真值表

输入								输出		
I_7	I_6	I_5	I_4	I_3	I_2	I_1	I_0	Y_2	Y_1	Y_0
0	0	0	0	0	0	0	×	0	0	0
0	0	0	0	0	0	1	×	0	0	1
0	0	0	0	0	1	0	×	0	1	0
0	0	0	0	1	0	0	×	0	1	1
0	0	0	1	0	0	0	×	1	0	0
0	0	1	0	0	0	0	×	1	0	1
0	1	0	0	0	0	0	×	1	1	0
1	0	0	0	0	0	0	×	1	1	1

常见的 8 线-3 线集成电路芯片有 74LS148 和 CD4532。设计编码器时，一般应考虑“优先级”问题，由此产生优先编码器的概念。优先编码器的设计原则是当多个输入端同时有信号时，电路只对其中优先级别最高的输入信号进行编码，即对下标号最大的位进行编码。

2. 二-十进制编码器

二-十进制编码是用 4 位二进制数对十进制数的 0～9 进行编码，该逻辑电路称为二-十进制编码器。常用的二-十进制编码是 8421 加权码，也简称 BCD 码，输入是十进制数 0～9 的信息码，输出是 4 位二进制代码 0000～1001。10 线-4 线(8421 码)优先编码器常见的集成电路型号有 74LS147 和 CD40147，对于 74LS147 优先编码器的真值表见表 3-1-2。

表 3-1-2　74LS147 优先编码器真值表

输入									输出			
I_9	I_8	I_7	I_6	I_5	I_4	I_3	I_2	I_1	Y_3	Y_2	Y_1	Y_0
1	1	1	1	1	1	1	1	1	1	1	1	1
1	1	1	1	1	1	1	1	0	1	1	1	0
1	1	1	1	1	1	1	0	×	1	1	0	1
1	1	1	1	1	1	0	×	×	1	1	0	0
1	1	1	1	1	0	×	×	×	1	0	1	1
1	1	1	1	0	×	×	×	×	1	0	1	0
1	1	1	0	×	×	×	×	×	1	0	0	1
1	1	0	×	×	×	×	×	×	1	0	0	0
1	0	×	×	×	×	×	×	×	0	1	1	1
0	×	×	×	×	×	×	×	×	0	1	1	0

图 3-1-4 是 74LS147 的编码实验电路，该器件有 9 个输入端和 4 个输出端，输入低电位有效、输出是反码形式，如 9 的编码是 0110，取反后得 1001。

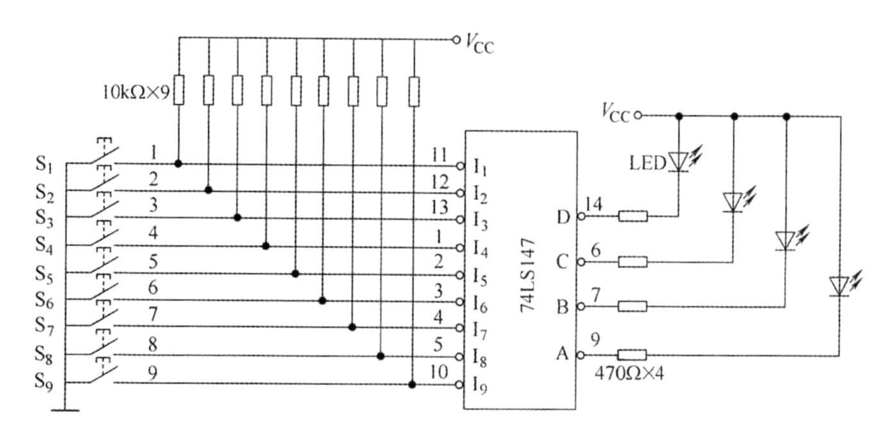

图 3-1-4　74LS147 编码电路

在没有按键的情况下，74LS147 的输出均为高电位，LED 发光管全不亮，代表十进制数 0。当第一个键(S_1)按下时，该芯片的输入端(11 脚)为低电位，输出端的编码为 1110，右边第一个 LED 发光管亮，代表十进制数 1；当第二个键(S_2)按下时，芯片输出端的编码为 1101，右边倒数第 2 个 LED 发光管亮；以此类推，当第 9 个键(S_9)按下时，芯片输出端的编码为 0110，LED 发光管的最左边和最右边亮，代表十进制数 9。

(二)译码电路

译码是编码的反过程。译码电路输入的是二进制或二-十进制代码，输出则是对应事件的代码，它包括：变量译码器，如 3 线-8 线译码器 74LS138；码制变换译码器，如 4 线-10 线译码器 74LS42；数码显示译码器，如共阳极的 74LS47 与共阴极的 74LS48 译码器等。译码电路在数字系统中有广泛的用途，不同功能的电路可选用不同类型的译码电路。

变量译码器又称为二进制译码器，用以表示输入变量的状态，电路有 2 线-4 线、3 线-8 线和 4 线-16 线译码器。如图 3-1-5 所示为利用译码器和三态门在总线上进行不同频率信号传输电路，该电路有 74LS125 所含的 4 个独立的三态门和 74LS139 译码器(2 线-4 线译码器)。三态门的各输入端分别接 1kHz 到 1MHz 的方波信号，其控制端受 2 线-4 线译码器输出 $Y_0 \sim Y_3$ 的控制，各三态门的输出接到同一个总线上。若译码器的输入端 A_1、A_0 为 00，则 Y_0 为低电平，三态门 A 选通，1kHz 频率通过，若译码器的输入端 A_1、A_0 为 01，则 Y_1 为低电平，三态门 B 选通，10kHz 频率通过，依此类推，通过通道选择可在总线上观察到不同频率的方波信号。注意，使用函数发生器输入方波信号时，应调整信号的直流偏置，幅度取 4V。

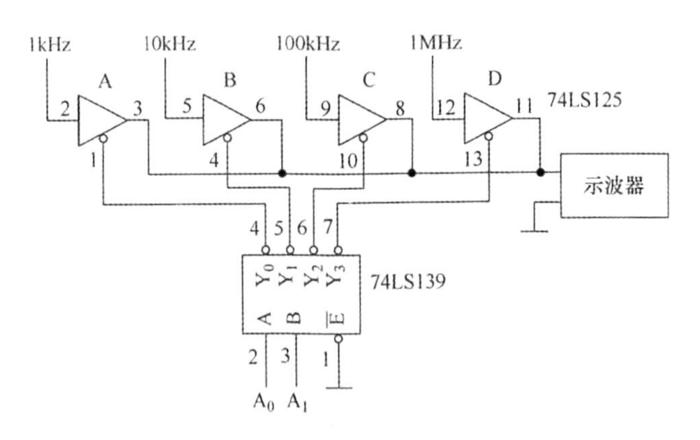

图 3-1-5 三态门频率选择电路

码制变换译码器的一个应用是把 BCD 码翻译成十进制数字信号，也称为二-十进制译码器。二-十进制译码器的输入是 4 位二进制 BCD 码，分别用 A_3、A_2、A_1、A_0 表示；输出的是与十进制数字相应的 10 个信号，用 $Y_9 \sim Y_0$ 表示；由于二-十进制译码器有 4 根输入线和 10 根输出线，所以又称为 4 线-10 线译码器。

数码显示译码器是将 BCD 码变成七段发光数码管所对应的代码。一位数码管可用来显示一位十进制数和一个小数点。七段发光数码管有共阴极和共阳极之分。对于共阴极数码管，公共端接地，七段发光二极管引脚(a～g)接高电位时，数码管才会发光；对于共阳极数码管，公共端接高电位，七段发光二极管引脚接低电位时，数码管才会发光。数码管每段发光二极管的正向压降为 1.5～2V，每段发光二极管的点亮电流在 10～20mA，因此在使用数码管时，注意加限流电阻。

数码管要显示 BCD 码所表示的十进制数字就需要有一个专门的译码器，该译码器不但要完成译码功能，还要有相当的驱动能力。此类译码器型号有 74LS47(共阳)、74LS48(共阴)和 CD4511(共阴)等。

如图 3-1-6 所示为由 CD4511 和七段发光数码完成的译码显示电路。CD4511 芯片具有 BCD 码锁存、共阴极译码和七段数码驱动功能，其内部接有上拉电阻，故只需在输出端与数码段之间串入限流电阻(300Ω 左右)即可驱动数码管工作。CD4511 芯片的 3 脚是测试端，为低电平时数码管显示字符 8，即全亮；芯片的 4 脚是消除显示端，为低电平时数码管不亮；芯片 5 脚是锁存端，为高电平时字符锁存，即输出不随输入变化。译码器还有消除伪码功能，当输入码超过 1001 时，输出位全为“0”，此时数码管熄灭。CD4511 的 A、B、C、D 是 BCD 码输入端，a、b、c、d、e、f、g 为译码输出端，输出“1”有效。七段发光数码管采用共阴极 LED 数码管，显示数字为 0～9，dp 为小数点显示位，公共端接地，输入端接低电位时，数码管不显示。表 3-1-3 是 CD4511 功能表。

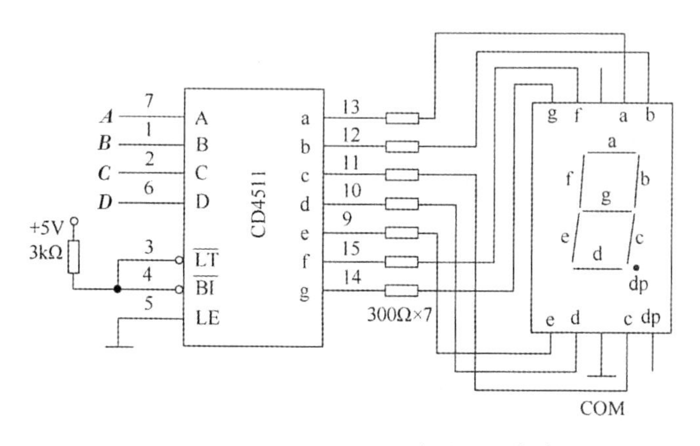

图 3-1-6　CD4511 译码及数码显示电路

表 3-1-3　CD4511 功能表

输入							输出							
LE	$\overline{BI}$	$\overline{LT}$	D	C	B	A	a	b	c	d	e	f	g	显示字形
×	×	0	×	×	×	×	1	1	1	1	1	1	1	8
×	0	1	×	×	×	×	0	0	0	0	0	0	0	消隐
0	1	1	0	0	0	0	1	1	1	1	1	1	0	0

续表

输入							输出							
LE	$\overline{BI}$	$\overline{LT}$	D	C	B	A	a	b	c	d	e	f	g	显示字形
0	1	1	0	0	0	1	0	1	1	0	0	0	0	1
0	1	1	0	0	1	0	1	1	0	1	1	0	1	2
0	1	1	0	0	1	1	1	1	1	1	0	0	1	3
0	1	1	0	1	0	0	0	1	1	0	0	1	1	4
0	1	1	0	1	0	1	1	0	1	1	0	1	1	5
0	1	1	0	1	1	0	0	0	1	1	1	1	1	6
0	1	1	0	1	1	1	1	1	1	0	0	0	0	7
0	1	1	1	0	0	0	1	1	1	1	1	1	1	8
0	1	1	1	0	0	1	1	1	1	0	0	1	1	9
0	1	1	1	0	1	0	0	0	0	0	0	0	0	消隐
0	1	1	1	0	1	1	0	0	0	0	0	0	0	消隐
0	1	1	1	1	0	0	0	0	0	0	0	0	0	消隐
0	1	1	1	1	0	1	0	0	0	0	0	0	0	消隐
0	1	1	1	1	1	0	0	0	0	0	0	0	0	消隐
0	1	1	1	1	1	1	0	0	0	0	0	0	0	消隐
1	1	1	×	×	×	×	锁存							锁存

该译码、显示电路仅完成了译码器 CD4511 和数码管之间的连接，电路实验时，可以用 BCD 码（0000～1001）接至译码器 CD4011 的输入端，在数码管上显示 0～9 数字。

三、算术逻辑电路

1. 全加器

电子数字计算机最基本的任务之一是进行算术运算，在计算机中的四则运算——加、减、乘、除都可以化成加法运算，因此加法器变成了计算机中最基本的运算单元。

实际的二进制数加法，加数和被加数都不仅是一位数，因此电路需要考虑多位运算和有低位向高位进位的功能。如果用 A_i、B_i 表示 A、B 两个数的第 i 位，C_{i-1} 表示低位来的进位，C_i 是进位位，则根据全加运算的规则可以列出真值表，见表 3-1-4。

表 3-1-4　全加器的真值表

A_i	B_i	C_{i-1}	S_i	C_i
0	0	0	0	0
0	0	1	1	0

续表

A_i	B_i	C_{i-1}	S_i	C_i
0	1	0	1	0
0	1	1	0	1
1	0	0	1	0
1	0	1	0	1
1	1	0	0	1
1	1	1	1	1

利用卡诺图化简可以得到 S_i 和 C_i 的简化函数表达式

$$S_i = A_i \oplus B_i \oplus C_{i-1} \tag{3-1}$$

$$C_i = (A_i \oplus B_i)C_{i-1} + A_iB_i \tag{3-2}$$

图 3-1-7 是实现式(3-1)、式(3-2)表达式的全加器逻辑图。

要实现两个 n 位二进制数的加法电路，则需要用 n 个一位全加器连接，其方法是进行级联，即最低位的 C_{i-1} 接“0”，该位的 C_i 接次低位的 C_{i-1}，依此类推，即可完成 n 位二进制数的加法电路。

如图 3-1-8 所示为用两片 74LS283 构成的 8 位二进制加法运算电路，74LS283(Ⅱ)的 C_0 接地，C_4 接 74LS283(Ⅰ)的 C_0 端。电路中，被加数为 $A_8 \sim A_1$，加数为 $B_8 \sim B_1$，相加结果可在 $S_8 \sim S_1$ 获得。

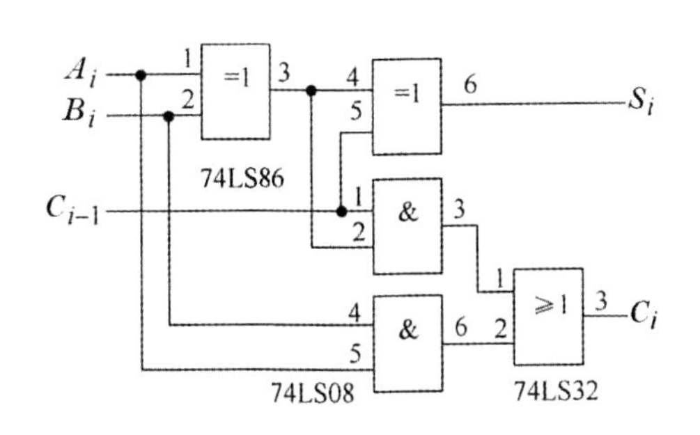

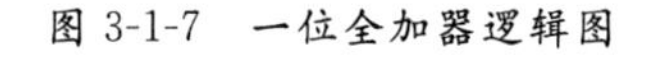
图 3-1-7　一位全加器逻辑图

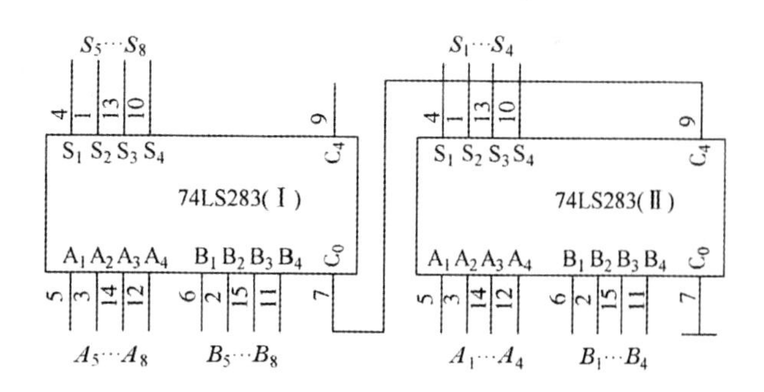

图 3-1-8　用两片 74LS283 构成的 8 位二进制加法运算电路

2. 数据比较器

数据比较器是用来比较两个二进制数并判别其大小的电路。常用的 4 位集成比较器有 74LS85、CD4585 等，它是将两个 4 位二进制数 $A_3A_2A_1A_0$ 与 $B_3B_2B_1B_0$ 行比较，比较结果通过 $O_{A>B}$、$O_{A<B}$、$O_{A=B}$ 端输出。若要扩展比较器的位数，就要用到级联输入端 $I_{A>B}$、$I_{A<B}$ 和 $I_{A=B}$。

4 位比较器的工作原理是由高位往低位逐级比较的，当 $A_i>B_i$ 时，输出端 $O_{A>B}=1$，其他输出端都输出 0；当 $A_i<B_i$ 时，输出端 $O_{A<B}=1$，其他输出端都输出 0；当 $A_i=B_i$ 时，则

比较下一位，直到全等时，输出端 $O_{A=B}=1$，其他输出端都输出 0；当比到最低位还相等时，再比级联输入端输入的数据，这时输出就等于级联输入的结果。若在比较的过程中，出现 $A_i \neq B_i$，则级联输入端的信息无效。

图 3-1-9 所示为用两片 74LS85 构成 8 位二进制数据比较器，两个 8 位二进制数分为高四位 $A_7 \sim A_4$、$B_7 \sim B_4$ 和低四位 $A_3 \sim A_0$、$B_3 \sim B_0$，它们各用一片芯片进行比较处理。将低四位的级联比较输入端设为 $I_{A>B}$ 端接地，$I_{A<B}$ 端接地，$I_{A=B}$ 端接高电位（低四位全部相等时，不会有错误的输出），将低四位的比较结果分别对应地输出到高四位的级联输入端，即 $O_{A>B}$ 端接 $I_{A>B}$ 端，$O_{A=B}$ 端接 $I_{A=B}$ 端和 $O_{A<B}$ 端接 $I_{A<B}$ 端。

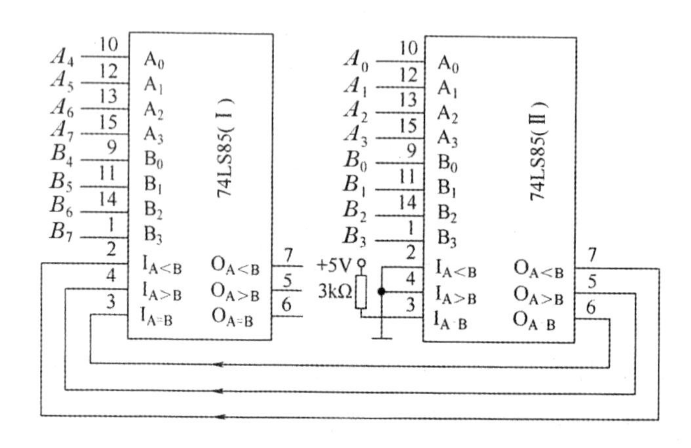

图 3-1-9 用两片 74LS85 构成 8 位二进制数据比较器

四、多路选择器与数据分配器

1. 多路选择器

多路选择器又称为“多路开关”。多路选择器在地址码控制下，从若干个数据输入中选择一个，并将其送到公共的输出端。多路选择器的功能类似一个多掷开关，如图 3-1-10 所示，图中有四路数据 $D_0 \sim D_3$，通过设定控制信号 A_1、A_0（地址码）从四路数据中选择某一路送至输出端 Q。

多路选择器是逻辑设计中应用十分广泛的逻辑部件，它有 2 选 1、4 选 1、8 选 1、16 选 1 等类型。数据选择器的电路结构一般由与或门阵列组成，常用的集成电路数据选择器有 74LS151（8 选 1）和 74LS153（双 4 选 1）等。

74LS151 为互补输出的 8 选 1 数据选择器，电路引脚如图 3-1-11 所示，其真值表见表 3-1-5。选择控制端（地址端）为 A、B、C，按二进制译码，从 8 个输入数据 $D_0 \sim D_7$ 中，选择一个需要的数据送到输出端，$\overline{E}$ 为使能端，低电平有效。当使能端 $\overline{E}=1$ 时，不论 A、B、C 状态如何，均无输出（$Z=0$，$\overline{Z}=1$），多路开关被禁止。当使能端 $\overline{E}=0$ 时，多路开关正常工作，根据地址码 A、B、C 的状态选择 $D_0 \sim D_7$ 中某一个通道的数据输送到输出端 Z。

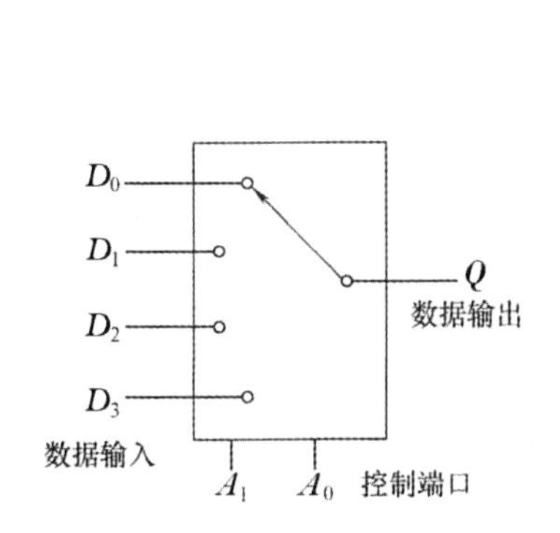

图 3-1-10　多路选择器电路示意图

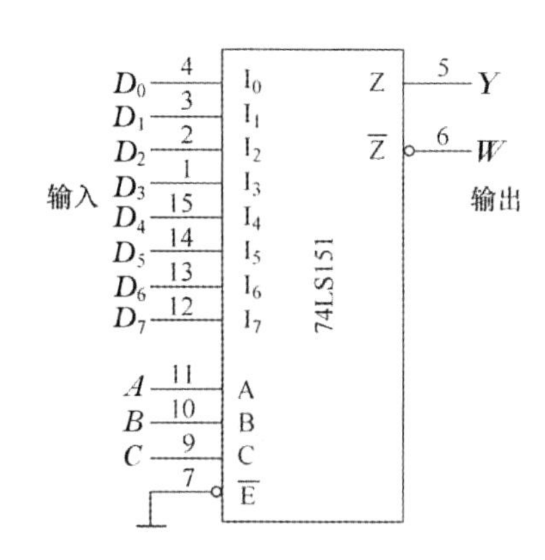

图 3-1-11　数据选择器 74LS151

表 3-1-5　数据选择器 74LS151 的真值表

输入				输出	
$\overline{E}$	C	B	A	Z	$\overline{Z}$
1	×	×	×	0	1
0	0	0	0	D_0	$\overline{D_0}$
0	0	0	1	D_1	$\overline{D_1}$
0	0	1	0	D_2	$\overline{D_2}$
0	0	1	1	D_3	$\overline{D_3}$
0	1	0	0	D_4	$\overline{D_4}$
0	1	0	1	D_5	$\overline{D_5}$
0	1	1	0	D_6	$\overline{D_6}$
0	1	1	1	D_7	$\overline{D_7}$

2. 数据分配器

数据分配器的作用与数据选择器恰好相反，它有一个数据输入端，有多个数据输出端。地址码控制输入数据从多个输出端的某一路输出，其电路示意图如图 3-1-12 所示，图中有一路输入信号 D，通过选择控制信号 A_1、A_0（地址码），在 4 路数据输出端（Y_0～Y_3）中选择某一路输出。

常用的集成电路数据分配器有 74LS137（8 选 1 锁存译码器/多路转换器）、74LS138（3 线-8 线译码器/多路转换器）、74LS139（双 2 线-4 线译码器/多路转换器）等。图 3-1-13 所示为 74LS138 多路转换器的应用，74LS138 是数字电路常用的 3 线-8 线译码器，是带有“使能”端的译码器，从这一点可以看出多路分配器也是一种译码器。

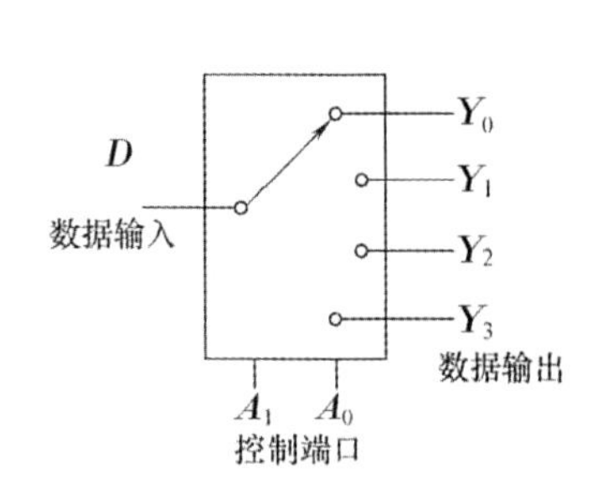

图 3-1-12 数据分配器电路示意图

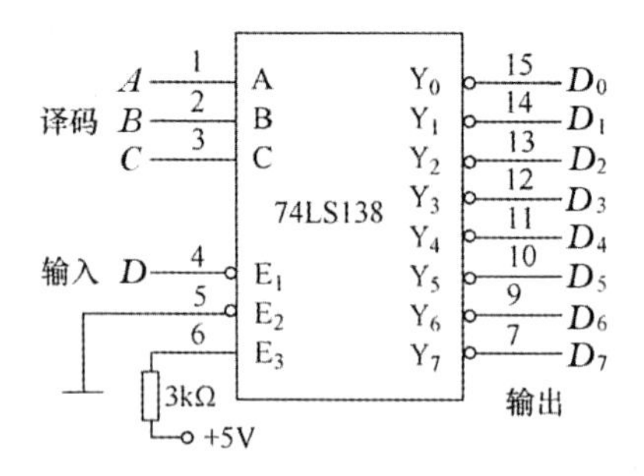

图 3-1-13 多路转换器 74LS138

图 3-1-14 是数据选择器和数据分配器联合使用的例子，输入部分使用 74LS151 作为数据选择器，输出部分采用 74LS138 作为数据分配器，数据选择器的选择输入（A、B、C）与数据分配器的选择输出一致，两个芯片的传输通过一根导线连接，构成了一个单总线串行数据传输系统。

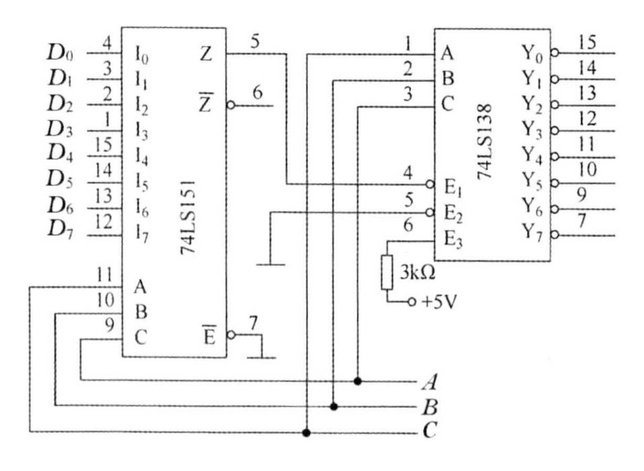

图 3-1-14 数据选择器和数据分配器联合使用

输入通道的数据 D_i 被多开开关的选通信号选通，送到单总线上传输。在数据分配器一侧，使能端 E_1 接收串行数据，并在选通信号的作用下将其分配到相应的输出通道上。多路数据的选择与分配，完全由地址变量（选通信号）决定，只要数据输入与地址输入同步，则选择器与分配器的开关在相应位置上同时接通或断开。

例如，将电路的 A、B、C 都接地（地址选择编码为 000），则发送端选通 D_0 位数据传送；在接收端，由于 A、B、C 同时接地，74LS138 由 Y_0 输出信号，这样，D_0 的变化（高、低电位）直接传送到 Y_0 端。如果变换地址选择编码为 001，将会把 D_1 的信号传到 Y_1 端，以此类推。

五、加、减计数器

计数器的应用十分广泛，不仅可用来计数，也可用于数字系统的分频、定时、数字运算以及其他特定的逻辑功能。计数器种类很多，根据计数体制不同，计数器可分为二进制计数器和非二进制计数器两大类。在非二进制计数器中，最常用的是十进制计数器，其他的称为任意进制计数器。根据计数器的增减趋势的不同，计数器可分为加法计数器和减法计数器。根据计数脉冲引入方式不同，计数又可分为同步计数器和异步计数器。

目前，无论是TTL还是CMOS集成电路，都有品种较齐全的中规模集成计数器。使用者只要借助于器件手册提供的功能表和工作波形图以及引出端的排列，就能正确地运用这些器件。

1. 用D触发器构成异步二进制加/减法计数器

如图3-1-15所示为用4个D触发器(74LS74)构成的4位二进制异步加法计数器，它的连接特点是将每个D触发器接成T触发器，再由低位触发器的$\overline{Q}$端与高一位的CP端相连接。$\overline{R_D}$是清零信号，与每个触发器的清零端相连。

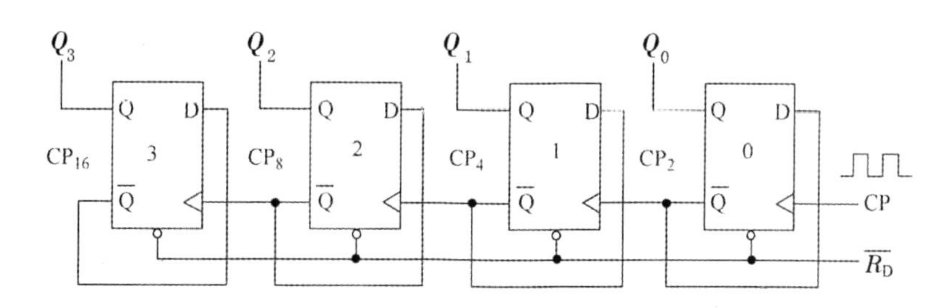

图3-1-15　4位二进制异步加法计数器

若将图3-1-15稍加改动，将低位触发器的Q端与高一位的CP端相连接，即构成一个4位二进制减法计数器。

4位二进制加法计数器从起始状态0000到1111共16个状态，因此，它是一个十六进制加法计数器，也称为模16加法计数器。根据触发器的功能可以得出，Q_0的周期是CP脉冲周期的2倍，Q_1的周期是CP脉冲周期的4倍，Q_2的周期是CP脉冲周期的8倍，Q_3的周期是CP脉冲周期的16倍。因此Q_0、Q_1、Q_2、Q_3分别实现了2、4、8、16分频，这就是计数器的分频作用。

2. 集成计数器

在实际应用中，一般很少使用单个触发器组成计数器，而是直接选用中规模集成计数器，如74LS160、74LS161、74LS90、74LS290、CD4017和CD4020等。

74LS161是同步置数、异步清零的4位二进制加法计数器，具有计数、保持、预置、清0功能。CLK为计数脉冲输入端，上升沿有效；$\overline{MR}$为异步清0端，低电平有效，只要$\overline{MR}=0$，立即有$Q_3Q_2Q_1Q_0=0000$，与CLK无关；$\overline{PE}$为同步预置端，低电平有效，当$\overline{MR}=1$，$\overline{PE}=0$，在CLK上升沿来到时，才能将预置输入端的数据送至输出端；CEP、CET为计数器允许控制端，高电平有效，只有当$\overline{MR}=\overline{PE}=1$，CEP=CET=1时，在CLK作用下计数器才能正常计数。当CEP、CET中有一个为低时，计数器处于保持状态，CEP、CET的区别是CET影响进位输出，而CEP则不影响；TC为串行进位输出，$TC=Q_3Q_2Q_1Q_0CET$，仅当CET=1且计数状态为1111时，TC才变高，并产生进位信号。74LS161的功能见表3-1-6。

表 3-1-6 74LS161 的功能表

输入									输出			
$\overline{MR}$	$\overline{PE}$	CEP	CET	CLK	P_3	P_2	P_1	P_0	Q_3^{n+1}	Q_2^{n+1}	Q_1^{n+1}	Q_0^{n+1}
L	×	×	×	×	×	×	×	×	L	L	L	L
H	L	×	×	↑	D_3	D_2	D_1	D_1	D_3	D_2	D_1	D_1
H	H	H	H	↑	×	×	×	×	计数			
H	H	L	×	×	×	×	×	×	保持			
H	H	×	L	×	×	×	×	×	保持			

74LS160 为十进制同步计数器，也是异步清零，当 74LS160 的输出 $Q_3Q_2Q_1Q_0$ 为 1001 时，TC 输出 1，74LS160 的逻辑功能表与 74LS161 基本相同，所不同的是 74LS160 是十进制计数器而 74LS161 是十六进制计数器。另外，74LS90、74LS290 是二-五-十进制计数器，它由二进制计数器和五进制计数器构成，通过组合可以构成十进制计数器。

图 3-1-16 所示为由 74LS161 及 74LS00 构成的六进制计数器，该电路借助异步清零的功能实现六进制计数器。设计数器初态为 0000，在前 5 个脉冲作用下，计数器按 4 位二进制规律正常计数，在第 6 个计数脉冲到来后，计数器的状态为 0110，通过与非门，使 $\overline{MR}$ 从“1”变为“0”，通过异步清零的功能，使芯片内部 4 个触发器被清零，从而实现了六进制计数。如果要观察计数效果，可以在输出端接入 CD4511 译码芯片和七段共阴极数码管。

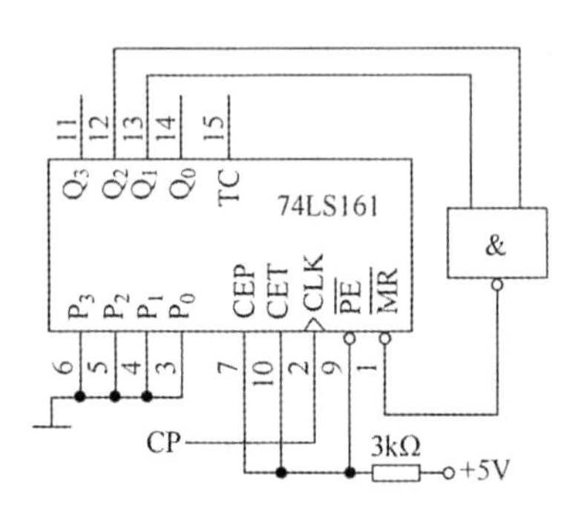

图 3-1-16 由 74LS161 构成六进制计数器

3. 任意 M 进制计数器

当 M 值小于集成计数芯片本身计数的最大值时，通过输出端到复位端的逻辑设定即可以实现。当 M 值大于集成计数器本身计数最大值时，可采用级联法，即用多个计数芯片构成任意进制计数器。计数芯片级联的方式有两种：一是串行进位方式，以低位芯片的进位输出信号 TC 作为高位片的时钟输入信号 CP；二是并行进位方式，计数脉冲同时给到各芯片的 CP 端，以低位芯片的进位输出信号 TC 作为高位片的工作状态控制信号 EP 和 ET。

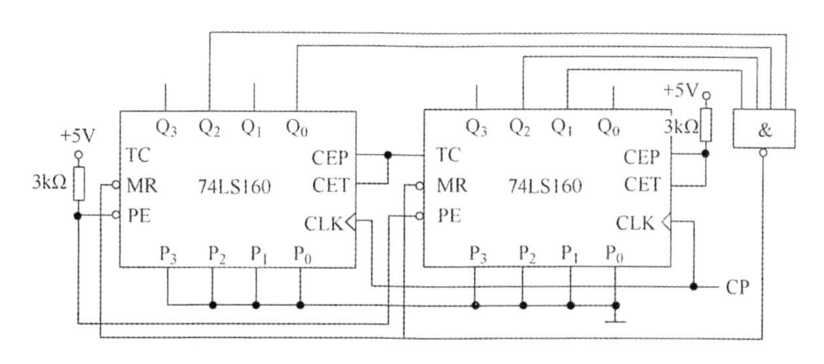

图 3-1-17　实现 56 进制的计数电路

图 3-1-17 所示为 56 进制计数器电路，它用两片 74LS160 分别构成十进制计数器，然后进行级联。计数器高位的 Q_2、Q_0 和低位的 Q_2、Q_1 分别接到通过 74LS20 输入端，其输出接计数器的清零端。这样，在前 55 个脉冲作用下，计数器按十进制规律正常计数，在第 56 个 CLK 脉冲到达后，两个 74LS160 同时被置成 0 状态。

该电路如果不接清零信号（MR＝1），可以实现 100 进制计数，即计数值在 0～99 之间变化。该电路如果变换清零回路，把计数器输出进行组合，并配合相应的“与非”门电路，可以实现任意 M 进制电路（$M<100$）。

六、脉冲分配器

在数字控制电路中，需要不同节拍出现的脉冲信号，用来控制和协调数字电路系统各部分有序的工作。脉冲分配器的作用是产生多路顺序脉冲信号，一般由计数器和译码器组成，其输入的脉冲信号，经二进制计数器和译码器之后，输出 2^n 路顺序脉冲。常见的时序脉冲发生器有 CD4017、CD4022 和 74LS142 等。

CD4017 所示为十进制计数器/脉冲分配器，有 10 个输出端，即 $Q_0\sim Q_9$。计数器有时钟输入端 CLK 和使能端 $\overline{ENA}$。当 $\overline{ENA}=0$ 时，计数脉冲由 CLK 端输入，在脉冲上跳沿时触发计数。另外，该计数器有清零功能，当清零端 RST＝1 时，输出端 Q_0 输出高电平，$Q_1\sim Q_9$ 输出低电平。CD4017 的芯片引脚图如图 3-1-18 所示。

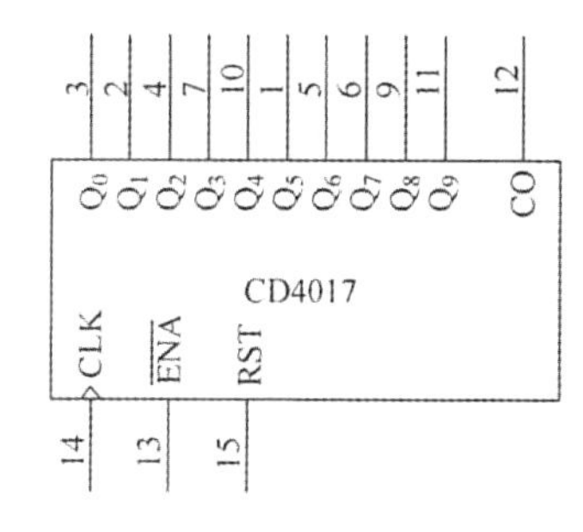

图 3-1-18　CD4017 的引脚图

CD4017 的功能见表 3-1-7，CD4017 的基本功能是对输入脉冲进行十进制计数，并按照输入脉冲的顺序，将脉冲分配到 $Q_0 \sim Q_9$ 十个输出端。计满 10 个脉冲后，计数器复位，同时输出一个进位脉冲。

表 3-1-7 CD4017 的功能表

输入			输出	
CLK	ENA	RST	$Q_0 \sim Q_9$	CO
×	×	1	$Q_0=1, Q_1-Q_9=0$	CO=1
↑	0	0	计数	技术脉冲 c $Q_0 \sim Q_4$： CO=1 $Q_5 \sim Q_9$： CO=0
1	↓	0		
0	×	0	保持	CO=1
×	1	0		
↓	×	0		
×	↑	0		

CD4017 应用非常广泛，如十进制计数、分频等，用它可以制成旋转 LED 流水灯电路、多路切换开关电路等。

七、逻辑电路的连接和驱动

逻辑电路通常是采用多个集成门电路，并按一定的规律连接起来完成所设计的逻辑功能。随着芯片数量的增加，在实际应用中需要考虑输入电压及输出负载的要求。

1. TTL 电路的输入/输出性质

当输入端为高电平时，输入电流是反向二极管的漏电流，电流极小。其方向是从外部流入输入端。当输入为低电平时，电流由电源 V_{CC} 经内部电路流出输入端，电流较大，当与上一级电路衔接时，将决定上级电路应具有的负载能力。

高电平输出电压，在负载不大时为 3.5V 左右。低电平输出时，允许后级电路灌入电流，随着灌入电流的增加，输出低电平将升高，一般 LS 系列 TTL 电路允许灌入 8mA 电流，即可吸收后级 20 个 LS 系列标准门的灌入电流，最大允许低电平输出电压为 0.4V。

2. CMOS 电路的输入/输出性质

一般 CMOS 系列芯片的输入阻抗可高达 $10^{10}\Omega$，输入电流一般小于 $0.1\mu A$，输入电容一般在 5pF 左右。输入高电平通常要求在 3.5V 以上，输入低电平通常为 1.5V 以下。

CMOS 电路的输出结构具有对称性，故对高、低电平具有相同的输出能力。由于 CMOS 集成电路的输入阻抗极高，因此电路的输出能力仅受输入电容的限制，但是用

CMOS 集成电路驱动同类型器件时，如不考虑速度，一般可以驱动 50 个以上的输入端。当输出端负载很轻时，输出高电平接近电源电压；输出低电平时接近地(公共端)电位。

3. 集成逻辑电路的连接和驱动

在数字电路中，前级电路的输出将与后级电路的输入相连，并驱动后级电路工作。这就存在着电平的配合和负载能力这两个需要妥善解决的问题。

对于 TTL 与 TTL 的连接，由于电路结构形式相同，TTL 集成逻辑电路的所有系列中电平配合比较方便，不需要外接元件可直接连接，不足之处在于低电平时，受低电平时负载能力的限制。

对于 TTL 驱动 CMOS 电路，由于 CMOS 电路的输入阻抗高，故此驱动电流一般不会受到限制。但在电平配合问题上，低电平是可以的，高电平时有困难，因为 TTL 电路在满载时，输出高电平通常低于 CMOS 电路对输入高电平的要求，因此为保证 TTL 输出高电平时，后级的 CMOS 电路能可靠工作，常外接一个上拉电阻 R，使输出高电平达到 3.5V 以上，R 的取值为 5.1～10kΩ 较合适，这时 TTL 后级的 CMOS 电路的数目实际上是没有什么限制的。如图 3-1-19 所示为电位不同驱动电路和电压不同驱动电路。

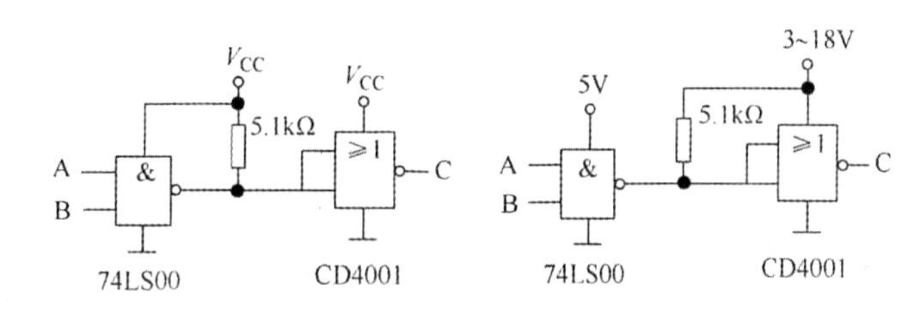

(a)电位不同驱动电路　(b)电压不同驱动电路

图 3-1-19　TTL 电路驱动 CMOS 电路

对于 CMOS 驱动 TTL 电路，CMOS 的输出电平能满足 TTL 对输入电平的要求，而驱动电流将受限制，这主要是由其低电平时的负载能力所决定的。既要使用此系列芯片又要提高其驱动能力时，可采用两种方法：一是用 CMOS 驱动芯片，如 CD4049、CD4050 是专为有较大驱动能力而设计的 CMOS 芯片；二是几个同功能的 CMOS 电路并联使用，即将其输入端并联，输出端并联(注：TTL 电路是不允许并联的)。

对于 CMOS 与 CMOS 的连接，器件的使用十分方便，不需另加外接元件。对直流参数来讲，一个 CMOS 门电路可带动的 CMOS 门电路数量是不受限制的，但在实际使用时，应当考虑后级门输入电容对前级门传输速度的影响。电容太大时，传输速度要下降，因此在高速使用时要从负载电容来考虑。

除 OC 门和三态门外，普通门电路输出不能并接，否则可能烧坏器件，门电路的输出带同类门的个数不得超过扇出系数，否则可能造成状态不稳定。

第二节　脉冲电路

一、矩形脉冲产生电路

在数字电路中，常常需要一种不需外加触发脉冲就能够产生具有一定频率和幅度的矩形波电路，即矩形脉冲产生电路，它常常用作脉冲信号源。由于矩形波中除基波外还含有高次谐波成分，因此称这种电路为多谐振荡器。

1. 有 RC 调节电路的环形多谐振荡器

有 RC 调节电路的环形多谐振荡器如图 3-2-1 所示，图中 R_1C 为定时电路，用以调节振荡频率。电路利用电容 C 的充、放电过程，从而控制与非门的自动启闭，形成多谐振荡，电路的振荡周期 $T=2.2R_1C$，改变 R_1 和 C 的大小可改变电路输出的振荡频率。为保证电路可靠起振，R_1 值不能太大，$R_1<1\text{k}\Omega$，R_2 为限流电阻，一般取 100～200Ω。

实验电路参数选取如下：$R_1=R_2=200\Omega$，$C=0.01\mu\text{F}$，集成门电路芯片为 74LS04。连接电路并实验，用示波器测量输出频率。

振荡频率连续可调的环形多谐振荡器电路是改变的 R_1 的阻值，如图 3-2-2 所示，该电路是将 R_1 换成电位器 $R_P=1\text{k}\Omega$，其中最后一个非门用于整形，以改善输出波形。

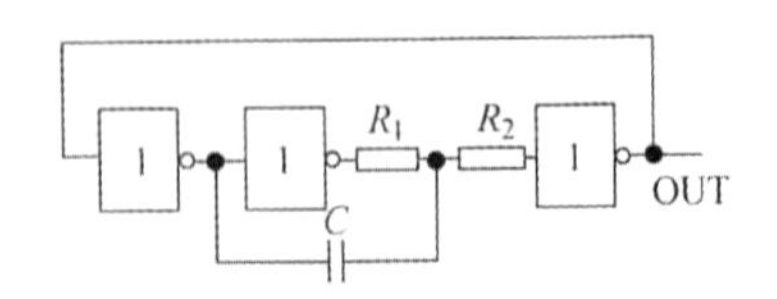

图 3-2-1　有 RC 调节电路的环形多谐振荡器

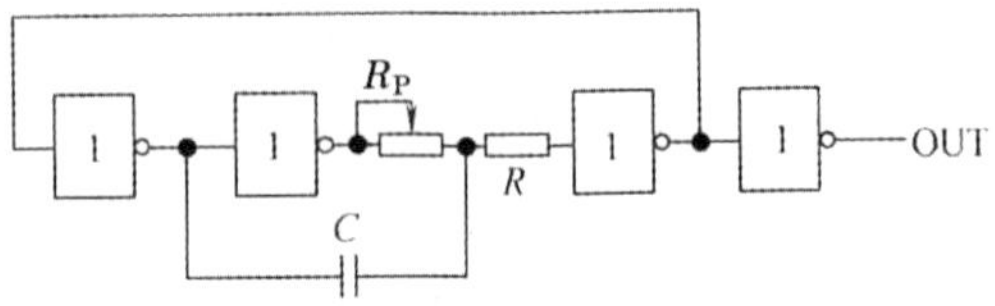

图 3-2-2　频率连续可调的环形振荡器

2. 对称型多谐振荡器

对称型多谐振荡器如图 3-2-3 所示，由于电路完全对称，电容器的充、放电时间常数相同，故输出为对称的方波。改变 R 和 C 的值，可以改变输出振荡频率。在输出端再加一个"非"门，可实现对输出波形的整形。当 $R_1=R_2=R$，$C_1=C_2=C$ 时，电路的振荡周期 $T\approx 1.2RC$。

实验电路参数选取如下：$R_1=R_2=1\text{k}\Omega$，$C_1=C_2=0.01\mu\text{F}$，集成门电路芯片为 74LS04。连接电路并实验，用示波器测量输出频率。可以在输出端增加一个非门，作为整形门电路，观察输出信号的波形。

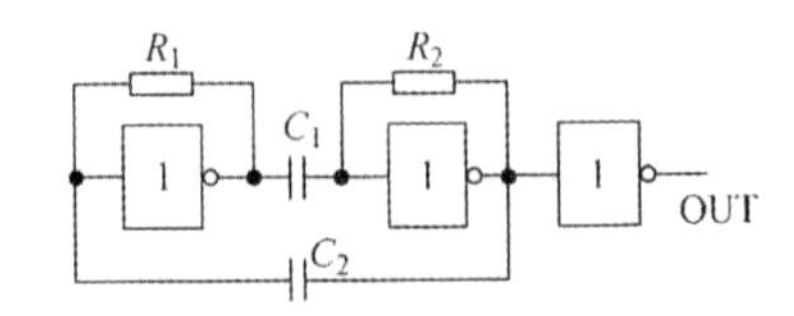

图 3-2-3　对称型多谐振荡器

3. 石英多谐振荡器

在多谐振荡器应用中，往往对稳定性有一定要求，而前面所讲的 TTL 振荡电路和 RC 器件组成的环形多谐振荡器都难以满足要求。对频率稳定性要求比较高的系统，普遍采用石英多谐振荡器，即在多谐振荡器电路中接入石英晶体。

石英串联式多谐振荡器电路如图 3-2-4 所示，它是在对称多谐振荡器的电容回路中换了一个石英晶体。电路中，电阻 R_1、R_2 的作用是保证两个反相器在静态时都能工作在线性放大区。

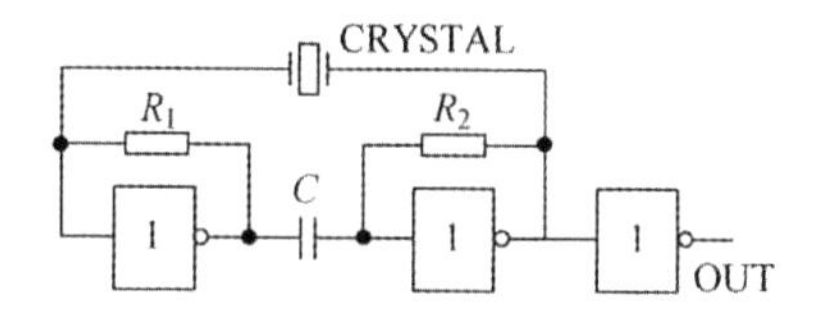

图 3-2-4　石英串联式多谐振荡器电路

实验电路参数选取如下：$R_1=R_2=1\text{k}\Omega$，$C=0.01\mu\text{F}$，集成门电路芯片为 74LS04，石英晶体振荡频率为 4MHz。连接电路并实验，用示波器测量输出频率。

石英晶体工作在串联谐振频率时，电路频率为串联谐振频率，晶体的等效电抗接近零，这个频率信号通过两级反相后形成反馈振荡。同时，晶体同时也担任着选频作用。也就是说，工作于串联谐振状态的振荡电路，它的频率取决于晶体本身具有的频率参数，与外接元件 R、C 无关，这种电路振荡频率的稳定度很高。

4. 用 555 定时器构成的多谐振荡器

555 定时器是一种应用极为广泛的数字、模拟混合型中规模集成电路，该电路芯片使用灵活、方便，只需外接少量的阻容元件就可以构成单稳、多谐振荡器和施密特触发器，因而广泛用于信号的产生、变换、控制与检测。

由于 555 定时器内部参考电压使用了三个 5kΩ 电阻分压，故取名 555 定时器。目前生产的定时器有双极型和 CMOS 两种类型，几乎所有的双极型产品型号最后的三位数码都是 555，所有的 CMOS 产品型号最后四位数码都是 7555，二者的逻辑功能和引脚排列完全相同，易于互换。通常，双极型定时器具有较大的驱动能力，而 CMOS 定时器具有低功耗、输入阻抗高等优点。555 定时器工作的电源电压很宽，并可承受较大的负载电流。双极型定时器的电源电压范围为 5～16V，最大负载电流可达 200mA；CMOS 定时器的电源电压范围为 3～18V，最大负载电流在 4mA 以下。

555 定时器内部含有两个电压比较器、一个基本 RS 触发器、一个放电开关管 VT，比较器的参考电压由三个 5kΩ 的电阻器构成的分压器提供，如图 3-2-5 所示。它们分别使高电平比较器 C1 的同相输入端和低电平比较器 C2 的反相输入端的参考电平分别为(2/3) V_{CC} 和(1/3) V_{CC}。比较器 C1 与 C2 的输出端控制 RS 触发器状态和放电管开关状态。当输入信号(6 脚，即高电平触发输入)超过参考电平(2/3)V_{CC} 时，触发器复位，555 定时器的 3 脚输出低电平，同时放电开关管导通；当输入信号(2 脚)低于(1/3) V_{CC} 时，触发器置位，555 定时器的 3 脚输出高电平，同时放电开关管截止。

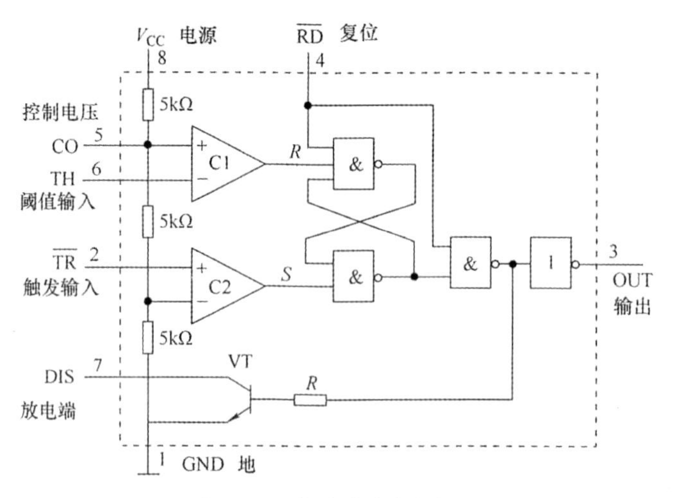

图 3-2-5　定时器的内部框图

复位端(4 脚)为 0 时，555 输出低电平，平时芯片的 4 脚接 V_{CC}。控制电压端(5 脚)平时输出(2/3) V_{CC} 作为比较器 C1 的参考电平，当 5 脚外接一个输入电压，则改变了比较器的参考电平。在不接外加电压时，通常接一个 0.01μF 的电容到地起滤波作用，以消除外来的干扰，从而确保参考电平的稳定。VT 为放电晶体管，当 VT 导通时，外部放电回路通过 7 脚接地。

555 定时器主要是用芯片与电阻、电容构成充、放电电路，并由两个比较器来检测电容器上的电压，以确定输出电平的高低和放电开关管的通断。这就很方便地构成从微秒到数十分钟的延时电路，可方便地构成多谐振荡器、单稳态触发器、施密特触发器等脉冲产生或波形变换电路。

由 NE555 定时器构成多谐振荡器的电路如图 3-2-6(a)所示，它是利用电容器的充、放电来代替外加触发信号，所以，电容器上的电压信号应该在两个阈值之间按指数规律转换。充电回路是 R_1、R_2 和 C_1，相对于充电过程，此时输入是低电平，输出是高电平；当电容器充电高于(2/3) V_{CC}，即输入达到高电平时，电路的状态发生翻转，输出为低电平，电容器开始放电。当电容器放电低于(1/3) V_{CC} 时，电路的状态又开始翻转。如此不断循环。电容器之所以能够放电，是由于有放电端(7 脚)的作用，因为 7 脚的状态与输出端一致，所以 7 脚为低电平时，电容放电。其工作波形如图 3-2-6(b)所示。

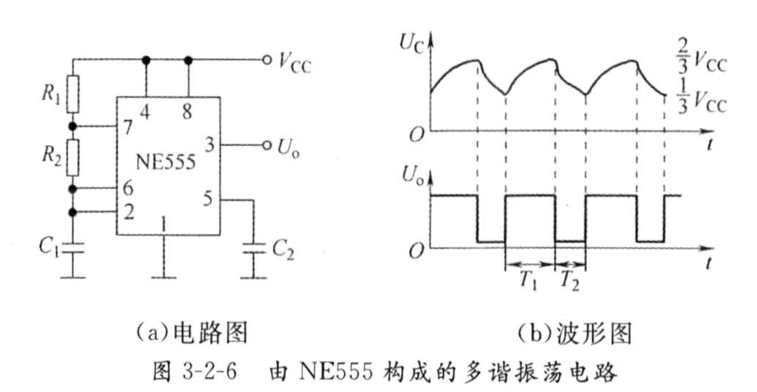

(a)电路图　　　　(b)波形图

图 3-2-6　由 NE555 构成的多谐振荡电路

由波形图可以看到多谐振荡器的振荡周期 T 包括 T_1 和 T_2 两部分，且 $T=T_1+T_2$。T_1 对应充电时间，时间常数 $\tau_1=(R_1+R_2)C_1$，初始值 $U_C=(1/3)V_{CC}$，当充电结束时，$U_C=(2/3)V_{CC}$，代入过渡过程公式，可得

$$T_1=\ln 2(R_1+R_2)C_1=0.7(R_1+R_2)C_1 \tag{3-3}$$

T_2 对应放电，时间常数 $\tau_2=R_2C_1$，初始值 $U_C=(2/3)V_{CC}$，当放电结束时，$U_C=(1/3)V_{CC}$，代入过渡过程公式，可得

$$T_2=\ln 2R_2C_1=0.7R_2C_1 \tag{3-4}$$

由此可以得到振荡周期为

$$T=T_1+T_2=0.7(R_1+2R_2)C_1 \tag{3-5}$$

振荡频率为

$$f=\frac{1}{T}=\frac{1.43}{(R_1+2R_2)C_1} \tag{3-6}$$

占空比为

$$D=\frac{T_1}{T}\times 100\%=\frac{T_1}{T_1+T_2}\times 100\%=\frac{R_1+R_2}{R_1+2R_2}\times 100\% \tag{3-7}$$

NE555 定时器配以少量的元件即可获得较高精度的振荡频率和较强的功率输出，而且外部元件的精度决定了多谐振荡器的性能。

在 555 电路设计中，根据时间常数 τ 确定电阻和电容。可以先取电容值，如果时间常数较小，电容的取值范围为 0.01～0.47μF；如果时间常数较大，电容的取值范围为 1～100μF。根据公式计算出电阻的阻值，电阻的取值不能太小，若电阻太小，当放电管导通时，灌入放电管的电流太大，会损坏放电管，因此其阻值一般在 1kΩ 以上。

实验电路参数选取如下：$R_1=100\text{k}\Omega$，$R_2=47\text{k}\Omega$，$C_1=0.1\mu\text{F}$，$C_2=0.01\mu\text{F}$。根据实际用途，变换 R_1、R_2 和 C_1 的值，以获得需要的输出频率。

二、整形电路

1. 施密特触发器整形电路

由 NE555 定时器构成施密特触发器的电路如图 3-2-7(a)所示，施密特触发器的工作原理和多谐振荡器基本一致，只不过多谐振荡器是靠电容器的充、放电去控制电路状态的翻转，而施密特触发器是靠外加电压信号去控制电路状态的翻转的。因此，在施密特触发器中，外加信号的高电平必须大于$(2/3)V_{CC}$，低电平必须小于$(1/3)V_{CC}$，否则电路不能翻转，其工作波形如图 3-2-7(b)所示。

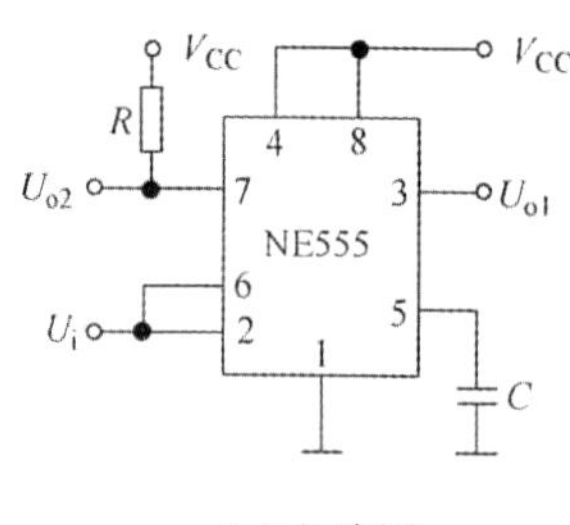

(a)电路图

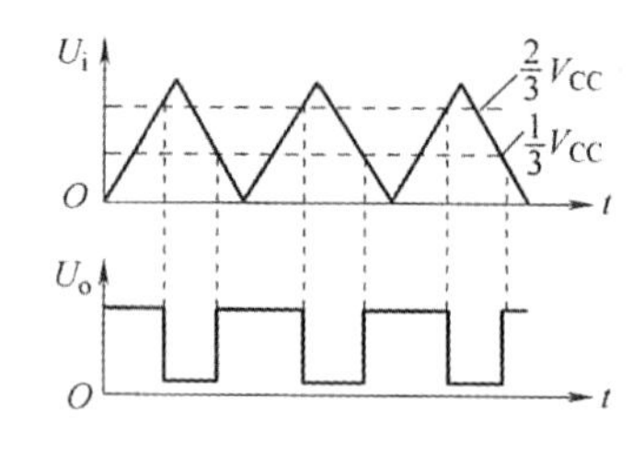

(b)波形图

图 3-2-7 由 NE555 定时器构成施密特触发器的电路

施密特触发器主要用于对输入波形的整形。图 3-2-7 表示的是将三角波整形为方波，其他形状的输入波形也可以整形为方波，需要注意的是，当输入信号的幅度小于(1/3) V_{CC} 时，施密特触发器将不能工作。由于施密特触发器采用外加信号，所以放电端 7 脚空闲出来。利用 7 脚加上一个上拉电阻，就可以获得一个与输出端 3 脚一样的输出波形。如果上拉电阻接的电源电压不同，7 脚输出的电平与 3 脚输出的电平会有所不同。

实验电路参数选取如下：$R=10\text{k}\Omega$，$C=0.01\mu\text{F}$，用信号发生器产生的三角波作为输入信号(注意调整信号的直流偏置)，用双路示波器测量输入、输出信号。

集成施密特触发器有 CD40106、CD4093、74LS14 及 74LS132 等。施密特触发器 CD40106 可用于波形的整形，也可做反相器或构成单稳态触发器和多谐振荡器。图 3-2-8 所示为由 CD40106 组成的正弦波转换为方波的电路，R_2 与 R_3 的比值可以改变信号的直流偏移。

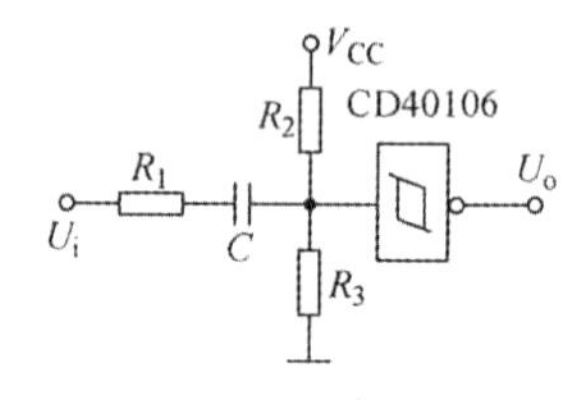

图 3-2-8 正弦波转换为方波的电路

实验电路参数选取如下：$R_1=1\text{k}\Omega$，$R_2=10\text{k}\Omega$，$R_3=4.7\text{k}\Omega$，$C=0.1\mu\text{F}$，用信号发生器产生正弦波，信号幅度 $U_{pp}=4\text{V}$，信号频率 $f=1\text{kHz}$，用双路示波器测量输入、输出信号。

2. 单稳态整形电路

单稳态触发器在数字电路中一般用于定时(产生一定宽度的矩形波)、整形(把不规则的波形转换成宽度、幅度都相等的波形)以及延时(把输入信号延迟一定时间后输出)等。

单稳态触发器具有下列特点：

(1)电路有一个稳态和一个暂稳态。

(2)在外来触发脉冲作用下，电路由稳态翻转到暂稳态。

(3)暂稳态是一个不能长久保持的状态，经过一段时间后，电路会自动返回到稳态。

(4)暂稳态的持续时间与触发脉冲无关,仅决定于电路本身的参数。

单稳态触发器能够把不规则的输入信号整形成为幅度和宽度都相同的标准矩形脉冲。输出的幅度取决于单稳态电路输出的高、低电平,宽度取决于暂稳态时间。

集成单稳态触发器有 74LS121、74LS221、74LS122 和 74LS123 等。74LS121 和 74LS221 的输出脉冲宽度 $t_W \approx 0.7RC$;74LS122 的输出脉冲宽度 $t_W \approx 0.32RC$;74LS123 的输出脉冲宽度 $t_W \approx 0.45RC$。单稳态触发器持续的时间长短取决于定时电阻 R 和定时电容 C 的大小,适当选取或改变 R 和 C 的数值,可使持续时间在几十纳秒到几十秒范围内变化。

目前使用的集成单稳态触发器有不可重复触发型和可重复触发型两种。不可重复触发的单稳态触发器一旦被触发进入暂稳态以后,再加入触发脉冲不会影响电路的工作过程,必须在暂稳态结束以后,它才能接受下一个触发脉冲而转入暂稳态。而可重复触发的单稳态触发器就不同了,在电路被触发而进入暂稳态以后,如果再次加入触发脉冲,电路将重新被触发,使输出脉冲再继续维持一个 t_W 宽度。

74LS121、74LS221 都是不可重复触发的单稳态触发器。属于可重复触发的触发器有 74LS122、74LS123 等。有些集成单稳态触发器上还设置有复位端,例如 74LS221、74LS122 和 74LS123。通过在复位端加入低电平信号能立即终止暂稳态过程,使输出端返回低电平。

由 NE555 定时器构成的单稳态触发器如图 3-2-9 所示,该电路的触发信号在 2 脚输入,R 和 C_1 是外接定时电路。在未加入触发信号时,U_i 为高电位,所以 U_o 为低电位。当加入触发信号时,U_i 为低电位,U_o 变为高电位,芯片的 7 脚内部的放电管关断,电源经电阻 R 向电容 C_1 充电,电容两端电压按指数规律上升。当电容电压上升到(2/3) V_{CC} 时,相当于输入是高电平,555 定时器的输出电压 U_o 回到低电位。同时,芯片的 7 脚内部的放电管饱和导通时,电容 C_1 经放电管迅速放电。从加入触发信号开始,到电容上的电压充到(2/3) V_{CC} 为止,单稳态触发器完成了一个工作周期。输出脉冲高电平的宽度称为暂稳态时间,用 t_W 表示。

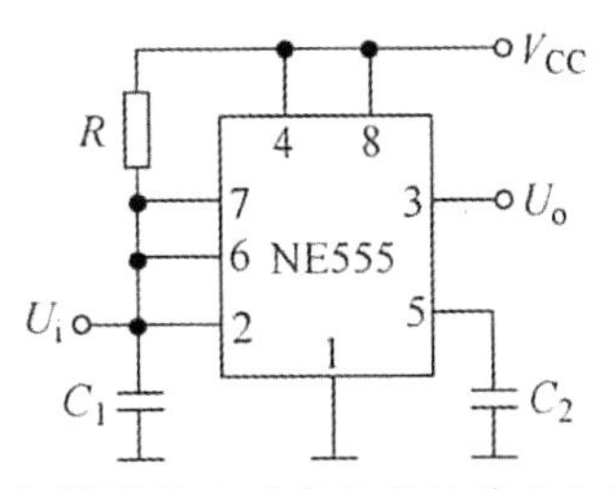

图 3-2-9　由 NE555 定时器构成的单稳态触发器电路

单稳态触发器输出脉冲宽度 t_W 可视为电容 C_1 由 0 充电到(2/3) V_{CC} 所需时间,代入 C_1 过渡过程计算公式,可得

$$t_W = RC_1 \ln 3 = 1.1RC_1 \tag{3-8}$$

这里有两点需要注意:一是触发输入信号的逻辑电平,无触发时是高电平,必须大于(2/3)V_{CC},触发时低电平必须小于(1/3) V_{CC},否则触发无效;二是触发信号的低电平宽度要窄,其低电

平的宽度应小于单稳暂稳的时间，否则当暂稳时间结束时，触发信号依然存在，输出与输入反相，此时单稳态触发器成为一个反相器。

实验电路参数选取如下：$R=100\text{k}\Omega$，$C_1=0.1\mu\text{F}$，$C_2=0.01\mu\text{F}$。用信号发生器产生占空比可调的方波信号作为触发脉冲，用双通道示波器分别测量输入、输出端信号，计算脉冲宽度。需要注意的有三点：一是信号发生器输出脉冲的周期要大于单稳态触发器输出脉冲宽度；二是需要调整信号发生器的占空比，使负脉冲信号的周期要小于单稳态的稳定时间 t_W；三是需要调整信号发生器的 DC 电平，使触发信号的幅度为 0～4V。另外，该电路也可以外接其他触发信号。

第三节　数字式电容测量电路设计

电容测量一般有两种方式实现：一是利用多谐振荡电路产生脉冲宽度与电容值成正比的信号，通过低通滤波输出的电压判断电容值；二是利用单稳态触发电路产生与电容值成正比的门控脉冲，控制计数器通过标准计数脉冲的个数，即根据脉冲数判断电容值。

一、电容测量电路的设计思想及结构

利用标准脉冲计数方式的电容测量电路，是利用电容的充、放电特性，通过测量与被测电容相关电路的计数脉冲来确定电容值。根据 RC 电路的时间常数，可设计电路使 $T=A\cdot RC$（T 为振荡周期或触发时间；A 为电路常数，与电路参数有关）。在电容测量电路上，因为要重复测量，可用振荡器产生系列工作脉冲信号；用被测电容与定时芯片组成一个单稳态触发器，其作用是在窄脉冲触发器的作用下产生测量脉冲；为了产生稳定的计数脉冲，可用晶体振荡电路产生标准计数脉冲信号；另外，电路设有计数器、锁存器、译码器和显示电路。测量脉冲实现计数控制和清零，标准计数脉冲给到计数器，经过锁存、译码电路和数码管来显示被测电容值，通过设计合理的电路常数，使计数值与被测电容相对应。其原理框图如图 3-3-1 所示。

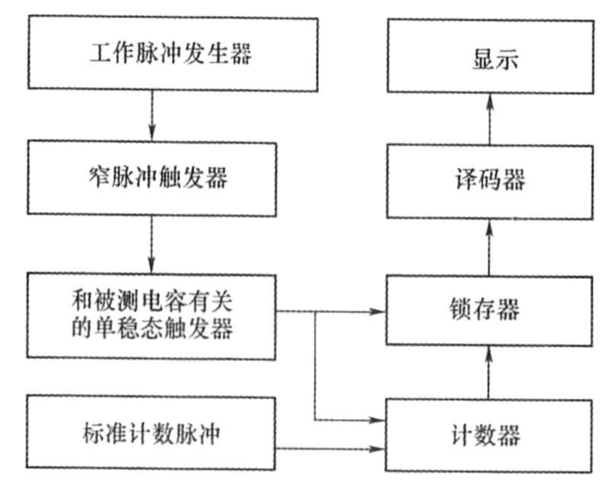

图 3-3-1　电容测量仪原理框图

电路的时序脉冲如图 3-3-2 所示，从上至下分别为工作脉冲信号、窄脉冲信号、测量脉冲信号（与被测电容相关的门控脉冲）和标准计数脉冲。

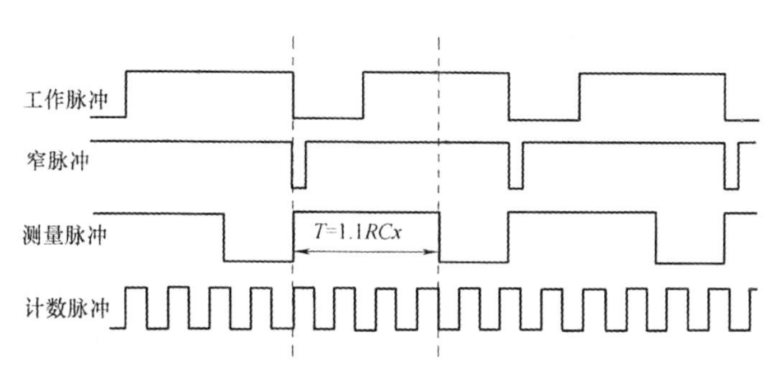

图 3-3-2 测量电路的时序图

需要说明的是，计数脉冲的频率在 1 000Hz 以上，高于工作脉冲和测量脉冲上千倍，为了显示清楚，图中的计数脉冲波形仅是示意图。

二、电容测量电路设计

根据电容测量原理框图，设计一个利用标准脉冲计数方式的电容值的测量电路，电容测量范围为 0.01～10μF。

1. 工作脉冲发生电路

工作脉冲发生电路是用以产生周期性的脉冲信号，使测量电路完成触发、清零、计数、锁存及稳定显示。该电路由 NE555 定时器及相关电阻、电容组成，如图 3-3-3 所示，电路产生周期可调的方波振荡信号。

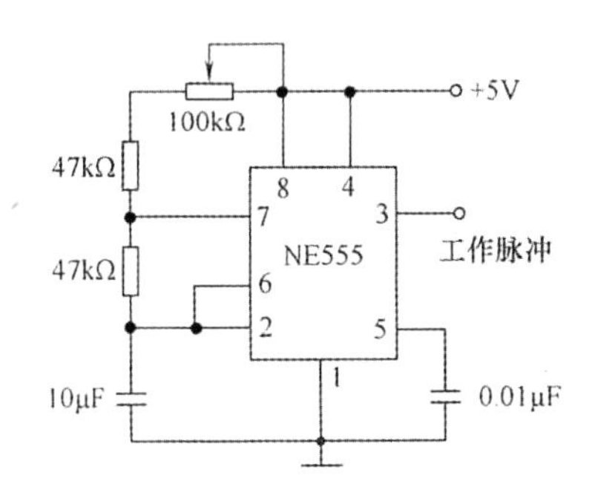

图 3-3-3 工作脉冲发生电路

调节电路中的电位器，使 NE555 振荡器输出信号的周期为 1.2s，该时间与被测电容的量程有关，在增加量程时，工作脉冲的周期也要相应增加。因工作脉冲的频率比较低，测量脉冲周期时，可将示波器的扫描时间旋钮 TIME/DIV 转到 500ms，动态观察光点的运行时间，以确定信号周期。

2. 计数脉冲发生电路

计数脉冲是用来量化测量脉冲的脉宽（脉宽与被测电容值有关），该脉冲是计数的最小单位。根据工作脉冲的宽度和显示位数，设定本项目的计数脉冲频率为 1 000Hz。设计电路时，考虑到计数精度，采用晶体振荡电路，即由晶体振荡器、74LS04、74LS74 和 CD4017 组成的振荡、分频电路，如图 3-3-4 所示。

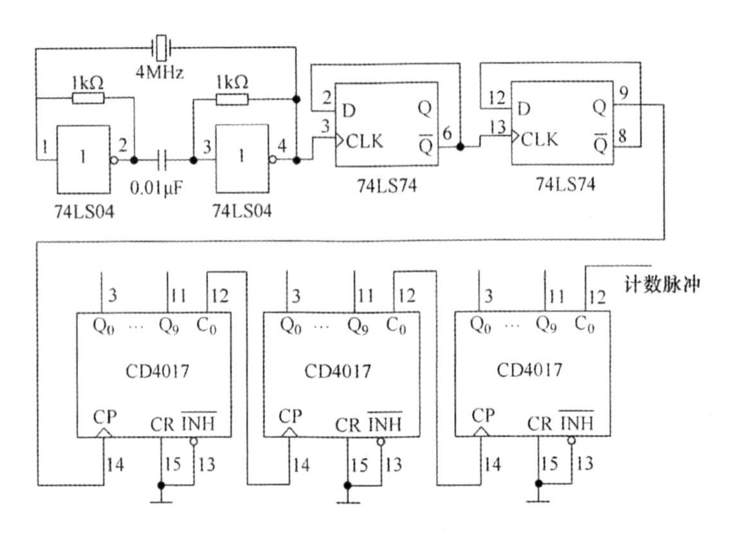

图 3-3-4 计数脉冲发生电路

74LS04 和 4MHz 石英振荡器组成串联式多谐振荡器电路，经过 74LS74 组成的 4 分频电路得到 1MHz 的频率，再经过三片 CD4017 十进制计数器级联，得到 1 000Hz 的计数脉冲。

3. 窄脉冲发生电路及与被测电容有关的单稳态触发电路

窄脉冲发生器电路及与被测电容有关的单稳电路如图 3-3-5 所示。窄脉冲发生器和单稳态电路(与被测电容有关)构成的电路产生“测量脉冲”信号。窄脉冲发生器由 74LS123 及外围 *RC* 电路组成，“工作脉冲”信号经 74LS123 的 1 脚输入，下降沿触发，74LS123 的 4 脚输出产生周期性窄脉冲信号 T_p，其宽度为

$$T_p \approx 0.45RC = 0.45 \times 10\text{k}\Omega \times 0.022\mu\text{F} = 0.099\text{ms}$$

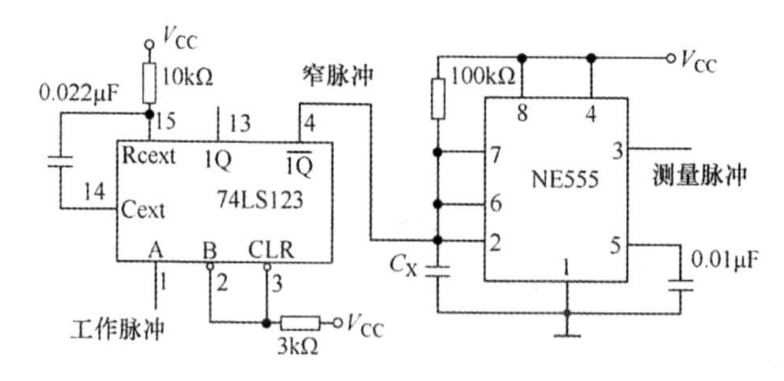

图 3-3-5 窄脉冲发生电路及与被测电容有关的单稳态电路

由被测电容 C_X 与 NE555 构成一个单稳电路，其产生与被测电容值有关的正脉冲信号，即测量脉冲 T_W，其脉冲宽度为

$$T_W \approx 1.1 \times 100\text{k}\Omega \times C_X$$

当 $C_X = 0.01\mu\text{F}$ 时，$T_W = 1.1\text{ms}$；当 $C_X = 10\mu\text{F}$ 时，$T_W = 1.1\text{s}$。因为计数脉冲周期等于1ms，是该电路设计的最小时间单位，而工作脉冲周期设定为 1.2s，所以可以看出该电路的电容测量范围是 0.01～10μF。

在电路中，为保证 NE555 单稳态电路在输出最小脉宽（即被测电容 $C_X = 0.01\mu\text{F}$）时工作仍然正常，窄脉冲 T_P 的宽度要小于 1.1ms。对于测量脉冲的宽度，则要求 T_W 大于计数脉冲宽度，小于工作脉冲周期。如果需要改变测量电路的量程，可适当调整电路参数，即调整工作脉冲周期或计数脉冲的频率。

4. 计数和锁存电路

计数和锁存电路如图 3-3-6 所示，该电路由计数器 74LS90 及锁存器 74LS175 组成。计数脉冲由个位计数器的 CLKO 端引入，74LS90 为 2–5–10 异步进制计数器，将 Q_0 与 CLK1 连接即组成十进制计数器，将使能端 MS1 接地，则由 MR1 端控制计数器进行计数及清零工作，当 MR1 为低电平时，计数器进行计数，否则处于清零状态。根据 74LS90 的特性，可以利用测量脉冲来控制计数和清零，即测量脉冲通过反相器后，在低电位时计数，在高电位时清零。

锁存器 74LS175 是用 CLK 脉冲的上升沿进行数据锁存的。同样，锁存器也可以由测量脉冲进行控制，即测量脉冲通过反相器并在测量脉宽内完成一次计数后，就会通过脉冲的上升沿进行锁存，以使数码管显示稳定。

74LS90 实际上由两个独立的计数器组成，即芯片内含有一个二进制计数器和一个五进制加法计数器，将二进制计数器的输出与五进制计数器的输入连接，形成十进制计数器。注意，该芯片的电源连接端是 5 脚，地线是 10 脚，与一般的 74 系列芯片的电源和地线接法不同。

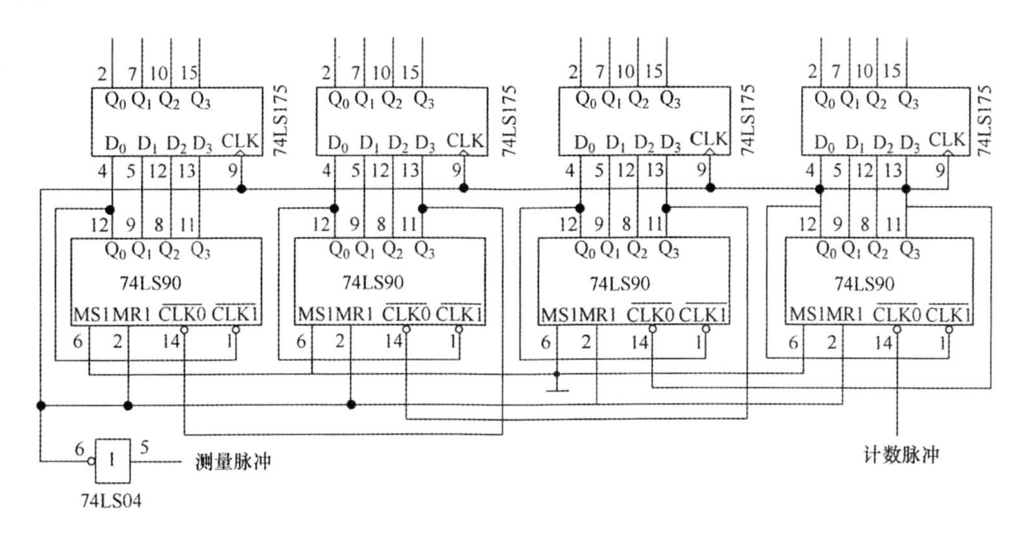

图 3-3-6　计数和锁存电路

5.译码和显示电路

译码器将锁存器输出端信号进行BCD–七段数码转换,74LS48是输出高电平有效的译码器,其内部有上拉电阻,可直接驱动共阴极数码管工作。74LS48除了有实现七段显示译码器基本功能的输入和输出外,它还引入了测试输入端(LT)、动态灭零输入端(RBI)以及既有输入功能又有输出功能的消隐输入/动态灭零输出(BI/RBO)端。如图3-3-7所示为译码显示电路。

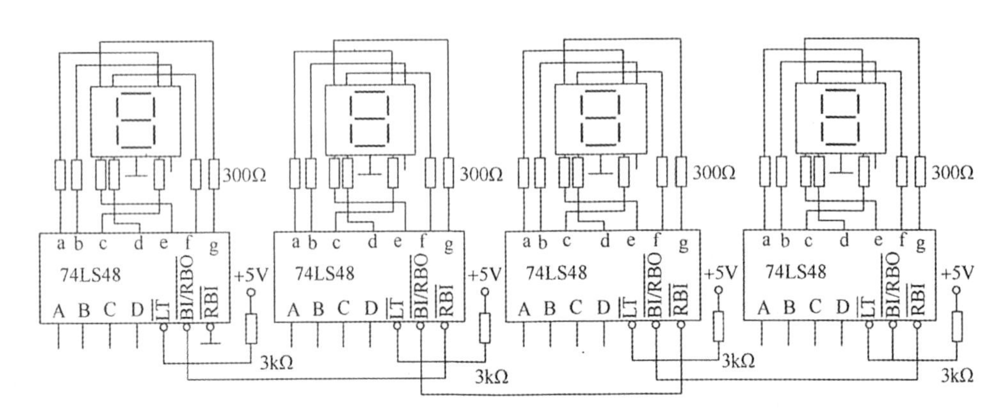

图3-3-7　译码显示电路

将锁存器74LS175的输出端($Q_0 \sim Q_3$)连接译码电路的输入端(A、B、C、D),便可显示测量的数据。在显示控制上,译码芯片的高位的动态灭零输出(BI/RBO)端连接低位的动态灭零输入(RBI)端,其目的是控制数码管显示位,即自动灭掉高位的0。为了起到限流作用,在共阴极数码管各输入端串接一个300Ω的电阻。

第四节　多路电子抢答器设计

电子抢答器是竞赛问答中一种常用的装置,因为选手几乎同时按下抢答开关,人工很难判别选手的先后,因此需要采用电子判别的方法。电子抢答器一般采用数字逻辑电路形式,也可以用单片机系统等电路组成。

一、简单的8路电子抢答器

如图3-4-1所示为由LED指示的8路电子抢答器,其核心是一片74LS373芯片,其他器件有电阻、电容、LED发光二极管和按键开关。74LS373内含三态输出的8路D锁存器,每个锁存器有一个数据输入端(D)和数据输出端(Q)。此外,其锁存允许控制端(LE)和输出允许控制端($\overline{OE}$)为8个锁存器公用。当$\overline{OE}$为高电平时,所有输出为高阻状态;当$\overline{OE}$为低电位,LE为高电平时,芯片的Q将随着D变化,当LE为低电平时,Q锁存D的输入电平。

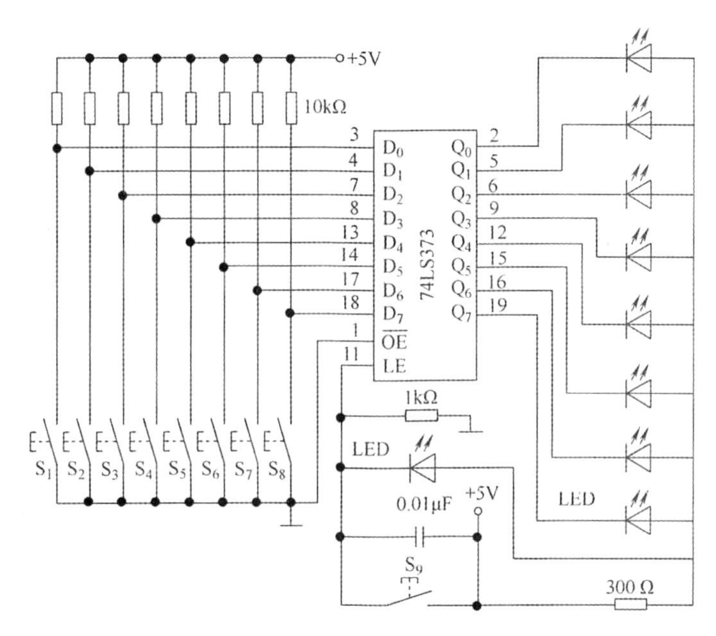

图 3-4-1 由 LED 指示的 8 路电子抢答器

该电路的工作原理是：当开关 S_1～S_8 及 S_9 都不按下时，芯片的 D_0～D_7 为高电位，由于 $\overline{OE}$(1 脚)接地以及锁存器允许控制 LE(11 脚)为高电平，因此输出 Q_0～Q_7 随着 D_0～D_7 的输入变化，即都为高电平，8 个 LED 指示灯均不亮。当开关 S_1～S_8 有一个开关 S_i 按下时，则在芯片输入通道中有一路 D_i 接地，即为低电平，并且对应的 Q_i 也为低电平，因此对应的 LED 指示灯发光。由于 LED 发光，引起 74LS373 芯片的 LE 电位降低，即输出被锁存(Q 不能随 D 再发生变化)，因此达到抢答的目的。只有当 S_9 键按下时，LE 恢复高电平，输出 Q_0～Q_7 随着 D_0～D_7 的输入变化(S_1～S_8 均不闭合)，即全为高电平，原来亮的 LED 指示灯熄灭，恢复到电路的初始状态。

电子抢答器的使用过程是：主持人首先按复位键(S_9)，当说开始的时候，8 个选手快速抢答，谁按的最快，谁的 LED 指示灯亮，同时将锁存允许控制端 LE 变为低电平，封锁其他的选手(即使再按键后，信号也不能输出)。由于电子的速度比机械速度快得多，即使看似同时按下开关，也能判别出获胜选手。只有当主持人再一次按下 S_9 开关(复位开关)后，方可以进行下一轮的抢答。

二、带数字显示的 8 路多功能电子抢答器

带数字显示电子抢答器的作用是用数码管显示第一个按键人的代码，如 8 路抢答器则显示 1～8 号，多功能抢答器还包括可预置数值的倒计时电路、发声电路等。

1. 抢答器输入电路

抢答器输入电路包括按键开关 S_1～S_8、自锁按键开关 S_9、数据锁存芯片 74LS373、8 输

入与非门芯片 74LS30、或门芯片 74LS32 和非门芯片 74LS04 等。其电路如图 3-4-2 所示。

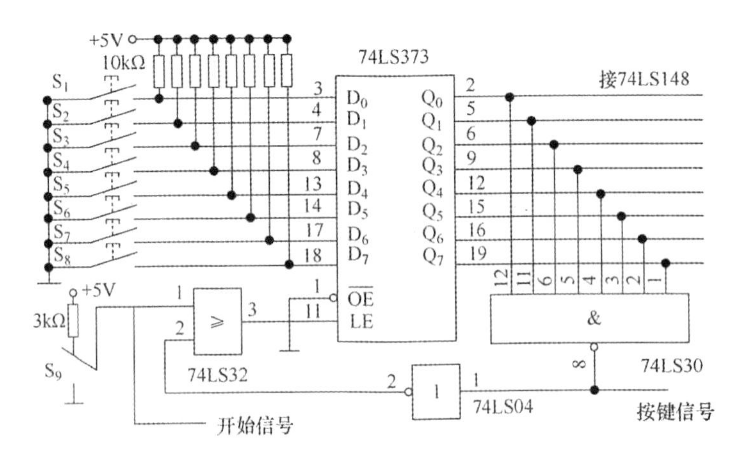

图 3-4-2　抢答器输入电路

主持人开关为 S_9（自锁开关），若不按时它接高电位以起清零作用，经过或门 74LS32，使 74LS373 的 LE 为高电平，74LS373 处于不锁定状态。选手开关 $S_1 \sim S_8$ 键没有按下时，74LS373 的输入均为高电平，并反映到 74LS373 相应的输出端，该输出端接编码、译码等电路。74LS373 的输出端同时还接 8 输入与非门 74LS30，使其输出为低电平，74LS30 输出有一路经过非门 74LS04 后变为高电平并接或门 74LS32；另外一路作为控制信号，接数字显示、倒计时等电路。

电路的工作过程是：主持人先将自锁开关 S_9 按下（接地），由于或门 74LS32 的另一个输入端仍为高电平，故 74LS373 的 LE 还保持高电平；主持人说抢答开始，选手可以按抢答开关，当 8 个按键开关中有一个开关 S_i 先按下时，对应的 D_i 端为低电平，Q_i 端也为低电平，74LS30 的输出为高电平，经过 74LS04 的反相，使 74LS32 的输出为低电平，74LS373 的 LE 端为低电平，74LS373 执行锁存功能，这时再有别的键按下，锁存器的输出也不会发生变化，保证了抢答者的优先性。如果有再次抢答，需由主持人先按一下 S_9 开关，此时自锁开关拾起，并接高电位，电路清零，然后将 S_9 开关按下（接地），主持人说开始抢答时，选手可以进行下一轮的抢答。

2. 编码电路、译码和显示电路

编码电路、译码和显示电路包括 8 线-3 线八进制优先编码器芯片 74LS148、4 位二进制全加器 74LS83、四线-七段译码/驱动器芯片 74LS47 和七段共阳极数码管。

编码电路、译码和显示电路如图 3-4-3 所示。抢答电路的输出首先送优先编码器芯片 74LS148 进行编码，输出 3 位二进制数 000～111，数码管显示的数是 0～7。由于选手的编号一般为 1～8，为了解决按键号码与显示一致问题，在编码器和译码器之间加了一个 4 位全加器 74LS83。由图可以看出，74LS83 的 $B_1 \sim B_4$ 和 A_4 接地，C_0 接高电位，所以 $A_1 \sim A_3$ 实现加 1 功能。74LS83 输出的二进制数编码送到 4 线-7 段译码/驱动芯片 74LS47，最后送到共阳极七段数码管显示。为了起到限流作用，在共阳极数码管的每个输入脚接 300Ω 电阻。

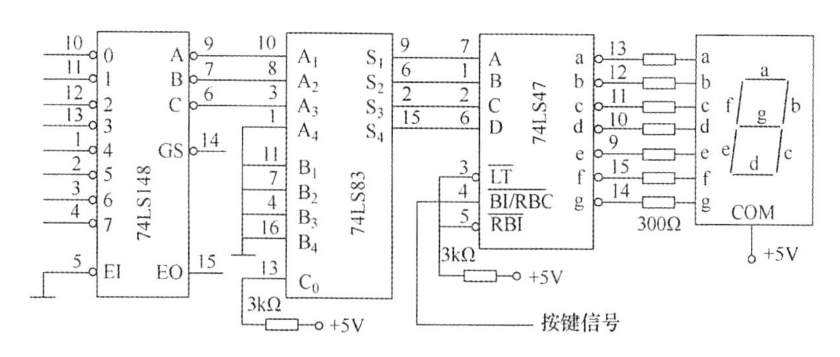

图 3-4-3　抢答器输入电路

由于抢答器输入电路中的74LS30输出端还接74LS47芯片的数码熄灭控制端，当选手没有按键时，开关 $S_1 \sim S_8$ 均没有按下，74LS30的输出为低，使74LS47的4脚为低电平，数码管没有显示。当有选手按键时，74LS30的输出为高电位，使74LS47的4脚也为高电平，数码管显示选手的号码。

3. 可预置时间的倒计时电路

在抢答的环节中，有的题目是要规定时间的，在主持人宣布开始抢答时，如果长时间没有选手回答提问，则自动停止本轮抢答。在操作上，主持人可以根据问题的难易程度设定时间长短。具体的可预置时间的倒计时电路如图3-4-4所示。

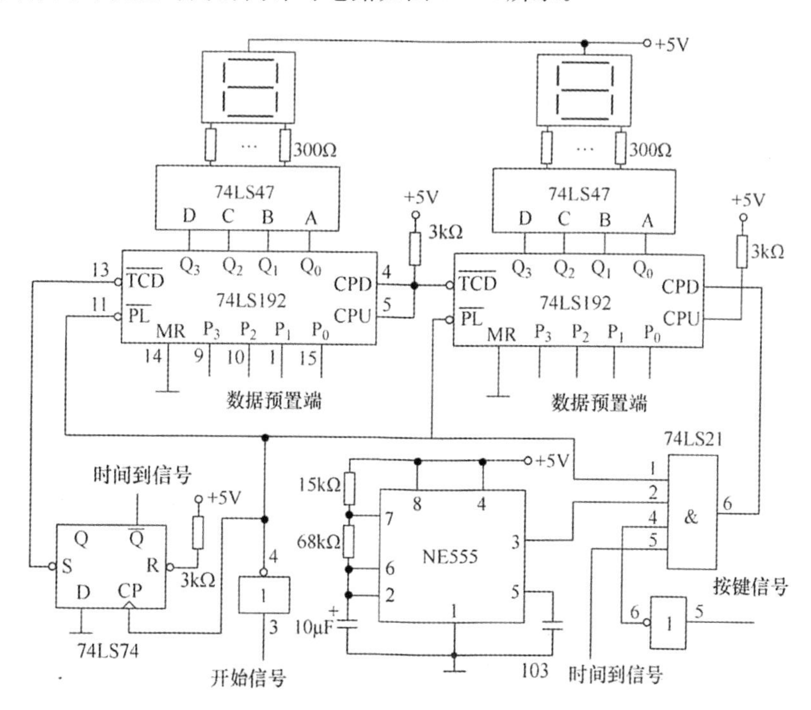

图 3-4-4　可预置时间的倒计时电路

可预置时间的倒计时电路由NE555定时器、十进制计数芯片74LS192、译码芯片74LS47、四输入与门芯片74LS21和共阳极数码管等组成。一般抢答的时间，一般是十几秒到几十秒，所以设定两位数码显示（十进制）。电路的倒计时功能，是将十进制同步加减计数器芯片设置为减1计数形式，用NE555定时芯片产生秒脉冲信号，并通过与门电路，给74LS192提供脉冲信号。让秒脉冲信号经过一个与门，目的是用“开始信号”“时间到信号”和“选手按键”信号控制计数脉冲的通行。

该电路工作过程是：首先要设置倒计时时间，二进制数在74LS192并行输入端接入，此时该芯片11脚为低电位，将置数值装入；抢答开始时，开关S_9接地并产生“开始信号”，经过非门后变为高电位，并给到74LS192和74LS74，该信号同时也接到与门（74LS21）；此时“时间到信号”为高电位，“按键信号”经过非门后也为高电位，秒脉冲通过与门进入减1计数器，即74LS192开始减1计数。有三种情况会使减1计数停止：一是当有选手按键时，“按键信号”经过非门输出低电位，封闭秒脉冲信号，使减1计数停止；二是当倒计时为0时（没有选手抢答），“时间到信号”输出低电平，该信号也封闭秒脉冲信号，减1计数停止；三是主持人按动S_9开关（结束抢答），“开始信号”变成高电位，该信号经过非门后输出低电位并封闭秒脉冲信号。译码芯片74LS47和共阳极数码显示电路与前面的译码、显示电路相同，注意要加限流电阻。

4. 发声电路及控制

在电子抢答器电路中，设置发声电路可以提示主持人等相关人员注意有人抢答，另外在无人抢答时，由时间到信号控制发声电路，提示可以进行下一轮抢答。可利用抢答输入电路中的74LS30输出信号和时间到信号控制发声电路。

由NE555定时器构成的发声电路如图3-4-5所示，其中NE555构成多谐振荡器，振荡频率决定了声音的高低，电路的输出端接一个晶体管，推动扬声器发声。“声音控制信号”为高电平时，多谐振荡器工作，反之，电路停振。为了避免长时间发声，可以由“有按键信号”和“时间到信号”组合一个逻辑电路，从而产生发音控制信号。

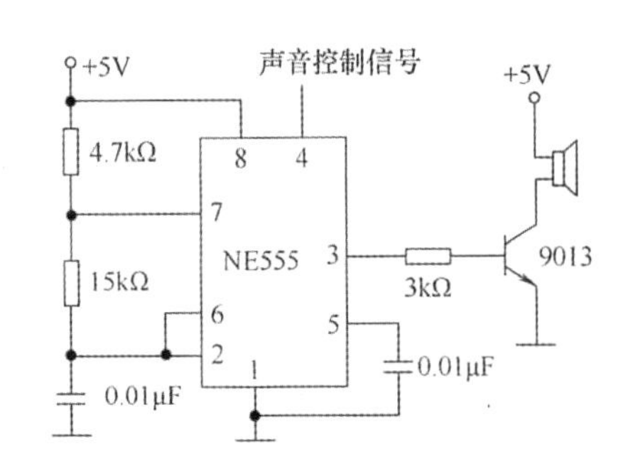

图 3-4-5 由NE555定时器构成的发声电路

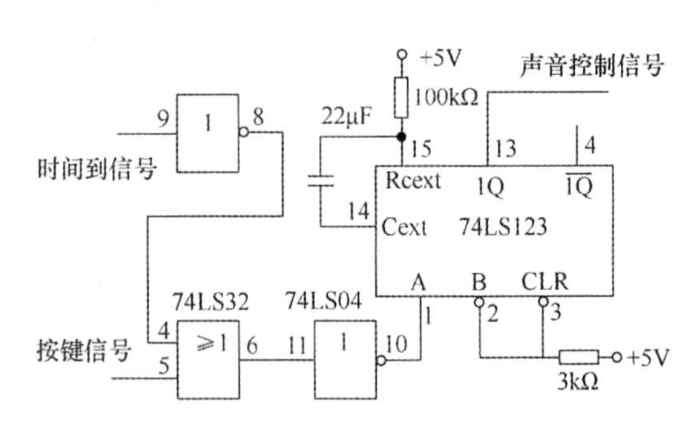

图 3-4-6 发声控制逻辑电路

图3-4-6是发声控制逻辑电路，让“时间到信号”经过一个“非门”电路（转换为高电位），再和“按键信号”信号进入一个“或门”电路，再经过一个反相器后接74LS123单稳态电路，其目的是只要有“时间到信号”或“按键信号”出现，就触发单稳态电路，控制发声时间。当单稳态电路有信号触发时（负脉冲）由13脚输出一个正脉冲，接到发声电路，正脉冲宽度对应发

声的时间长短，74LS123 输出脉冲的宽度与 RC 的取值有关。

5. 码盘输入

在可预置时间的倒计时电路中，时间数值的设定是采用二进制数，即用开关设置 74LS192 并行置数端(1、9、10、15 脚)的高电位或低电位。这样的电子抢答器给使用者带来不便，因为对于不同时间的设定，需要有二-十进制的换算。为了解决这一问题，可以采用置数码盘，其功能是转动码盘来设定十进制数 0～9，码盘就会对应输出二进制数，即 000～1001。

图 3-4-7　码盘的外形

码盘的外形如图 3-4-7 所示，其十进制位数有 1 位、2 位或多位，每位都对应 4 位二进制码输出。码盘输出的编码是用高、低电位表示，使用时码盘需要接＋5V 电压。在该抢答器电路中，可采用两位的码盘，每位的输出端分别与 74LS192 的并行置数端连接(注意高位和低位顺序)，这样主持人可以很方便地设定抢答时间。

第五节　数字定时器电路设计

在日常生活、工作中，经常要用到定时器，如在答辩等环节需要规定时间，时间到时定时器发出声音提示；在有些场合需要在无人操作的情况下定时开、关电器设备等。数字电路中的定时器实际上是一个脉冲加 1 或减 1 计数器，当计数器达到设定的值时，电路发出声音提示，有的定时器配有继电器等控制器件，可以直接驱动电器设备，如室内照明、空调开关等。

一、数字定时器的设计思想及结构

数字定时器电路的设计主要有三个方面：一是要有标准的时钟振荡脉冲，利用脉冲分频和计数电路，得到精确的时间；二是要有时间设定电路和时间到的判断电路，判断电路要在定时时间到时输出一个控制信号；三是定时电路有提示音，考虑到实用性，还可以加入指示灯和继电器电路，继电器主要启动或关闭电器设备。图 3-5-1 所示为数字定时器的原理框图。

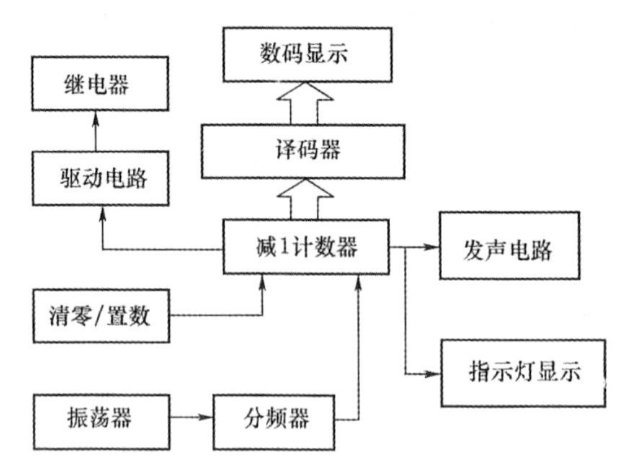

图 3-5-1 数字定时器的原理框图

定时器一般由时钟振荡电路、分频电路、置数开关、计数器、译码器、数码显示、声音提示电路和继电器电路组成。

二、数字定时器电路设计

根据数字定时器的结构及各模块功能，设计各部分电路。在电路设计过程中，可以参考已掌握的典型的电路，逐步完成各模块电路的组装和调试。下面是定时时间范围：1～99min，电路输出有数码显示、声音、指示灯和继电器控制的要求，设计一个电子定时器电路。

1. 秒信号发生电路

如图 3-5-2 所示为秒脉冲发生电路，考虑到定时器的计时精度，振荡电路采用石英振荡器，配合 CD4060 集成电路芯片产生精确的振荡脉冲信号，电路增加了 CD4040 芯片，目的是进一步分频，产生秒信号输出。为显示电路在正常工作，在电路的输出端接了一个 LED 发光二极管，使其按 1Hz 的频率闪动。

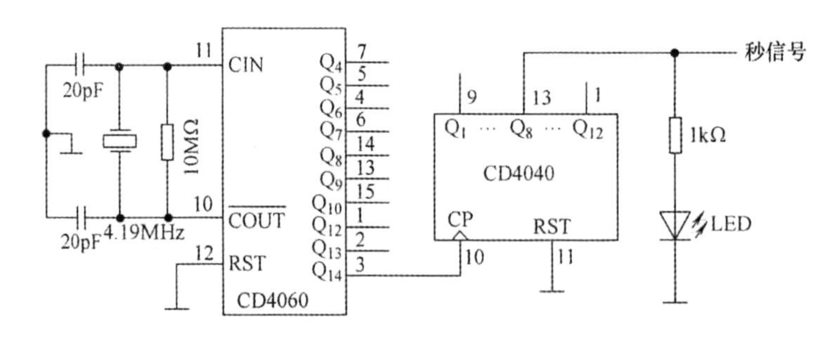

图 3-5-2 秒脉冲发生电路

CD4060 是 14 级分频，注意该芯片的 Q_1、Q_2、Q_3、Q_{11} 是不引出的，4.19MHz 的石英振荡器经 CD4060 的 Q_{14} 输出得到的频率是 256Hz。CD4040 是 12 位二进制串行计数器，256Hz 再经过 8 分频后，在 CD4040 的 13 脚(Q_8)输出 1Hz 的秒脉冲信号。

2. 产生 60s 周期信号

为得到 60s 周期信号，电路采用 CD4024、CD4073 和 CD4082 芯片组成 60 进位电路，

CD4024 是七位串行计数器，当计数器的 $Q_6 \sim Q_3$ 为高电位、$Q_2 \sim Q_1$ 为低电位时，即对应二进制为 111100（十进制为 60），与门 CD4082 输出信号，对计数器清零，与门 CD4073 的 10 脚生成以 60s 为周期的振荡信号，如图 3-5-3 所示。

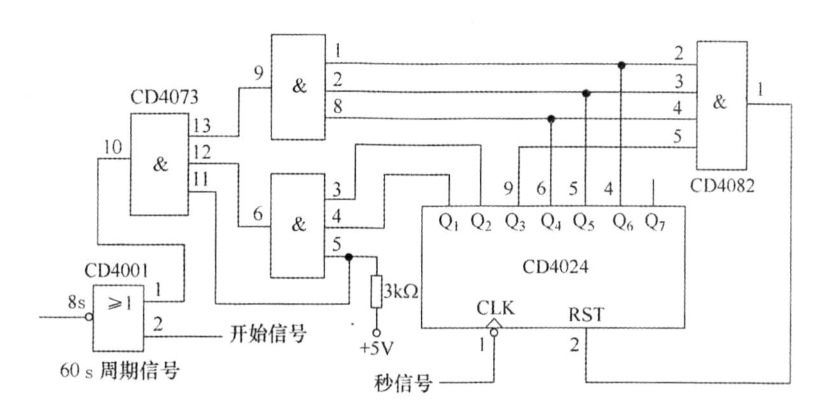

图 3-5-3　60s 周期信号产生电路

CD4001 是有 2 个输入端的或非门，电路的“开始信号”来自启动开关，该信号平时为高电位，当开关接地时，“开始信号”为低电位，三输入与门 CD4073 的第 10 脚产生的 60s 进位信号通过或非门电路输出。三输入与门 CD4073 的第 5 和 11 脚是空闲脚，接高电位。秒脉冲输入信号接 CD4024 芯片的第 1 脚。

3. 置数、计数电路

置数、计数电路如图 3-5-4 所示，由于定时时间为 1～99min，而且要有并行置数环节，电路选用两片可预置 BCD 码的同步 1/*N* 计数器 CD4522 芯片。定时器采用倒计时方式，CD4522 实际构成一个减法计数器，其特点是减到全零后，当下一个 CP 脉冲的上升沿来到时，计数器从 0000 直接跳变成 1001，即从十进制数 0 跳变成 9。定时时间设定方法采用拨码盘，十进制 0～9 对应二进制码为 0000～1001。开关 S 断开时，“开始信号”为高电位，拨码盘输出的编码输入到 CD4522 计数器。

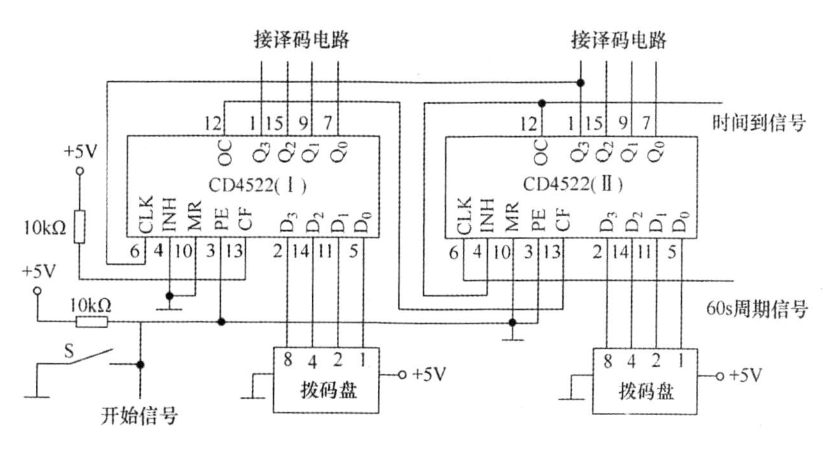

图 3-5-4　置数、计数电路

CD4522 的复位端 MR 接地(均不清零),复位端 MR=1 时计数器清零;CD4522(Ⅰ)禁止端 INH 接地(不禁止),CD4522(Ⅱ)禁止端 INH 接"时间到信号",平时为低电平,计数为 0 时,产生高电平并禁止该芯片工作;PE 是预置并行数据允许端,初始为高电位,即 PE=1;接通开关 S,PE=0,CD4522 正常计数;OC 为全零信号输出端,平时 OC=0,当计数器呈全零状态(0000)且 CF=1 时,OC=1。CF 是级联反馈端,CF=0 时,计数器即使呈现全零状态,OC 也不输出信号。

电路的级联方式是 CD4522(Ⅰ)的 CF 接高电位,OC 接 CD4522(Ⅱ)的 CF。这样,当高位上的数据为 0 时,低位上的 CF 才为高电位,如果低位上的数据再为 0,低位上的 OC 就会输出"时间到信号"。

4. 数字显示电路

定时器的数字显示电路由集成电路 CD4511 和七段共阴极数码管组成,如图 3-5-5 所示。CD4511 为译码及驱动芯片,其输入端接计数器的输出,其输出端通过限流电阻(300Ω)接共阴极数码管。

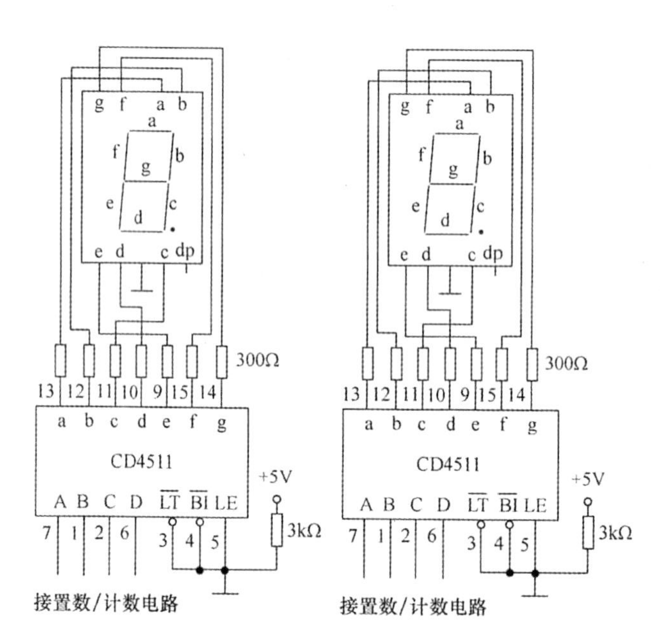

图 3-5-5 定时器的数字显示电路

CD4511 芯片的 3、4 脚接高电位,5 脚接低电位,即不采用高位为 0 时灭灯和锁存方式。译码芯片的输入端接 CD4522 的输出端。

5. 提示音和继电器控制电路

如果要求提示音只响一段时间,可以考虑采用单稳态触发电路结构。图 3-5-6 所示为通过 NE555 单稳态触发器控制发声时间,其发声时间的长短与 *RC* 时间常数有关,单稳态的输出通过晶体管控制蜂鸣器和指示灯。

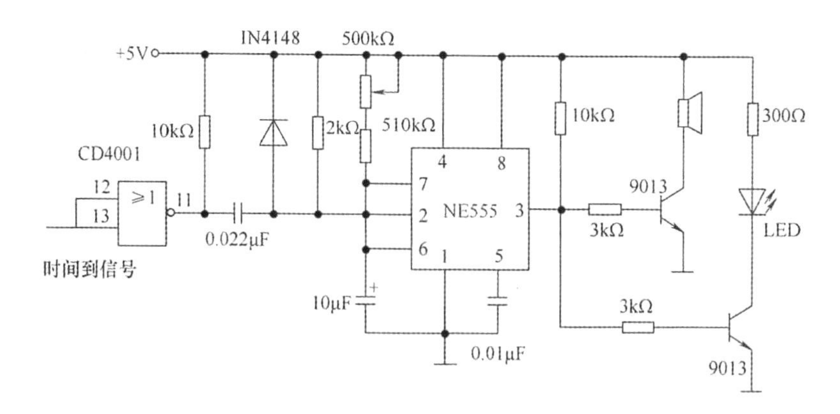

图 3-5-6　提示音和指示灯控制电路

定时器到达设定的时间后,“时间到信号”通过“或非门”变为低电位,再经过微分电路在NE555的输入端产生一个负的脉冲信号,继而触发单稳态电路,在NE555的输出端产生高电位,此时两个晶体管导通,蜂鸣器发出声音,LED指示灯亮。经过一段时间,单稳态电路又返回原状态,此时NE555的3脚输出低电位,两个晶体管截止,蜂鸣器停止发出声音,LED指示灯停止发光。调整电位器的阻值,可以调节发声和显示时间的长短,选用6V长声或短声蜂鸣器,发光二极管可选用常亮或自闪式LED。

如图3-5-7所示为继电器控制电路。定时器到达设定的时间后,“时间到信号”为高电位,经过CD4082“与门”使晶体管导通,继电器线圈通电,控制继电器开关闭合(常开触点)或断开(常闭触点)。由于“时间到信号”一直维持高电位,继电器控制信号将一直保持下去,直到重新启动下一次定时。继电器参数选取如下:DC 5V,AC 230V/5A。

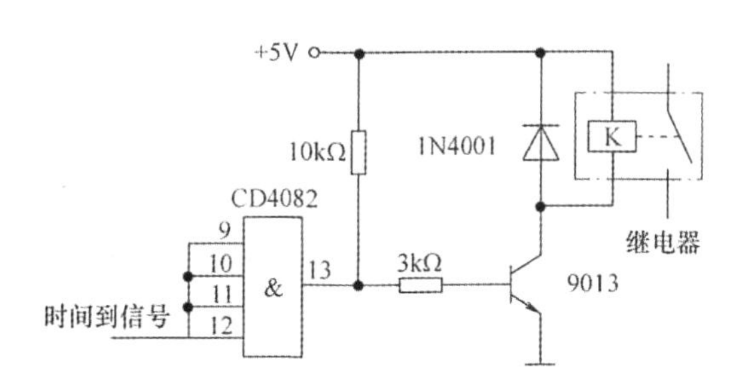

图 3-5-7　继电器控制电路

第六节　数字频率计电路设计

在电子电路应用中,经常要用到数字频率计。数字频率计实际上就是一个脉冲计数器,用来记录1s内的脉冲个数。在实验室通常有示波器、频率计等仪器测量脉冲信号的频率,但在某些测控现场为了随时显示信号频率而长期放一台示波器或频率计是不太适宜的,这时就需要设计一个能够实时测量及显示的频率测量电路。

数字频率计一般由输入整形电路、时钟振荡电路、分频器、量程选择开关、计数器、译码器和显示器等组成。

一、数字频率计原理

如图 3-6-1 所示为数字频率计的原理框图，其基本原理是时间门限测量法。被测信号首先经整形电路变成规则的脉冲信号，且频率不能改变；时钟振荡电路产生时间基准信号，分频后得到不同时间单位的门控信号；门控信号控制“与门”的开启和关闭，得到被测脉冲信号，如果选择不同的量程开关，可以得到不同单位(频率)的测量值。例如，控制“与门”开启的时间为 1s，就能检测到待测信号在 1s 内通过与门的脉冲个数，测量的频率单位为 Hz；如果控制“与门”开启时间为 1ms 时，显示频率的单位应该为 kHz。

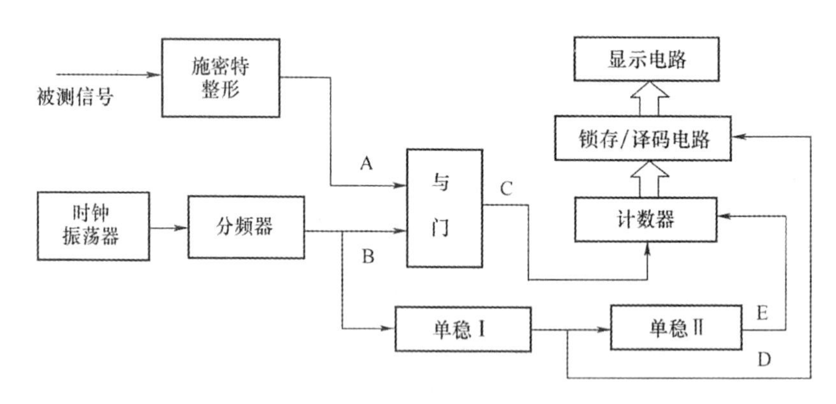

图 3-6-1　数字频率计原理框图

通过“与门”的被测信号，经计数器、锁存器和译码器送到数码管显示，当门控信号为低电平时，计数脉冲被切断，同时使时序发生电路发出锁存信号，将测量的结果锁存，数码管显示固定数值，在时序发生电路发出清零信号后，计数器复位，等待下一周期测量。

数字频率计各级信号波形如图 3-6-2 所示，设被测信号 A 的周期为 T_X，“与门”开启时间为 T。当门控信号 B 为高电平时，被测信号 A 通过“与门”，形成计数脉冲信号 C，直到门控信号 B 变为低电平，“与门”关闭，计数停止。门控信号 B 变为低电平的同时，使单稳态触发器Ⅰ输出锁存信号 D，将计数值锁存。另外，单稳态触发器Ⅰ的下降沿又使单稳态触发器Ⅱ产生清零信号 E，其作用是将计数器清零，等到当门控信号 B 再次变为高电平时，开始下次计数。

若“与门”开启时间为 T，在开启时间内计数器所计的脉冲数为 N，则被测信号的频率 f_X 为

$$f_X=\frac{N}{T} \tag{3-9}$$

为了准确地测量信号频率，应满足 $T \gg T_X$，T_X 是 f_X 对应的周期。

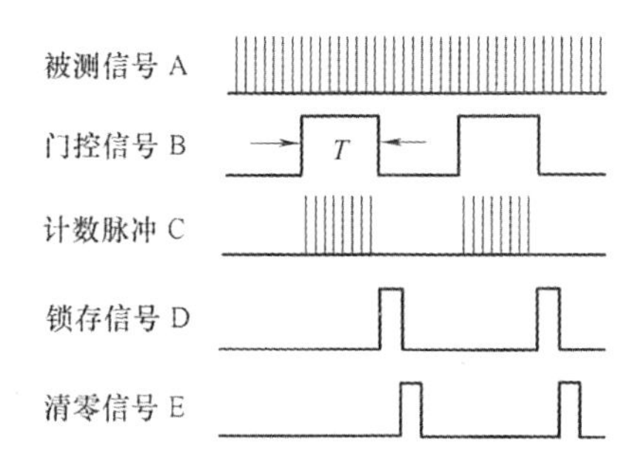

图 3-6-2 数字频率计各级信号波形

二、数字频率计电路设计

本节设定测量信号的频率范围在 1～ 9 999Hz，根据数字频率计电路的结构及各级功能，按模块化原则设计各部分电路。在电路设计过程中，可以运用已学过的知识，参考典型的应用电路等，另外也结合现代电子技术的发展，设计出更新颖的电路。

1. 整形电路

被测信号是多种多样的，有方波、三角波和正弦波等波形，信号幅度也有大小，要使计数器准确计数，必须将输入的信号整形，达到符合数字电路标准的方波信号。如图 3-6-3 所示为将三角波和正弦波转换成方波的电路。

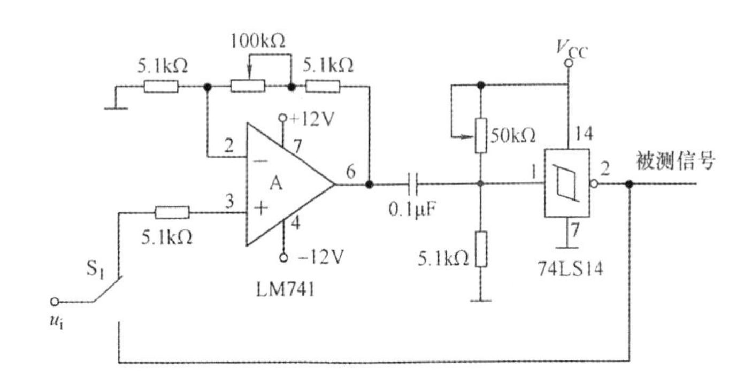

图 3-6-3 三角波和正弦波转换成方波的电路

运算放大器是将小信号放大，可使输出信号幅度 U_{pp} 达到 3. 5～4V。如果信号太小，可以增加反馈电阻的阻值，放大后的信号经过直流电位偏移，接入 74LS14 施密特反相器。如果被测的是标准的数字信号，则可以直接引入计数器电路。

2. 时基电路

根据题目要求，采用 4 位数码显示，产生 1s 脉宽的门控信号。时基信号是标准测量的基础，可采用晶体振荡电路方案。如图 3-6-4 所示为由晶体振荡器、集成电路芯片 CD4060 和 CD4040 组成的振荡和分频电路。

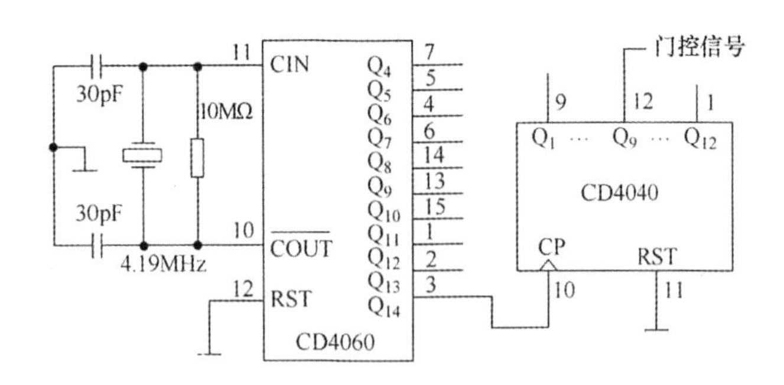

图 3-6-4　振荡分频电路

4.19MHz 经过 23 级分频，产生 1s 的门控信号，即信号的高电位时间为 1s。由于 CMOS 电路的输入阻抗极高，因此 CD4060 的反馈电阻选为 10MΩ，较高的反馈电阻有利于提高振荡频率的稳定性。

3. 时序控制电路

计数、锁存、清零的时序控制电路如图 3-6-5 所示，根据数字频率计的原理框图及各级电路波形，设计相应的时序控制电路。门控信号结束时产生负跳变，此时计数完成，可以用该信号控制单稳态触发器Ⅰ的 Q 端产生一个正跳变的信号，其 $\overline{Q}$ 端通过与非门输出信号锁存数据；状态结束时，单稳态触发器Ⅰ的 Q 端产生负跳变，用该信号再控制单稳态触发器Ⅱ，使其 $\overline{Q}$ 端产生负跳变的信号，该信号经过与非门对计数器清零。

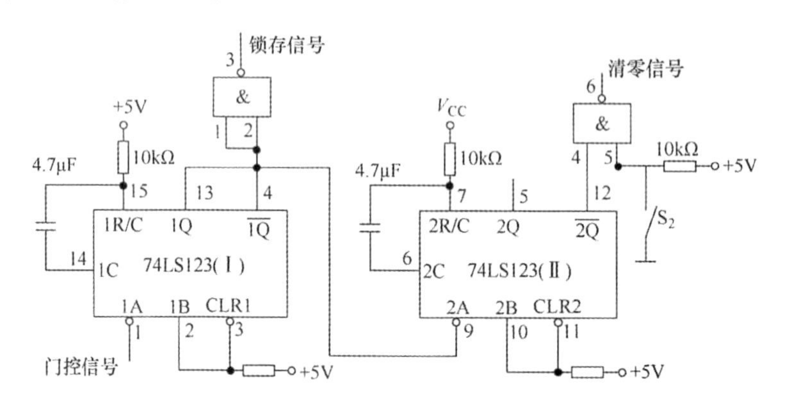

图 3-6-5　计数、锁存、清零的时序控制电路

因为锁存、清零信号均要在门控信号为低电位时完成，所以要求这两个信号的脉冲宽度很小。74LS123 芯片内部有两个单稳态触发电路，门控信号从 1A 触发端接入，由 74LS123 的功能表可得，由于触发脉冲的负跳变，在 1Q 输出端可获得一个正脉冲，其脉冲宽度由电路中的 RC 时间常数决定。1Q 输出端接另一个单稳触发器的输入，正脉冲结束时的负跳变会使 2Q 端输出一个正脉冲。

设计锁存信号和清零信号的脉冲宽度相同，并等于 0.2s，则单稳态电路的脉宽为 $t_P = 0.45RC = 0.2\text{s}$，若电阻取 10kΩ，则 $C = t_P/(0.45R) = 44.44\mu\text{F}$，取标称值后 $C = 47\mu\text{F}$。S_2 是手动清零开关，S_2 闭合时接低电平，计数器清零，显示为 0。

若测量频率以 kHz 为单位，门控信号宽度应为 1ms，此时的锁存信号和清零信号的脉冲宽度要小于 1ms，因此要重新计算 RC。

4. 计数、锁存、译码和显示电路

计数和锁存电路如图 3-6-6 所示。计数器采用 74LS90 芯片，并级联成为 4 位计数电路，“被测信号”和“门控信号”相“与”后进入计数器计数。74LS90 是二-五-十进制异步计数器，它既可以作二进制计数器，又可以作五进制计数器，芯片自身的二进制计数器与五进制计数器级联后形成十进制计数器。

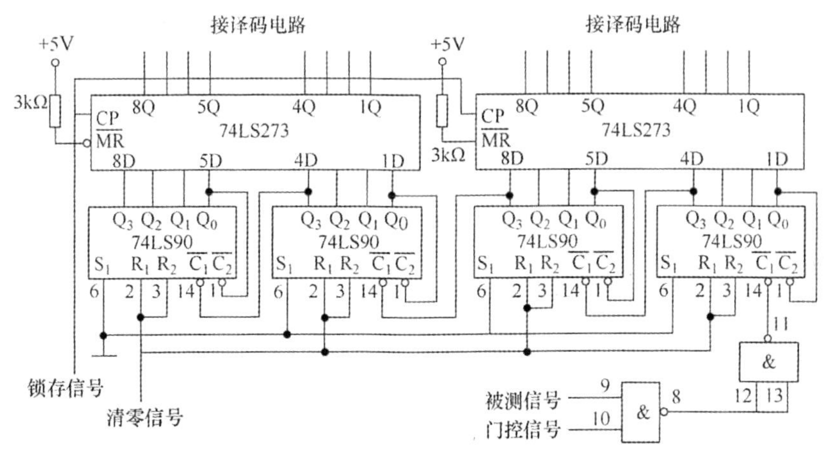

图 3-6-6　计数和锁存电路

锁存器是在门控信号结束时将计数值进行锁存的，使显示器能稳定地显示此时计数器的值。电路选用 8D 锁存器 74LS273 完成上述功能，当 CP 端的时钟脉冲为正跳变时，锁存器的输出等于输入，即 Q＝D，从而将计数器的输出值送到锁存器的输入端；CP 端正脉冲结束后，即当 CP 端从高到低电平时，将数据锁存，无论 D 为何值，输出端 Q 的状态仍保持原来的状态不变，继而得到稳定的显示。

如图 3-6-7 所示为译码和显示电路，电路使用 74LS48 芯片和共阴极数码管。74LS48 的每个输出端通过 300Ω 限流电阻接数码管，并且其输入端接 74LS273 的输出。

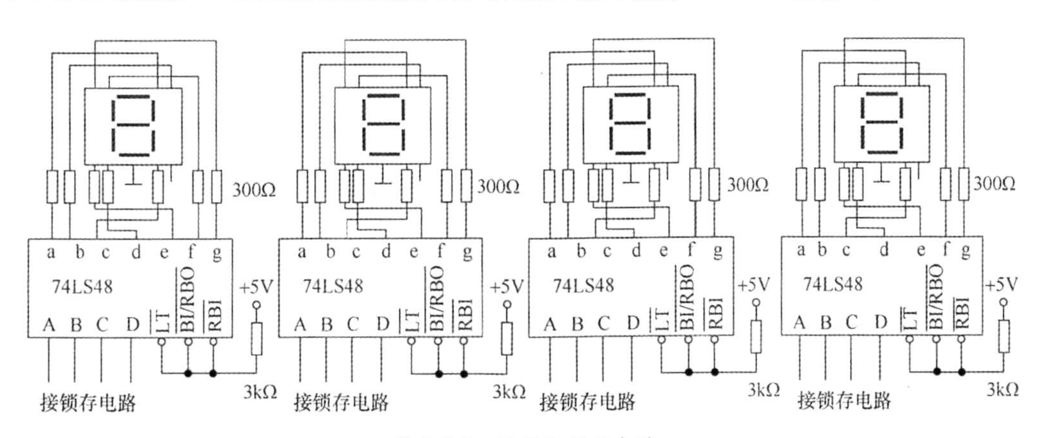

图 3-6-7　译码和显示电路

第七节　数字式石英钟电路设计

随着数字电路的发展，数字式石英钟在计时、家用电器和公共场所的时间显示等方面的应用非常普及。数字式石英钟的特点是时间准确和功能齐，例如，可以同时显示年月日、定时和音乐提示等，而且低功耗的数字式石英钟大约半年至一年才更换一次电池。

一、数字式石英钟电路的工作原理

数字式钟实际上是一个对标准频率(1Hz)进行计数、显示的电路。数字钟主要由振荡器、分频器、计数器、译码器、显示器、报时和校时等几部分组成，这些都是数字电路中应用最广的基本电路，其原理框图如图 3-7-1 所示。

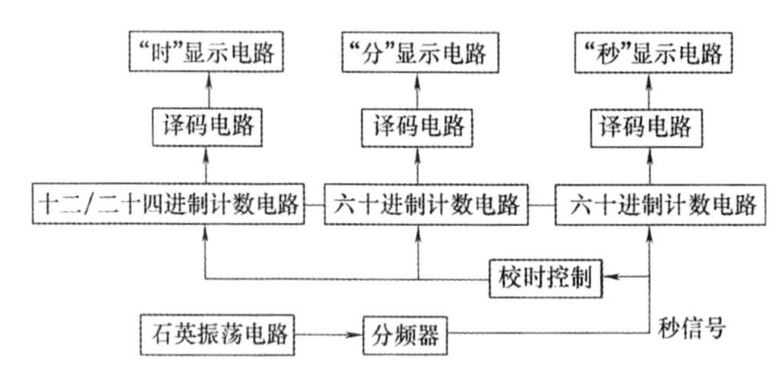

图 3-7-1　数字钟的原理框图

振荡器产生的脉冲信号送到分频器电路，产生秒脉冲信号，秒脉冲信号送入计数器电路进行计数，并把累计的结果以小时、分钟和秒的形式显示出来。秒的显示由计数器和译码器组成的六十进制计数电路实现；分钟的计数、显示电路与秒相同，小时数字的显示由计数器和译码器组成的十二或二十四进制计数电路实现。所有计时结果由 6 位(秒、分钟和小时各占 2 位)数码管显示。由于计数的起始时间不可能与标准时间一致，故需要在电路上有对分钟、小时校对的电路。

二、数字钟电路设计

根据数字钟的原理框图，设计一个数字式电子石英钟，小时进位采用十二进制，时、分、秒用数码管显示，带时间校对功能和报时功能。

1. 石英晶体振荡与分频器

由于晶体振荡器输出频率较高，为了得到 1Hz 的秒信号输入，需要对振荡器的输出信号进行分频。通常实现分频器的电路采用多级二进制计数器来实现。

如图 3-7-2 所示为石英晶体振荡器电路，晶振的频率为 32 768Hz，如果将 32 768Hz 的振荡信号分频为 1Hz，其分频倍数为 32 768(2^{15})，即实现该分频功能的计数器相当于 15 级二进制计数器。CD4060 计数为 14 级二进制计数器，可以将 32 768Hz 的信号分频为 2Hz，再经过 74HC390 二分频，可以得到 1Hz 的秒脉冲。

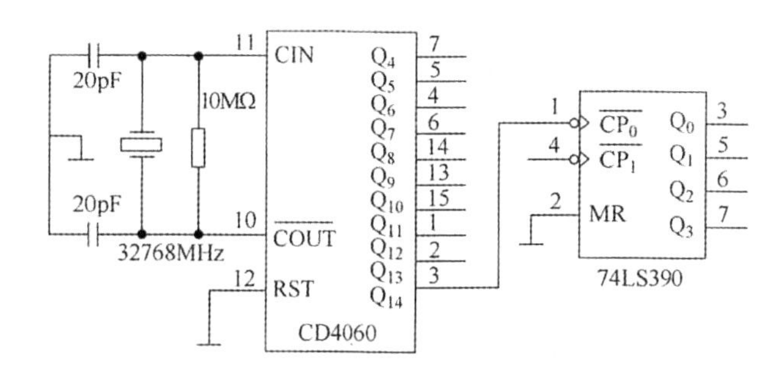

图 3-7-2　石英晶体振荡器电路

在应用电路中，石英钟分频器电路的功能主要有两个：一是产生标准的秒脉冲信号，并送到计数电路或校正电路；二是提供功能扩展电路所需要的脉冲信号，如仿电台报时用的 1kHz 的高音频信号和 500Hz 的低音频信号等。

2. 小时、分钟和秒计数器电路

时间计数单元有小时、分钟和秒计数三个部分。小时计数单元可采用十二进制或二十四进制计数器，其输出为两位 8421BCD 码形式；分钟计数和秒计数单元为六十进制计数器，其输出也为两位 8421BCD 码形式。

电路选用十进制计数芯片 74LS390 来实现时间计数单元的计数功能，该器件为双 2-5-10 异步计数器，并且每一计数器均提供一个异步清零端（高电平有效）。

秒计时器的个位单元电路为十进制计数器，无须进制转换，只需将 Q_0 与 $\overline{CP_1}$ 相连即可，其 $\overline{CP_0}$ 端与 1Hz 输入信号相连，Q_3 作为向上的进位信号，与秒计时器的十位单元电路的 $\overline{CP_0}$ 相连。秒计时器的十位单元电路为六进制计数器，需要进制转换，芯片的 Q_2、Q_1 通过与门和计数器的清零端 MR 连接，实现六进制转换。74LS21 与门的输出作为向上的进位信号，与分钟计时单元电路的输入相连，六十进制计数器的电路如图 3-7-3 所示。

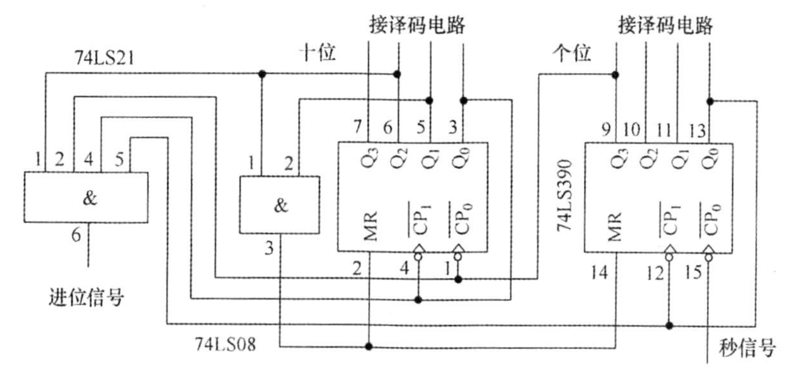

图 3-7-3　六十进制计数器电路

分钟计数器的个位和十位单元电路的结构与秒计数器的个位和十位单元电路完全相同，即采用六十进制。需要注意的是，分钟计时电路的输入信号接秒计数电路的进位信号，分钟计时电路的进位信号接小时计数电路的输入端。

小时计数单元采用十二进制计数器，需将两个计数芯片合并为一个整体进行十二进制转换。十二进制计数器电路如图 3-7-4 所示，小时计数器的个位单元电路连接形式不变，Q_3 作为计数进位输出，连接十位计数单元的 $\overline{CP_0}$ 端；十位计数单元电路的 Q_0 和个位计数单元电路的 Q_1 经过与门（74LS08）电路，其输出分别接两个计数单元的清零端，这样构成一个十二进制计数电路。

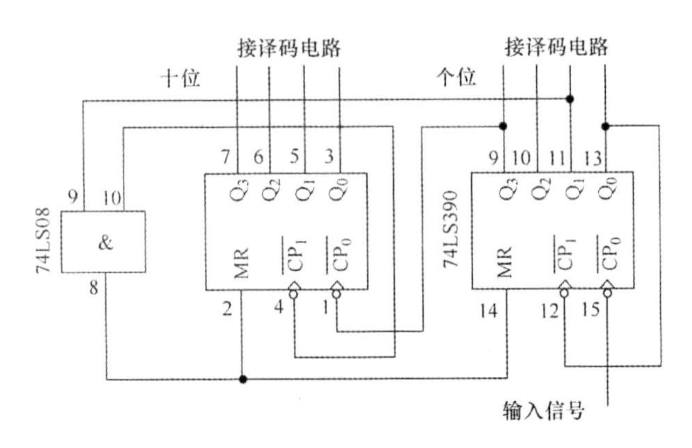

图 3-7-4　十二进制计数器电路

3. 译码、驱动及显示电路

石英钟电路的各计数单元实现了对时间的累计，并从 Q_3～Q_0 端以 8421BCD 码的形式输出，译码电路是将计数器的输出数据转换为数码显示器件所需要的逻辑代码。图 3-7-5 所示为使用 CD4511 芯片和共阴极数码管构成译码、显示电路，由于小时、分钟和秒计数单元电路输出形成完全一致，图中仅给出一个单元电路。实际电路需要 6 片 CD4511 和 6 个数码管，并分别对应小时、分钟和秒的计数单元。数码管每段需要串接 300Ω，限流电阻。

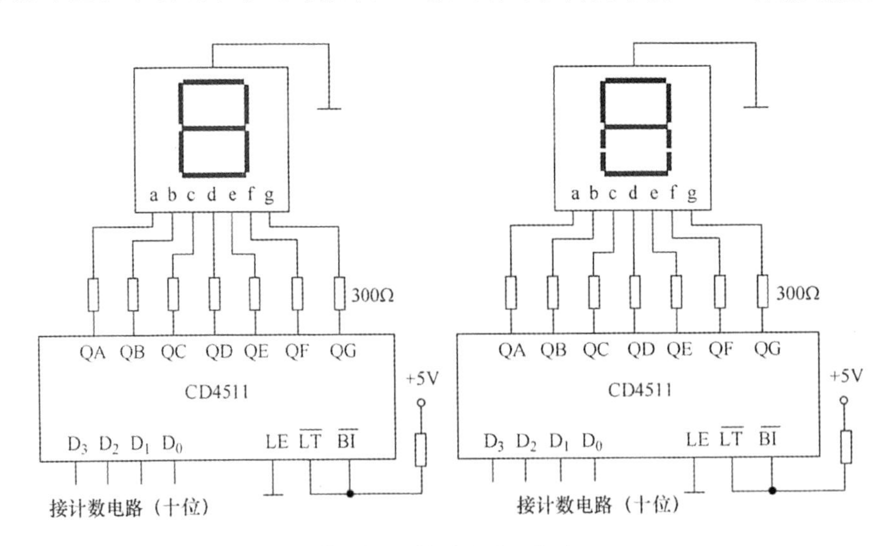

图 3-7-5　译码及显示电路

4. 电子石英钟校准电路

如图 3-7-6 所示为一个分钟校准电路，它是由基本 *RS* 触发器和与门、或门组成，基本 *RS* 触发器的功能是产生单脉冲，主要是起防止开关抖动的作用。未拨动开关 S_1 时，与非门 G_2 的一个输入端接地，基本 *RS* 触发器处于“1”状态，这时数字钟正常工作，进位信号脉冲进入分钟计数器。拨动开关 S_1 时，与非门 G_1 的一个输入端接地，于是基本 *RS* 触发器翻转为“0”状态，秒脉冲可以直接进入分钟计数器，而正常进位脉冲被阻止进入，因而能很快地校准分计数器的计数值。时间校准后，将校正开关恢复原位，数字钟继续进行正常的计时工作。

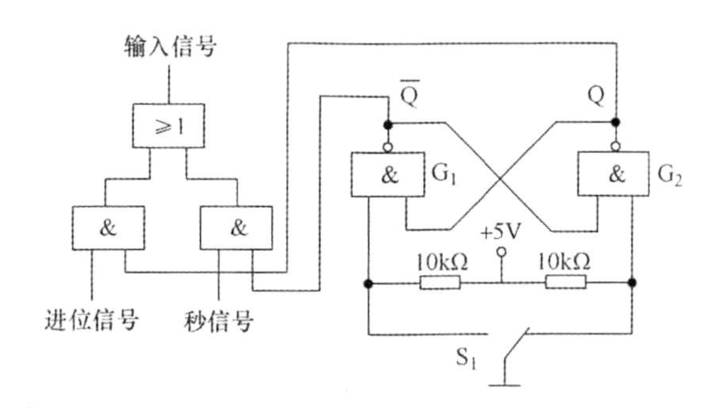

图 3-7-6　电子石英钟校准电路

小时校准电路与图 3-7-6 基本一致，人为控制进位信号，拨动校时开关，则秒脉冲可以直接进入时计数器，因此能够较快地对时计数器值进行校准。校准后，将校正开关恢复原位，数字钟继续进行正常的计时工作。

5. 整点报时电路

多功能数字式电子时钟都具备整点报时电路功能，即在时间出现整点前数秒内，数字钟会自动报时，以示提醒。其报时方式是发出连续的或有节奏的音频信号，也可以是语音提示。观察实际电子时钟的报时，一般是在整点前 5s 内开始，当时间在 59min 55s 时启动报时，扬声器发出有节奏的音频信号。

如图 3-7-7 所示为整点报时的具体电路。分钟计数单元电路个位的（Q_3、Q_0）与十位的（Q_2、Q_0）分别接 74LS30（Ⅰ）和 74LS30（Ⅱ）输入端，目的是在 59min 时产生高电位信号；将秒计数单元电路个位的（Q_2、Q_0）与十位的（Q_2、Q_0）接 74LS30（Ⅰ）的输入端，目的是在 55s 时产生高电位信号；将秒计数单元电路个位的（Q_3、Q_0）与十位的（Q_2、Q_0）接 74LS30（Ⅱ）的输入端，目的是在 59s 时产生高电位信号。

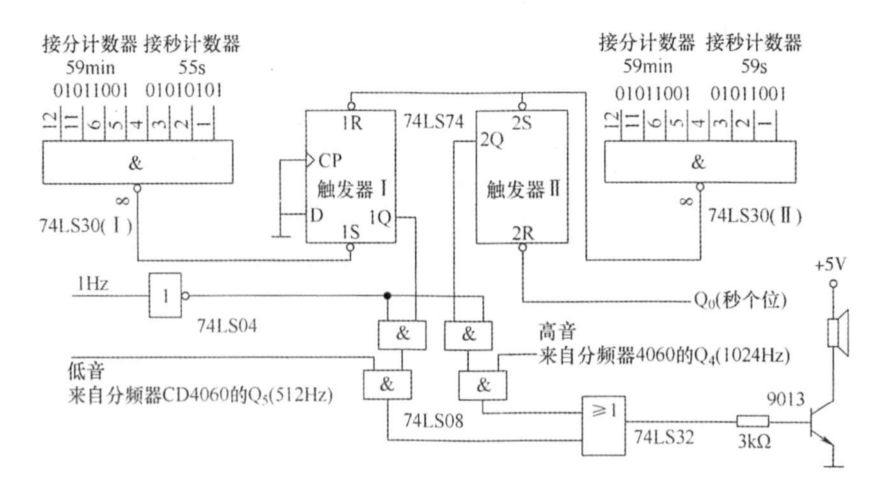

图 3-7-7 整点报时电路

当分钟计时到 59min 时,且秒计时到 55s 时,74LS30(Ⅰ)输出低电平,将触发器Ⅰ置“1”,1Q 端输出高电平,在秒信号作用下打开与门,让 512Hz 的信号通过,使扬声器发出低音的滴滴声响。当分钟计时到 59min,且秒计数到 59s 时,74LS30(Ⅱ)输出为低电平,它将触发器Ⅰ清零,低音滴鸣声停止,同时该信号还将触发器Ⅱ置“Ⅰ”,其 2Q 端输出高电平,在秒信号作用下打开与门,让 1 024Hz 的信号通过,使扬声器发出高音的滴声,当分钟、秒计数器从 59:59 变为 00:00 时,通过秒计数脉冲,2Q=0,完成整点报时,在这过程中低音声响 4 次,高音声响 1 次。

电路中的高、低音信号分别由 CD4060 分频器的输出端 Q_5 和 Q_6 产生。Q_5 输出频率为 1 024Hz,Q_6 输出频率为 512Hz。高、低两种频率在秒信号的控制下,通过或门和晶体管带动喇叭发出报时声音。

第八节 数字式遥控电路设计

自从人类发现了无线电波,就开始考虑用无线电来遥控电路了。航空爱好者用无线电收发装置来操纵模型飞机,舰模爱好者用无线电来操纵模型舰艇。无线电波可以用作传递信号的媒体,传递控制命令,实现远距离操纵。常用的无线电发射电路和接收电路有单通道或多通道之分,对于多通道无线电遥控电路,对应着多种控制命令和驱动执行机构。

无线遥控装置采用的是电磁波传输信号,由于电磁波容易受到干扰,因此在某些领域逐渐采用红外线媒介来传输信号,即出现了红外线遥控电路,并成为当今时代某些遥控领域的主流。由于红外线在频谱上居于可见光之外,所以抗干扰性强,不易产生相互间的干扰,是很好的信息传输媒体。红外传输的主要不足之处是传播距离受到限制。

一、无线遥控电路

1. 单通道无线遥控电路

单通道无线遥控发射电路如图 3-8-1 所示，电路由 NE555 构成的多谐振荡器和无线发射模块组成。发射信号时，按下按钮 S，此时多谐振荡器工作，产生 1 500Hz 的方波，并由无线发射模块发射出去。电路调试时，按下开关 S(保持住)，调整电位器，测量 NE555 芯片的 3 脚，使输出频率达到要求。

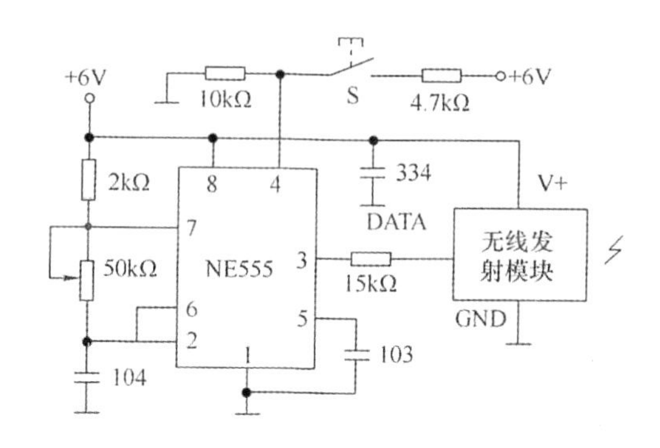

图 3-8-1　单通道无线遥控发射电路

无线发射/接收模块使用 315M Hz 发射/接收套件，该套件体积小，不带编码与解码，其工作频率为 315MHz，可传送数字信号或模拟信号，适用于各种无线遥控、通信装置。该模块具有遥控距离远、抗干扰能力强等特点。315MHz 发射/接收套件如图 3-8-2 所示。

图 3-8-2　无线发射/接收套件

无线发射模块的主要技术指标有：工作电压 3～12V，工作电流 10～15mA，工作方式 AM，传输速率 3kb/s，发射功率 10mW，实际工作距离 50～100m，引脚标志有 DATA 、V＋、GND。无线接收模块的主要技术指标有：通信方式调幅 AM，工作频率 315MHz/433MHz，静态电流≤5mA，工作电压 DC 5V，输出 TTL 电平，引脚标志有 VCC、OUT、GND。

如图 3-8-3 所示为单通道无线遥控接收电路。遥控信号经无线接收模块送到 LM567 锁相环电路，当接收到的信号频率与芯片的本振信号一致时，LM567 的 8 脚输出低电位，对其他频率信号拒之门外，LM567 的输出信号经晶体管驱动继电器电路，每发射一次信号，LM567 的 8 脚就输出一次低电平，使继电器吸合（常开触点）或释放（常闭触点），继电器开关可以接其他控制电路。在接收电路中，可以通过 LM567 的 5 脚实际测量芯片的中心频率。

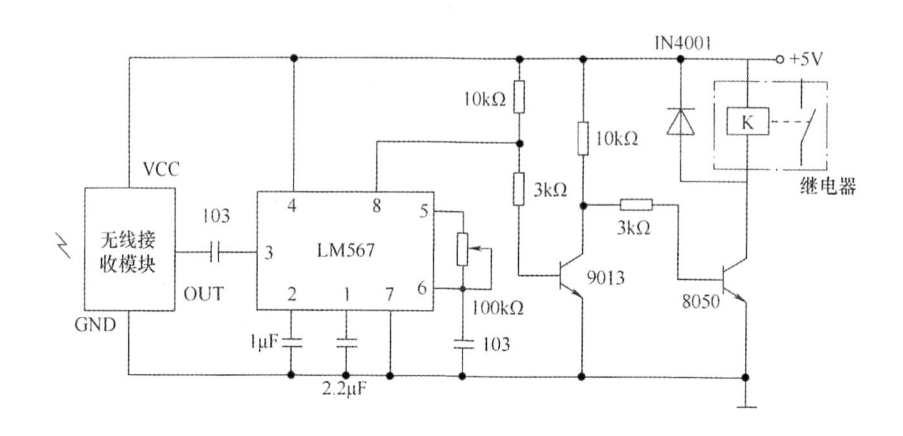

图 3-8-3　单通道无线遥控接收电路

电路调试时，LM567 的 3 脚先不接入信号，用示波器测量 LM567 的 5 脚，因发射电路的信号频率为 1 500Hz，所以 LM567 的振荡频率（中心频率）也应与其对应，调整电位器，使其信号频率达到 1 500Hz。将 LM567 的 3 脚接入无线接收模块，如果能接收到 1 500Hz 频率的发射信号，则 LM567 的 8 脚输出低电位。

LM567 是一片锁相环电路，它通过一些外部元件的组合，自身可产生十分稳定的音频振荡信号，且频率可由外接元件来调整，LM567 的锁相环振荡器的频率 f_0 取决于接在 5 脚、6 脚的 RC 时间常数，中心频率的计算公式为

$$f_0=\frac{1}{1.1RC} \tag{3-10}$$

LM567 的 8 脚是逻辑输出端，其内部是一个集电极开路的晶体管，允许最大灌电流为 100mA，工作电压为 4.75～9V，工作频率最大为 500kHz，静态工作电流约 8mA。实际应用时，通过调节 RC 值可以使频率锁定在接收频率的附近，以便可靠解码。

另外，采用声波信号遥控时，也可以利用 LM567 的锁频功能对声波信号进行选频，例如在机器人比赛中，有时采用声音控制启动，如选用 1 000Hz 的正弦声波信号作为启动音，当机器人采集到该声音信号时开始行走，为了区别现场其他的声音信号，可将 LM567 的工作频率设定在 1 000Hz。如图 3-8-4 所示为声波采集、放大和选频电路。驻极话筒将声音信号转换成电信号，经过两级放大，接入 LM567 的输入端，当收到启动音信号后，电路输出低电

位，该信号可接入单片机的 I/O 端口，通过查询或中断方式做出响应。

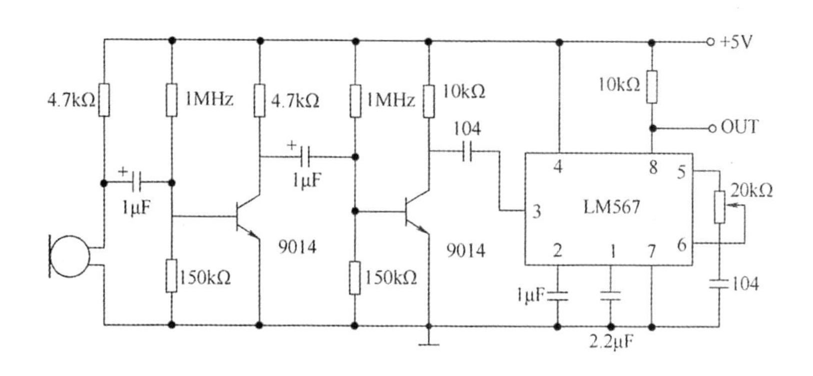

图 3-8-4　声波采集、放大和选频电路

声源测试时，可用信号发生器输出幅度为 1V、频率为 1 000Hz 的正弦波信号，并接入有源音箱发出音频信号。

驻极话筒具有体积小、结构简单、电声性能好等优点，在录音机、无线话筒及声控等电路中广泛使用。如图 3-8-5 所示为目前常见的驻极话筒。驻极体话筒的输入阻抗和输出阻抗很高，所以要在这种话筒内部设置一个场效应管作为阻抗转换器，为此驻极体电容式话筒在工作时需要直流工作电压。在接线时需注意，其与驻极话筒外壳相连的引脚为负端。

图 3-8-5　驻极话筒

2. 多路无线遥控电路

在一些遥控电路中，需要采用多路控制，如汽车的遥控车锁等。如图 3-8-6 所示为一个四通道无线遥控发射电路，其发射部分使用无线发射模块（与单通道无线发射模块相同），多路控制电路使用了数字编码芯片 PT2262（与其对应的解码芯片是 PT2272）。按键开关有 4 路，接到 PT2262 的数据输入端（10 N13 脚），按下开关时为高电位，同时也接通编码芯片的电源电压。发射电路的工作过程：设定好编码芯片的地址编码（1～8 脚），当按下 S_1～ S_4 键中的一个开关（可以几个键同时按下）时，编码芯片 PT2262 工作，相应的数据端口也得到数据，17 脚输出编码脉冲，并通过无线发射模块发射出去。

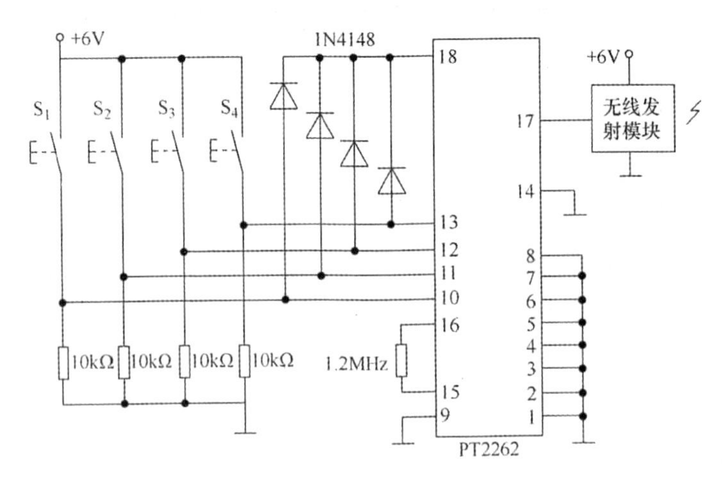

图 3-8-6　四通道无线遥控发射电路

PT2262/PT2272 的芯片引脚排列如图 3-8-7 所示，它是一种低功耗、低价位的通用编码、解码芯片，工作电压 3～12V。PT2262/PT2272 最多可有 12 位(A_0～A_{11})三态地址引脚(悬空、接高电平和接低电平)，任意组合可提供 531441 地址码；PT2262/PT2272 最多有 6 位(D_0～D_5)数据线，并与地址端口 A_{11}～A_6 复用，若作为数据编码时，只能进行 0、1 编码。PT2262/PT2272 一般应用于无线、红外遥控电路。

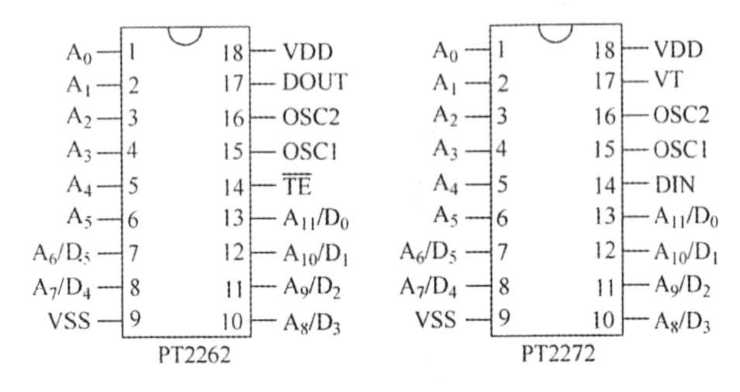

图 3-8-7　PT2262/PT2272 的芯片引脚排列

编码芯片 PT2262 发出的编码信号由地址码、数据码和同步码组成一个完整的字码，并从 17 脚串行输出；解码芯片 PT2272 接收到信号后，若芯片的地址码设定与发射端的芯片相同，经过比较核对后，VT(17 脚)才输出高电平，与此同时，相应的数据端口也输出与发射端口数据相对应的信号。

PT2262/PT2272 芯片的 OSC1 和 OSC2 是芯片振荡器的外接电阻，PT2262 和 PT2272 的振荡器外接电阻取值不同，并有严格的匹配，其匹配值有 1.2MΩ 对应 200kΩ、1.5MΩ 对应 270kΩ、2.2MΩ 对应 390kΩ、3.3MΩ 对应 680kΩ 和 4.7MΩ 对应 820kΩ。

如图 3-8-8 所示为四通道无线遥控接收电路。无线接收模块(与单通道无线接收模块相同)接收、解调信号后，送到译码芯片 PT2272 进行解码，因为芯片的址码与发射端 PT2262

芯片的地址完全对应(全 0),所以芯片解码通过,并在数据端口输出与发射端对应的信号。接收电路的数据端口通过电阻与四个晶体管连接,当数据输出端为高电平时,对应的晶体管导通,驱动继电器工作,通过常开或常闭触点,可以控制四路电器设备。

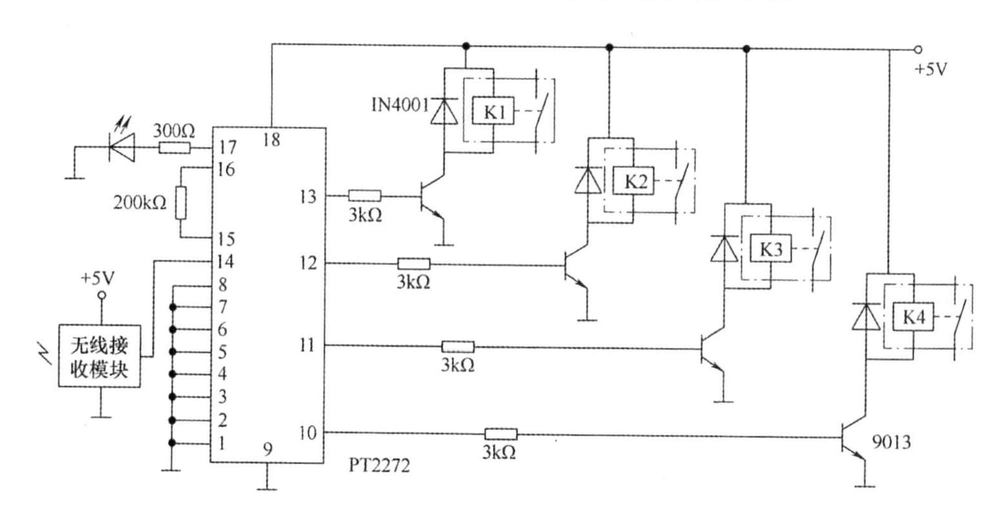

图 3-8-8　四通道无线遥控接收电路

PT2272 芯片型号的后缀符号有所不同,分为数据暂存型 M 和锁存型 L,暂存型的功能是编码信号消失后,对应输出端输出低电平;锁存型的功能是编码信号消失后,对应输出端保持原来的电平不变。

二、红外遥控电路

电信号可以调制成光信号,并利用光信号进行传输,例如红外线传输技术等,红外通信协议将红外数据通信所采用的光波波长的范围限定在 850～900nm 之内,目前广泛使用的家电遥控器几乎都是采用红外线传输技术。

红外遥控电路包括红外发射电路与接收电路两部分,在发射端,电信号是不同频率的脉冲或编码,通过红外发射二极管发射红外信号;在接收端,红外线接收管接收红外信号,并将其转换成电信号,再经放大、整形、解码等环节控制相应的电路。红外遥控电路的遥控距离一般有 5～10m,由于有方向的要求(漫反射效果要有墙壁等的反射),一般用于室内电器的控制。

1. 单通道红外遥控电路

如图 3-8-9 所示为单通道红外遥控发射电路,该电路由振荡和发射两部分组成。其由非门、与非门、电阻和电容组成脉冲振荡控制电路,按键开关 S 控制脉冲的发射与否,振荡电路的频率取决于 RC 的参数,其中心频率为

$$f_0=\frac{1}{2.2RC} \tag{3-11}$$

由于红外遥控常用的载波频率为38kHz，调整电位器，使电路的振荡频率为38kHz。

红外发射管、驱动晶体管和电阻组成光发射电路，按下开关S，与门打开，电路发射红外脉冲信号，即38kHz的方波信号。此时，可以用数码相机观察到红外发射光管的光亮（观察不可见光）。红外发射管使用的是TSAL6200。

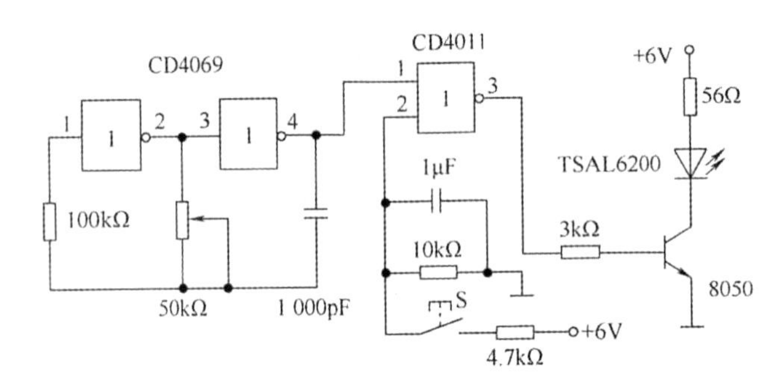

图 3-8-9 单通道红外遥控发射电路

如图3-8-10所示的是红外接收电路，电路包括一体化红外接收管HX1838、双稳态触发器CD4013和继电器控制电路。由于红外接收头内部电路设定的接收频率为38kHz，所以其接收到红外脉冲光信号后，输出端为低电平，由此也可以看出发射电路的频率必须符合红外接收头的要求。另外，由于一体化的红外线接收器件的放大倍数极高，容易产生干扰，一般在电源接入端串联几百欧姆的电阻，器件的电源对地端需要并联22μF以上的电容。

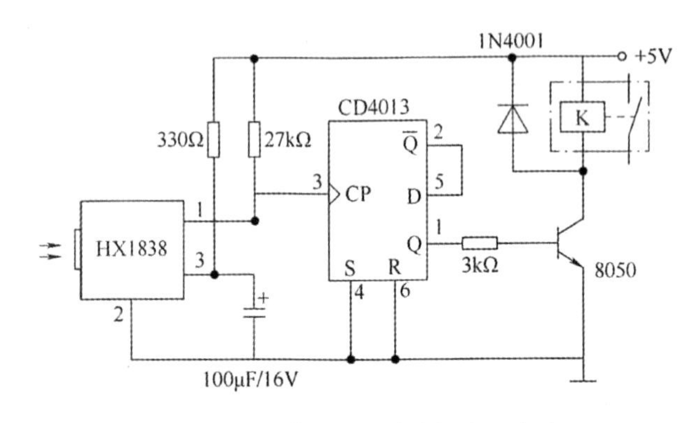

图 3-8-10 单通道红外遥控接收电路

在发射端，按一下开关S（只接触一次），进行红外发射，在接收头的输出端会有一个脉冲，该脉冲作用到触发器的CP端，使CD4013输出端Q翻转，当低电平翻转为高电平时，晶体管9013饱和导通，从而带动继电器动作，可控制相应电路。再按一次开关S时，接收端的晶体管截止，继电器恢复原状态。通过发射端的开关，可以反复切换接收端继电器的工作状态。

接收电路采用的一体化的红外线接收器件种类很多，其内部是将红外接收管、放大电路和解调电路集成在一起，该器件的体积小，密封性好，灵敏度高，并且价格低廉。各种红外一体化接收器件的引脚定义不尽相同，一般有三个引脚，分别是电源正极、地和信号输出端，其工作电压在 2.5～5.5V，只要给它接上电源即是一个完整的红外接收放大器，使用十分方便。如图 3-8-11 所示为目前市场常见的 HX1838 和 HS0038 红外一体化接收器件。

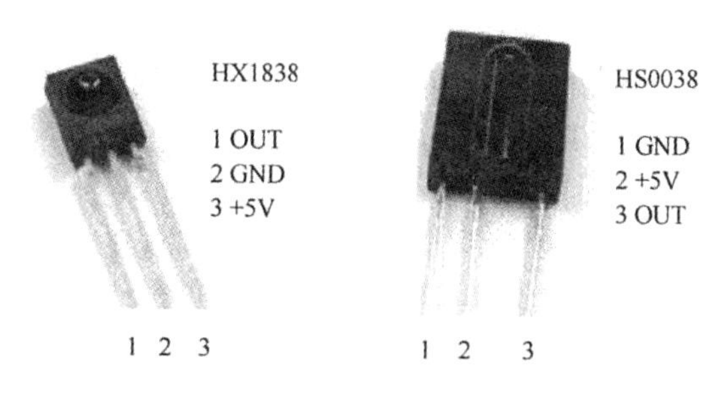

图 3-8-11　红外一体化接收器件

2. 多路红外遥控电路

如图 3-8-12 所示为数字编码四路红外遥控发射电路。红外发射电路与单路的基本相同，多通道信号区分是使用了带有地址和数字编码的集成电路芯片 PT2262-IR(红外专用)，对应解码芯片型号为 PT2272，以实现多路遥控。

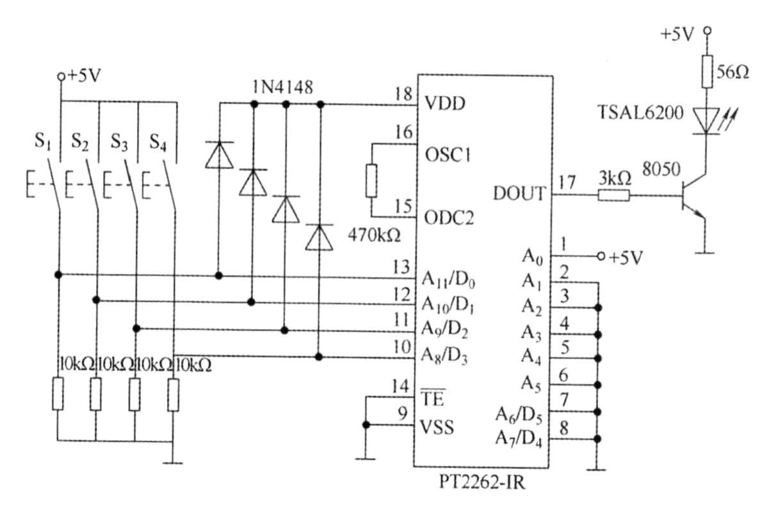

图 3-8-12　数字编码四路红外遥控发射电路

红外遥控发射电路的工作过程：将 PT2262-IR 芯片的 $\overline{TE}$ 端接地，在地址控制端口(A_5～A_0)加入固定的地址编码，该电路的地址编码是 000001，也可以自己任意选择地址编码(利用地址编码，可以制成有不同的密码的遥控器件)；在数据输入端口(D_3～D_0)，通过 S_1～S_4 按键给定高低电位，当按下开关时，对应的数据输入端口为高电平，同时给芯片供电，经过编码的信号从芯片的 DOUT 端输出，由晶体管驱动红外发射二极管发出红外信号。

如图 3-8-13 所示为带数字编码的四路红外遥控接收电路。在接收端，红外接收管将光信号转换为电信号，经过晶体管 9013，送至译码芯片 PT2272 的输入端 D_1，可以看到译码芯片 PT2272 的地址端口($A_5 \sim A_0$)的固定编码也对应是 000001(与发射端相同),所以芯片工作,并在数据端口输出与 PT2262-IR 数据端口对应的代码,同时 VT 端输出高电平信号,也可以利用它来控制一个 LED 发光管或控制其他电路。例如,在发射端数据口输入的编码是 0001(S_1 键按下),在接收端的输出对应数据为 0001。PT2272 的输出可接后续控制电路,如接驱动晶体管及继电器等,进而控制四路电器设备。

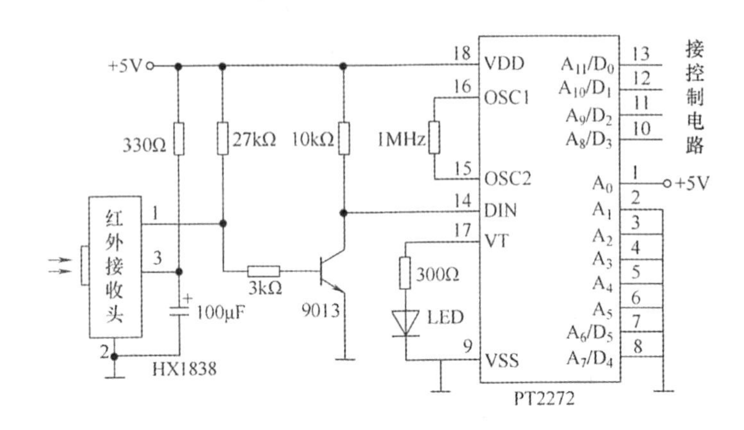

图 3-8-13　带数字编码的四路红外遥控接收电路

另外,在发射端,允许多个键同时按下,数字编码芯片 PT2262-IR 将该编码通过发射电路传给 PT2272,在接收端可以收到该编码信号。

第九节　电动机转速测量电路设计

电动机在一些机械传动中作为动力源起到了重要作用,为了使电动机运行平稳,即不受负载变化的影响,常需要在自动控制系统中测量电动机转速并与给定值比较,从而对电动机的转速进行控制。测量电动机转速的方法很多,对于无接触测量,采用光电转换的方式是比较实用的一种。

一、电动机转速测量原理

电动机转速测量系统主要由光电开关、脉冲整形电路、倍频电路、计数电路、定时控制电路、译码电路和显示电路组成,电动机转速测量系统框图如图 3-9-1 所示。

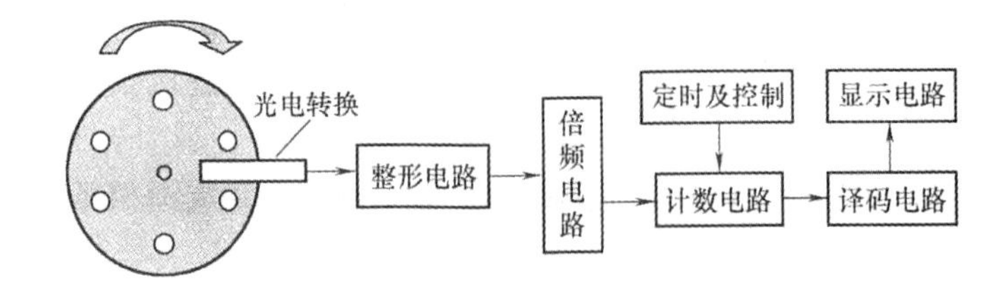

图 3-9-1　电动机转速测量系统框图

用光电转换的方法测量电动机转速,主要是利用红外光电开关元件,其基本原理:在电动机的轴上连接一个码盘，码盘上面有若干个通孔，并可以在槽型光电开关中旋转，每个通孔都能对准光电发射/接收管，红外光线通过或遮挡一次，光电转换器产生高电平或低电位，如果电动机连续转动，便产生连续的电脉冲信号。测量光电转换器单位时间内脉冲的个数，通过换算就可以计算出电动机的实际转速。另外，也可以用反射型红外光电耦合器件，在电动机轴或旋转的机械机构上贴上若干个反射光片，通过有无反射光信号，产生脉冲信号，进而测量电动机转速。

电动机转速的单位一般是 r/min，如果要求快速、实时测量电动机转速，就要考虑倍频的问题，即按秒单位测量脉冲频率，按 r/min 显示电动机转速。电动机转轴上的码盘设计有多种方式，如果设定有 6 个小孔，电动机每转一周会产生 6 个脉冲，设每秒内有 N 个脉冲，则每分钟内有 $60N$ 个脉冲，相当于转了 $60N/6=10\ N$ 转，测量 1s 内脉冲的个数 N，即可转换成电动机转速 $10N$r/min。倍频器的作用是将所测量的脉冲乘以若干倍，以便换算出每分钟的转速。按码盘上有 6 个小孔推算，如 1s 内从整形电路输出的脉冲数乘以 10，即为该瞬间的电动机转速(r/min)，从而实现快速实时电动机转速测量。

二、电动机转速测量电路设计

设计一个电动机转速测量电路，要求：采用光电转换方式，用 4 位数码管显示转数，单位是 r/min。

1. 光电转换及整形电路

如图 3-9-2 所示为光电转换及整形电路。传感器件采用的是槽型光电耦合器件，由于不考虑电路隔离的问题，光电开关的发射端和接收端使用同一个电源。码盘转动时，光电器件输出脉冲信号，经过整形电路再送入计数器，整形电路采用 74LS14 施密特反相器。在码盘周边等距离排列 6 个小孔，其直径均为 5mm，当有光照射到光电接收管时，其输出为低电平，经反相器后变为高电平；当没有光照射到光电接收管时，其输出为高电平，经反相器后变为低电平。在设计加工码盘时，码盘的大小、通孔的位置与红外槽型光电开关的外形尺寸有关。

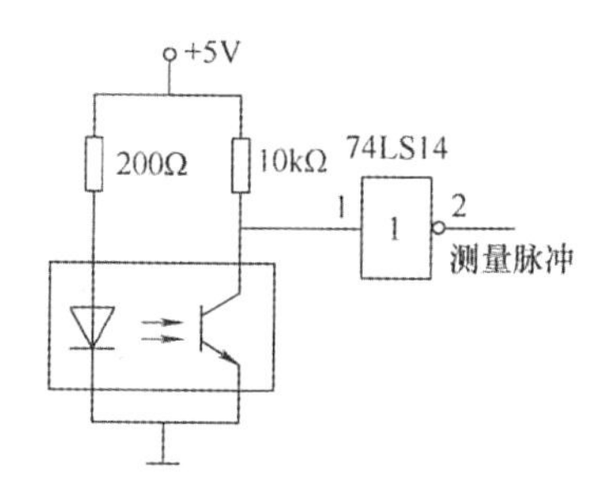

图 3-9-2　光电转换及整形电路

2. 倍频电路

倍频电路可以考虑由锁相环路(PLL)构成，锁相环路具有频率跟踪特性，使输出和输入的频率达到相等。实际的倍频电路如图 3-9-3 所示，它是利用锁相环的特性，由锁相环和分频器组成，分频器被插入在输出和频率比较器之间，分频器输出信号频率 $f=f_o/n$，和锁相环输入信号频率 f_i 一起给到 CD4046 芯片内的相位比较器，经过比较调节等，从而使 $f_o=f_in$，当锁相环锁定时，达到了 n 倍频的目的。

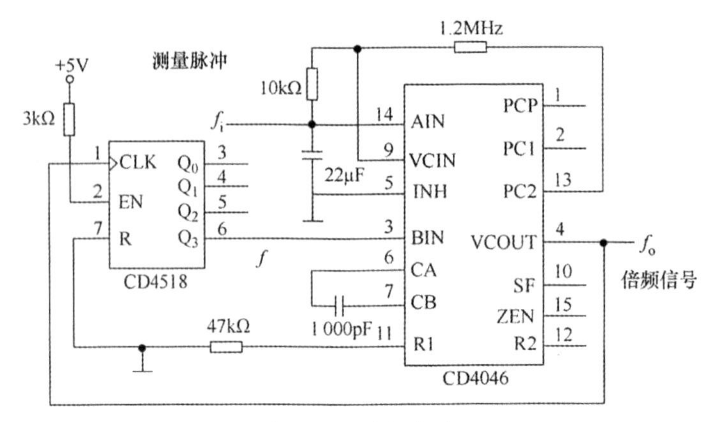

图 3-9-3　倍频电路

该电路由 CD4046 芯片（锁相）和 CD4518 芯片（分频）组成锁相环。光电变换、整形后的信号 f_i 接 CD4046 输入端（14 脚），其输出信号 f_o（4 脚）除去接计数器外，还要接分频电路，经过 10 分频后信号 f 从 Q_3 输出，接 CD4046 的频率比较输入（3 脚），经过频率跟踪，使输出得到稳定的倍频信号。

3. 计数电路

电动机转速测量电路的计数部分由集成电路芯片 CD4518 完成，电路使用了两个 CD4518 芯片实现四位 BCD 码计数，如图 3-9-4 所示。电路连接方法：倍频信号接计数器个位计数单元的 CLK（1 脚），同时 Q_0、Q_3 接 CD4011 与非门的输入端，其输出接计数器十位计数单元的输入（9 脚），同样方法，一直接到计数器的千位计数单元，构成四位十进制计数器，以实现 0000～9999 计数。每个计数单元的输出端 Q_0～Q_3 接译码、显示器电路。

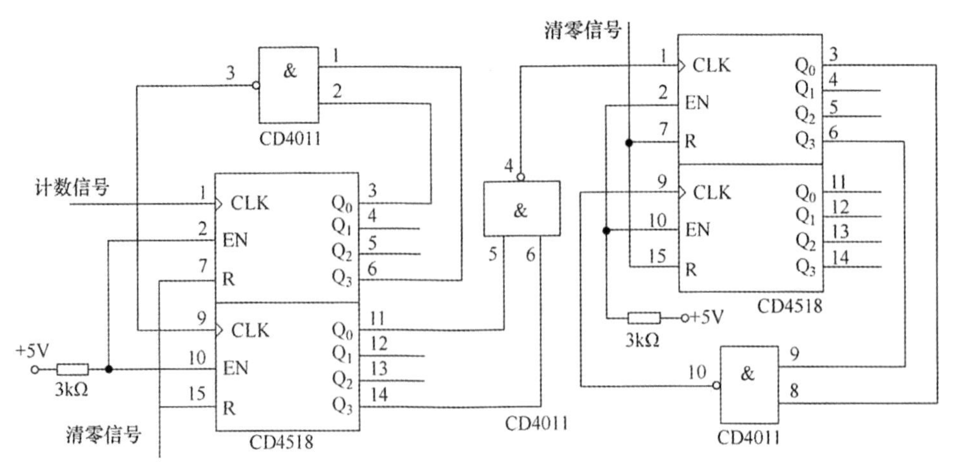

图 3-9-4　脉冲计数电路

由于电动机不同，其转速范围也不尽相同，常用的电动机一般是每分钟几千转，所以要根据电动机的实际转速来确定电路计数器的范围及数码管显示的位数。

4. 译码、显示电路

译码、显示电路如图 3-9-5 所示，该电路由 CD4511 芯片和数码管完成，整个电路需要四片 CD4511 和四个共阴极数码管。图中只给出了一组电路，每组电路相同。每个 CD4511 芯片的 A、B、C、D 对应计数电路的 Q_0、Q_1、Q_2、Q_3，限流电阻的阻值均为 300Ω，显示器件为共阴极数码管。

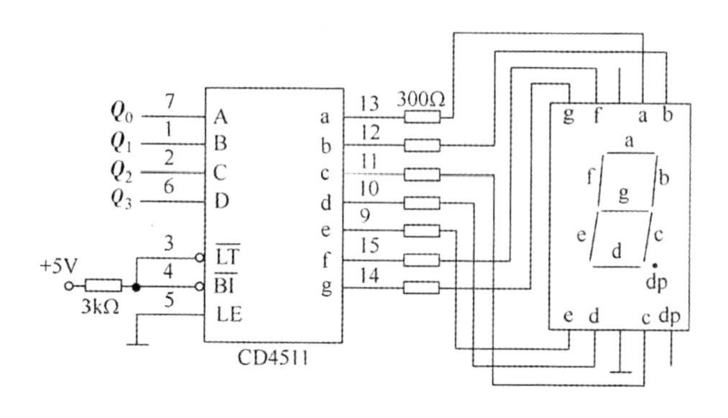

图 3-9-5　译码、显示电路

5. 控制电路

控制电路的作用是产生秒脉冲及清零信号，它控制电动机转速测量电路周而复始地有序工作。用两个 555 芯片构成定时电路和单稳态电路，定时器的作用之一是产生秒脉宽信号，并控制与门的开启，使倍频信号通过；其作用之二是为单稳态电路提供一个触发信号，使其产生一个与闸门信号同步的脉冲，用于控制计数电路的清零，单稳态电路的输出经反相器接 CD4518 的清零端，控制电路如图 3-9-6 所示。

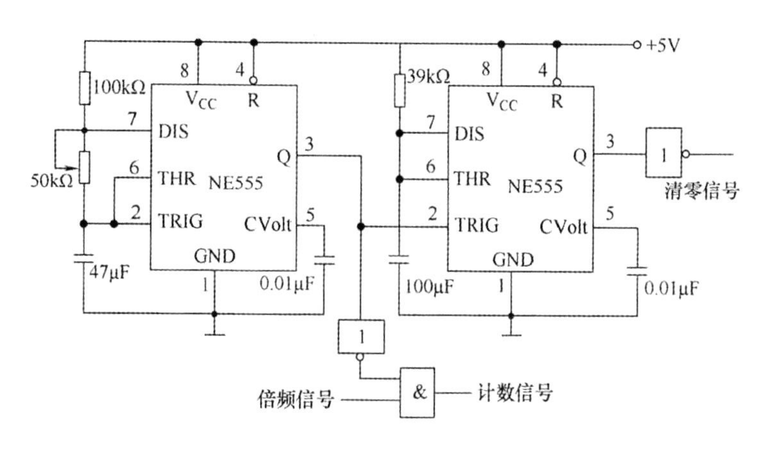

图 3-9-6　控制电路

第四章 电源电路设计

直流稳压电源是电子系统中的必备组成部分。除了应用蓄电池以外，绝大多数的电子系统都使用直流稳压电源。小功率稳压电源一般由电网供电，再经整流、滤波和稳压3个主要环节，将电网交流电压变换成电子系统所需的稳定直流电压。电源电路的性能将直接影响电子系统的整体性能和稳定性，因此在电子系统设计中应给予足够的重视。

本章将介绍电源电路的基本原理和设计方法，主要内容如下：直流稳压电源的技术参数；直流稳压电源的基本组成，包括整流、滤波、稳压电路（线性稳压和开关稳压电路）的设计原理和方法；举例说明集成线性稳压器、集成开关稳压控制器和开关稳压器的使用方法和应用；逆变电源的基本原理和典型应用。

第一节 稳压电源的技术参数

直流稳压电源指能够输出稳定直流电压，且为负载提供一定电流，并在电网波动或负载变化情况下输出电压始终保持稳定的一类电源。稳压电源广泛应用于各类电子系统中，为电子系统正常工作提供保障。稳压电源的技术参数主要分为工作参数和性能参数。

一、工作参数

1. 输出电压及调节范围

直流稳压电源的输出分为固定式和可调式两种，前者输出固定电压，后者输出电压可调。固定输出的稳压电源与设计的标称输出电压相比，通常存在微小的误差。可调节输出的稳压电源有一个输出电压的调节范围 $U_{\text{Omin}} \sim U_{\text{Omax}}$。

2. 最大输出电流 I_{Omax}

最大输出电流 I_{Omax} 指直流稳压电源能够向负载提供的最大电流。

3. 功耗 P

直流稳压电源将交流变成稳定直流的过程中要消耗功率，并将其消耗的功率转换成热，直流稳压电源的功率损耗主要是由稳压电路消耗的。

二、性能参数

直流稳压电源的主要性能参数有稳压系数、输出电阻、纹波抑制比和温度系数等。

1. 稳压系数及电压调整率

稳压系数和电压调整率均用来衡量在输入电压变化而负载不变的条件下，稳压电源抗输入电压变化的能力。

稳压系数 S_u 定义为在负载电流、环境温度不变的情况下，输出电压的相对变化量与输入电压的相对变化量之比，即

$$S_u=\frac{\Delta U_o/U_o}{\Delta U_i/U_i} \tag{4-1}$$

电压调整率 K_u 定义为输入电压相对变化为±10%时的输出电压相对变化量，即

$$K_u=\frac{\Delta U_o}{U_o} \tag{4-2}$$

2. 输出电阻及电流调整率

输出电阻和电流调整率均用来衡量当负载变化（即输出电流变化）而输入电压不变的条件下，稳压电源抗负载变化的能力。

输出电阻定义为当输入电压不变时，输出电压变化量的绝对与输出电流变化量的绝对之比值，即

$$r_o=\frac{|\Delta U_o|}{|\Delta I_o|} \tag{4-3}$$

电流调整率定义为输出电流从 0 变到最大值 I_{Omax} 时所产生的输出电压相对变化值，即

$$K_i=\frac{\Delta U_o}{U_o} \tag{4-4}$$

3. 纹波抑制比

纹波电压是指叠加在输出电压 U_o 上的交流分量。用示波器观测其峰-峰值 $\Delta U_{op\text{-}p}$ 一般为毫伏量级，也可以用交流电压表测量其有效值，但因 ΔU_o 不是正弦波，所以用有效值衡量其纹波电压存在一定误差。

纹波抑制比 S_{rip} 体现了稳压电路对交流纹波电压抑制的能力，其定义为

$$S_{rip}=20\lg\frac{U_{rip\text{-}p}}{U_{rop\text{-}p}} \tag{4-5}$$

其中，$U_{rip\text{-}p}$ 和$U_{rop\text{-}p}$ 分别为稳压电路输入和输出纹波电压峰-峰值。

4. 温度系数

温度系数 S_T 表征输出电压 U_o 随温度变化而漂移的大小，其定义为

$$S_T=\frac{\Delta U_o}{\Delta T} \tag{4-6}$$

第二节　直流稳压电源的组成

小功率直流电源的基本组成以及各处电压波形如图 4-2-1 所示。图中各组成部分的功能如下：

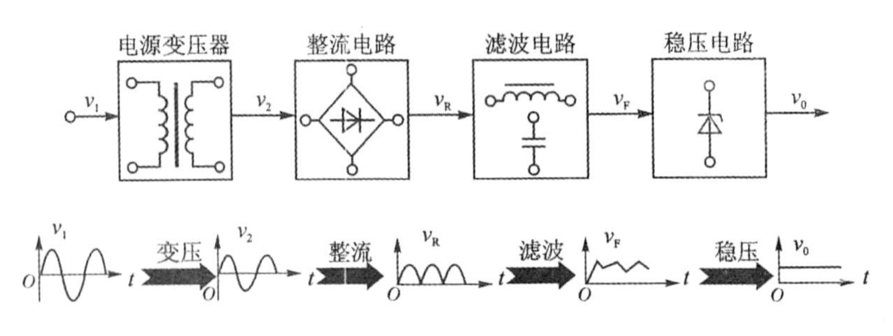

图 4-2-1　直流电源的组成

1. 电源变压器

电源变压器将电网提供的交流电压(一般为 50Hz,有效值为 220V 或 380V)变换成符合需要的交流电压值,再经过整流、滤波和稳压处理获得电子设备需要的直流电压。由于大多数电子设备所需要的直流电压都不高,因而电源变压器一般是降压变压器。

2. 整流电路

整流电路由整流二极管构成,利用二极管的单向导电性能将方向和大小都变化的工频 50Hz 交流电变换为单一方向但大小仍有脉动的直流电。

3. 滤波电路

滤波电路一般由储能元件(电容 C、电感 L)构成,利用电容 C 两端的电压不能突变、电感 L 中的电流不能突变的性质,滤除输出信号中的脉动成分,从而得到比较平滑的直流电。在输出小电流滤波电路中,经常使用电容滤波;在大电流滤波电路中,经常使用电感滤波。

4. 稳压电路

滤波电路容易受电网电压波动、负载电流变化或温度的影响,输出不稳定的直流电压。因此,稳压电路的作用是维持输出电压的稳定性,使其不受上述因素影响。

第三节　整流及滤波电路

一、整流电路

小功率直流稳压电源中,常用的整流电路有单相半波整流电路、单相全波整流电路和单相桥式整流电路 3 种,如图 4-3-1 所示。

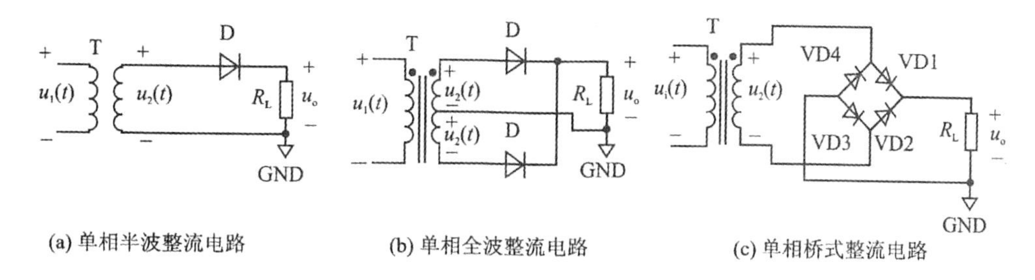

(a) 单相半波整流电路　(b) 单相全波整流电路　(c) 单相桥式整流电路

图 4-3-1　常用整流电路

单相半波整流电路效率低，通常用在要求不高的简单整流电路中。单相全波整流电路只用了两只整流二极管，但要求电源变压器次级具有中心抽头，而且整流二极管的耐压必须高于 $2\sqrt{2}U_2$。单相桥式整流电路使用了 4 只整流二极管，每只二极管的耐压须高于输入交流电压的峰值。这 3 种整流电路中，桥式整流电路应用最广泛，在一些无工频变压器而直接将 220V 交流转换成直流的开关稳压电源中都采用桥式整流电路做交、直流变换。

单相桥式整流电路的性能参数如下：

1. 输出电压平均值 $U_{o(AV)}$

由图 4-3-1 可知，在变压器二次电压 u_2（小写代表交流电压，大写为其有效值）相同的情况下，桥式整流电路输出电压波形的面积是半波整流的两倍，所以，其输出电压平均值也是半波整流时的两倍，即

$$U_{o(AV)}=\frac{2\sqrt{2}}{\pi}U_2\approx 0.9U_2 \tag{4-7}$$

2. 输出电压的脉动系数 S

用傅里叶级数对桥式整流电路的输出电压波形进行分析。由波形图可知，输出电压 u_o 为偶函数，其基波频率是交流电源频率的两倍，即 2ω。因而，u_o 的基波最大值为

$$U_{oM1}=\left|\frac{2}{\pi}\int_0^{\pi}\sqrt{2}U_2\sin\omega t\cos 2\omega t\,\mathrm{d}(\omega t)\right|=\frac{4\sqrt{2}}{3\pi}U_2 \tag{4-8}$$

则脉动系数为

$$S=\frac{U_{OM1}}{U_{o(AV)}}\approx 0.67 \tag{4-9}$$

由此可见，桥式整流电路的输出电压波形比半波整流电路的输出波形平滑，但仍然有较大的脉动系数。

3. 整流二极管正向平均电流 $I_{D(AV)}$

在桥式整流电路中，由于 4 个整流二极管两两轮流在交流电的正、负半周内导电，因此，流过每个整流二极管的平均电流是电路输出电流平均值的一半，即

$$I_{D(AV)}=\frac{I_{o(AV)}}{2}=\frac{U_{o(AV)}}{2R_L}\approx\frac{0.9U_2}{2R_L}=\frac{0.45U_2}{R_L} \tag{4-10}$$

4. 整流二极管最大反向电压 U_{RM}

桥式整流电路因其变压器只有一个二次侧绕组，已知在 u_2 正半周时，VD1、VD3 导通，VD2、VD4 截止，此时 VD2、VD4 相当于并联在变压器的二次侧绕组上，因而，所承受的最大反向电压为 u_2 的最大值，即

$$U_{RM}=\sqrt{2}U_2 \tag{4-11}$$

同理，在 u_2 负半周时，VD1、VD3 也承受同样大小的反向电压。

与单相半波整流电路相比，单相桥式整流电路的结构较复杂，但其优势在于输出电压较高，脉动小，整流二极管所承受的最大反向电压等于二次侧电压的峰值，并且因为电源变压器在正、负半周内都有电流流过，所以变压器的利用率高。

目前，这种整流电路在直流电源中得到广泛应用，并且已有多种不同性能指标的集成电路，称为“整流桥”。整流桥分为全桥和半桥两类，全桥是将连接好的桥式整流电路的 4 个整流二极管封装在一起；半桥则是将桥式整流电路的一半封装在一起，用两个半桥可组成一个桥式整流电路，用一个半桥也可以组成全波整流电路。

选择整流电路时，主要考虑其整流电流和工作电压。全桥的正向电流有 0.5A、1A、1.5A、2A、2.5A、3A、5A、10A 和 20A 等各种规格，其耐压值（最大反向电压）有 25V、50V、100V、200V、300V、400V、500V、600V、800V 和 1 000V 等多种规格。整流桥的简化符号及其基本接法如图 4-3-2 所示。

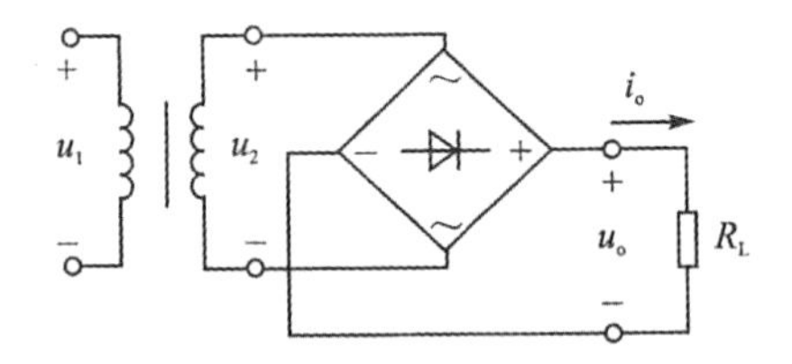

图 4-3-2 整流桥的应用电路

二、滤波电路

整流电路的输出电压不是纯粹的直流，波形中含有较大的脉动成分。为获得比较理想的直流电压，需要利用具有储能作用的电容、电感组成的滤波电路来滤除整流电路输出电压中的脉动成分以获得较好的直流电压。常见的滤波电路有电容滤波、电感电容滤波和电阻电容滤波等形式，基本电路如图 4-3-3 所示。

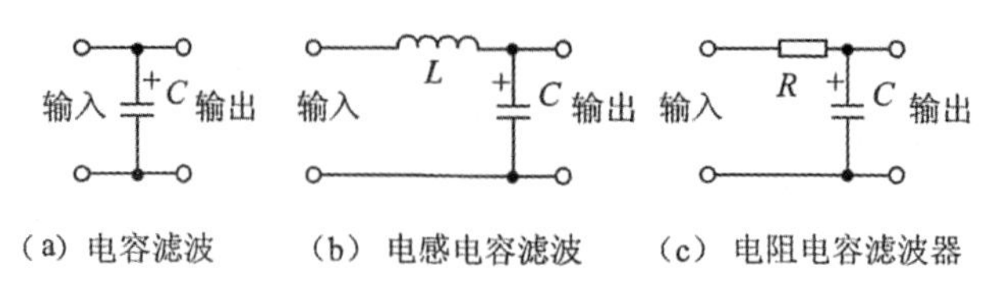

图 4-3-3 常用滤波电路

在小功率直流稳压电源中主要采用电容滤波电路，其输出电压波形的放电段比较平缓，输出脉动系数 S 较小，输出电压平均值 $U_{o(AV)}$ 增大，具有较好的滤波特性。

三、整流滤波电路设计原则

设计一个小功率整流滤波电路，首先要根据负载要求的输出电压、负载电流和纹波电压的大小，选择合适的整流滤波电路，做一些简单的估算，然后选择合适的元件，最后，再经过测试加以调整。

负载电流在毫安数量级且对纹波要求不高的场合，可以选择简单的半波整流电路，其余一般选用桥式整流电容滤波电路。下面以桥式整流电容滤波为例说明设计的过程。

1. 选择整流二极管

整流二极管的正向平均电流 I_F 和最大反向电压 U_{BR} 应满足：

$$I_F > \frac{I_{Lmax}}{2} \tag{4-12}$$

$$U_{BR} > U_{im} \tag{4-13}$$

其中，I_{Lmax} 为负载最大电流；U_{im} 为整流桥输入交流电压的振幅值。

2. 选择滤波电容

滤波电容应满足：

$$C \geqslant (3\sim5)\frac{T}{2R_L} \tag{4-14}$$

其中，T 为输入交流电压的周期，工频为 50Hz，因此周期为 20ms，而且滤波电容的耐压应大于整形电路输出的最大电压。

3. 选择电源变压器

根据整流滤波电路输出直流电压 U_o 和直流电流 I_L 的需求可得，对变压器次级电压和电流的要求是

$$U_o = (1.1\sim1.2)U_2 \tag{4-15}$$

$$I_2 = (1.5\sim2)I_{Lmax} \tag{4-16}$$

其中，U_2 和 I_2 为变压器次级电压、电流的有效值。根据 U_2 和 I_2 可以计算出变压器次级功率 P_2。电源变压器的效率为

$$\eta = P_2/P_1 \tag{4-17}$$

其中，P_1 为变压器原边功率。一般小型变压器的效率见表 4-3-1。算出了 P_2 后，可根据表 4-3-1 算出原边功率 P_1，从而确定变压器参数。

表 4-3-1 小型变压器的效率

副边功率 P_2/W	<10	10~30	30~80	80~200
效率 η	0.6	0.7	0.8	0.85

4.估算输出纹波电压

电容滤波电路的纹波电压是接近锯齿波的复杂周期性波形，为了便于估算，将其看成理想的锯齿波，则纹波电压的峰-峰值 $u_{rp\text{-}p}$ 和有效值 U_r 分别为

$$U_{rp\text{-}p} \approx \frac{U_o}{2fR_L C} \tag{4-18}$$

$$U_r = \frac{u_{rp\text{-}p}}{2\sqrt{3}} \tag{4-19}$$

其中，f 为 50Hz 工频。

第四节 线性稳压电路

由线性稳压电路构成的稳压电源称为线性稳压电源，其特点是功率器件（调整管）工作在线性区，靠改变调整管上的压降来稳定输出，其优点为电路简单、价格低廉、稳定性高、纹波小、可靠性高、连续可调等。但由于在稳压过程中，调整管始终工作在线性状态，由此产生的损耗比较大，从而导致电源的效率不高，通常只有 35%~60%。

根据电路结构可分为并联型和串联型。并联型稳压电源具有过载自保护功能，输出短路时调整管不会损坏。在负载变化小时，稳压性能比较好，对瞬时变化的适应性好。但其效率较低，输出电压调节范围很小，且稳定度不易做得很高。然而，串联型稳压电源正好可以避免这些缺点，所以现在使用的一般都是串联稳压电源。本节重点介绍串联稳压电路及其集成芯片的使用方法。

一、串联型稳压电路

虽然经整流和滤波后输出的直流电压中含有的纹波已经比较小了，但是在一些对电源稳定度要求高的场合（如弱信号检测），其输出仍不能满足需要。引起整流滤波后电路输出电压不稳定的因素有 3 种，即输入交流电压的变化、负载电流的变化和温度的变化。在整流滤波电路之后接入稳压电路可以维持输出电压的稳定，不受上述因素的影响。

稳压电路按工作方式分为线性稳压电路和开关型稳压电路，其中，线性稳压电路又分为串联型和并联型稳压电路。最简单的稳压电路是由稳压二极管组成的，由于稳压二极管与负载并联，因而属于并联型稳压电路。实际应用中通常使用串联型稳压电路，本节重点介绍串联型稳压电路原理及三端集成稳压芯片的应用。

1. 电路组成

所谓串联型稳压电路，就是输入直流电压和负载之间串联一个晶体管，如图 4-4-1 所示。当稳压电路输入电压 U_I 或负载 R_L 变化引起稳压电路输出电压 U_O 变化时，U_O 的变化将反映到晶体管的发射极电压 U_{be} 上，引起管压降 U_{ce} 的变化，从而调整 U_O，以保持输出电压的基本稳定。由于晶体管在电路中起到调节输出电压的作用，所以称之为调整管。由于调整管与负载是串联关系，且工作于线性放大区，所以称为线性串联稳压电路。

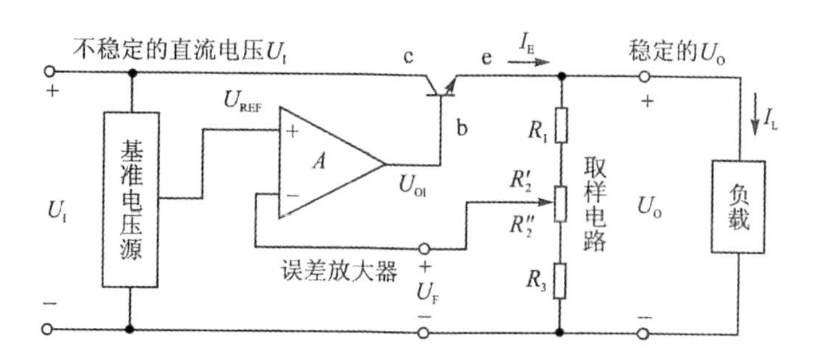

图 4-4-1 串联型稳压电路

串联型稳压电路主要由基准电压源、误差放大器、调整管和取样电路组成。基准电压源一般为能隙型基准电压源，提供高精度和高稳定性的基准电压 U_{REF}。误差放大器可以由单管放大电路、差分放大电路、集成运算放大器等构成，用于放大误差信号($U_{REF}-U_F$)，其输出用于调节 U_{ce}。调整管可以是单个功率管、复合管或几个功率管并联，由于调整管工作于线性区，因此调整管的 I_E 与 U_{ce} 的变化相反，即当 I_E 增加时，U_{ce} 减小，反之亦然。根据“虚断”概念可知，取样电路实质上是一个分压电路，取出输出电路 U_O 的一部分作为反馈电压 U_F，并将其与基准电压 U_{REF} 比较，进而得到误差电压。

2. 稳压原理

串联型稳压电路是一种典型的电压串联负反馈调节系统。利用电压串联负反馈可以稳定输出电压的原理来维持电路输出电压的稳定，下面分两种情况对稳压工作原理进行讨论。

(1)负载阻值不变，电网电压变化：假设电网电压升高，则使 U_I 上升并引起输出电压 U_O 上升时，通过下述反馈过程，可使 U_O 稳定。同理，电网电压降低，通过反馈过程，也可使 U_O 稳定。

$$U_I\uparrow \rightarrow U_O\uparrow \rightarrow U_F\uparrow \xrightarrow{U_{REF}\text{一定}} U_{O1}\downarrow \rightarrow U_{BE}\downarrow \rightarrow I_E\downarrow \rightarrow I_L\downarrow \rightarrow U_O\downarrow$$

(2)U_I 保持不变，负载发生变化：假设负载 R_L 变小，则使 U_O 下降，通过下述反馈过程，可使 U_O 稳定。同理，负载 R_L 变大，通过反馈过程，也可使 U_O 稳定。

$$R_L\downarrow \rightarrow U_O\downarrow \rightarrow U_F\downarrow \xrightarrow{U_{REF}\text{一定}} U_{O1}\uparrow \rightarrow U_{BE}\uparrow \rightarrow I_E\uparrow \rightarrow U_{CE}\downarrow \rightarrow \uparrow U_O$$

上述调节过程不可能将输出电压的变化百分之百地调回原数值，它是一个有差调节系统，只能减小因输入电压和输出电压变化而引起的输出电压变化的数值。为确保电路的正常运行，要求 $U_I > U_O$，使调整管输出压降 $U_{CE} > U_{CES}$，否则，调整管不能处于线性区，失去调节能力。因此，线性串联型稳压电路属于降压型稳压电路。

3. 输出电压的调节范围

在满足深度负反馈条件下，根据运放的“虚断”和“虚短”特性可知

$$U_F \approx U_{REF} \tag{4-20}$$

$$U_O = \frac{R_1 + R_2 + R_3}{R_2'' + R_3} U_{REF} \tag{4-21}$$

显然，当电位器 R_2 的滑动端调到最下端时，输出电压最高，反之，输出电压最小。输出电压最大值和最小值为

$$U_{Omax} = \frac{R_1 + R_2 + R_3}{R_3} U_{REF} \tag{4-22}$$

$$U_{Omin} = \frac{R_1 + R_2 + R_3}{R_2 + R_3} U_{REF} \tag{4-23}$$

4. 影响稳压性能的因素

综上所述，误差放大器的电压放大倍数 A_u 和电压反馈系数 F_u 愈大愈好，因为电路的环路增益大，引入深度负反馈，则较小的 U_O 变化就可获得足够大的电压 U_{O1} 去调节调整管的管压降。由式(4-21)和式(4-22)可知，电路的基准电压 U_{REF} 愈稳定愈好，U_{REF} 和 U_F 的差值是误差信号，如果 U_{REF} 也在变化，这个差值就不可靠了。此外，误差放大器的零点漂移应愈小愈好，为此，宜选用温度稳定性良好的元器件。

调整管是串联型稳压电路的核心器件，它的安全工作是电路正常运行的保证，因此，除了要求电路的 $U_I > U_O$，使调整管工作于线性区，还应该考虑调整管的极限参数，即最大集电极电流 I_{CM}、C-E 间的反向击穿电压 $U_{(BR)CEO}$ 以及集电极最大管耗 P_{CM}。若忽略取样电路的分流作用，使 $I_E \approx I_L$，则可以按下式选择调整管：

$$I_{CM} > I_{Limax} \tag{4-24}$$

$$U_{(BR)CEO} > U_{Iimax} - U_{Oimin} \tag{4-25}$$

$$P_{CM} > I_{Lmax}(U_{Iimax} - U_{Oimin}) \tag{4-26}$$

二、三端集成稳压器

集成稳压电路分为线性和开关型两类，线性稳压器外围电路简单、输出电阻小、输出纹波电压小、瞬态响应好，但是其功耗大、效率低，一般用在输出电流 5A 以下的稳压电路中。集成稳压器内部带有保护电路，一旦出现电流过载、二次击穿以及热过载等情况，保护电路将被启动，以确保器件在安全界限内工作，从而降低了器件失效或电路性能下降的风险。

集成稳压器连接在整流滤波电路的输出端，在输入电压变化、负载电流变化、温度变化时均有恒定电压输出。常用的集成稳压器有3个端子，输入端、输出端和公共(调节)端，三端集成稳压器因此得名。

集成稳压器按输出电压可分为：①固定输出稳压电路，这类电路输出电压是预先调整好的，在使用中一般不需要进行调整。②可调输出稳压电路，这类电路可通过外接元件使输出电压在较大范围内进行调节，以适应不同需要。

1. 固定输出集成稳压电路

固定输出集成稳压电路属于串联型稳压电路，分为正电压输出和负电压输出两大类，以78××系列为典型代表。78××系列三端集成稳压器是固定输出稳压器，分为输出正电压的78系列和输出负电压的79系列，其典型电路如图4-4-2所示。该图中，C_1 用于改善纹波特性，C_2 用于消除芯片自激振荡和改善瞬态响应。有时个别的三端式稳压芯片会出现较严重的自激振荡，如果增加 C_2 的容量仍不能消除自激振荡，则可以在芯片输入端和输出端之间接一个0.1μF的电容，但这样做会使纹波抑制比变差。78××系列稳压器的主要技术参数见表4-4-1。

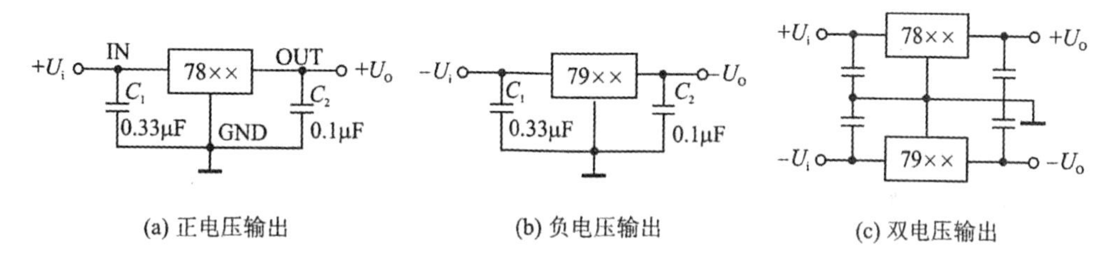

图4-4-2　78××系列三端集成稳压器的典型电路

表4-4-1　78××系列稳压器的技术参数

参数	单位	7 805	7 806	7 808	7 812	7 815	7 820	7 824
输出电压	V	5(1±5%)	6(1±5%)	8(1±5%)	12(1±5%)	15(1±5%)	20(1±5%)	24(1±5%)
稳压系数	%	0.18	0.22	0.32	0.58	0.85	1.6	1.7
输出电阻	mΩ	53	66	80	93	106	133	160
纹波抑制比	dB	68	65	62	61	60	58	56
温度系数	mV/℃	0.6	0.7	1	1.5	1.8	2.5	3
静态电流	mA	6	6	6	6	6	6	6
输出噪声电压(典型值)	μV	40	50	60	80	90	160	200

续表

参数	单位	7 805	7 806	7 808	7 812	7 815	7 820	7 824
最小输入电压	V	7.5	8.5	10.5	14.5	17.5	22.5	26.5
最大输入电压	V	35	35	35	35	35	35	40
最大输出电流	A	1.5	1.5	1.5	1.5	1.5	1.5	1.5

78××系列稳压器体积小、使用方便、价格便宜，在小功率稳压电路中得到了广泛的应用。尽管典型应用电路非常简单，但在其具体使用中还需要注意以下几个问题：

(1)78××系列稳压器中78××M的最大输出电流为0.5A，78××L的最大输出电流为0.1A。

(2)稳压器输入输出电压之差称为压差，不同厂家的产品最小压差稍有不同，一般为2～3V。实际应用中，如果压差低于最小压差，则稳压器不能正常工作。

(3)稳压管在工作时，由于消耗功率，芯片会迅速升温。例如输出电流为1A，压差为4V，则芯片功耗达4W。TO-220封装管芯到环境的热阻为54℃/W，如果环境温度为25℃，则管芯的温度达241℃(54℃/W×4W+25℃)，稳压器会很快进入过热保护状态。所以，一般情况下需要加装散热器。如果不加装散热器，则在环境温度为25℃、压差为3V时，最大输出电流不可能超过600mA。因此需要根据功率要求合理选择散热器的尺寸。

(4)实际使用中的最高输入电压不能超过技术指标中给出的最高输入电压值，否则稳压器会击穿损坏。多数产品达不到指标给出的最大输出电流，一般在选用78××系列稳压器时，在保证散热的条件下，考虑最大输出电流1A为宜。

2. 可调输出集成稳压电路

固定输出集成稳压电路输出电压固定，使用不灵活，另外，实际输出电压与额定电压存在误差。可调输出集成稳压电路可通过改变外接元件的参数来调节输出电压，使用灵活，可以构成精确对称输出的正负电源，在需要双电源供电的集成运放电路中应用广泛。

可调输出三端集成稳压电路的典型代表是LM×17系列，分为LM117/217/317系列和LM137/237/337系列，前者输出可调正电压，后者输出可调负电压。

LM117/217/317输出电压在1.25～37V之间连续可调节，最大输出电流为1.5A。其中，117为军品级，结温为－55～150℃；217为工业品级，结温为－55～125℃；317为民品级，结温为0～125℃。LM137/237/337的性能参数与LM117/217/317相对应。该系列集成稳压器的稳压系数和输出电阻都优于78系列，片内设有完善的过载保护、调整管安全区保护和过流保护措施。

典型电路如图4-4-3所示，其中图4-4-3(b)中C_2取10μF以减小纹波，C_1取0.1μF以防止稳压器自激。由于该稳压器承受反向电压的能力比较低，当输入发生短路时，D1、D2为

C_3、C_2 提高放电通路，以保护稳压器。该电路的输出电压计算公式为

$$\left.\begin{aligned} U_O &= 1.25\times(1+R_2/R_1) \\ -U_O &= -1.25\times(1+R_2/R_1) \end{aligned}\right\} \tag{4-27}$$

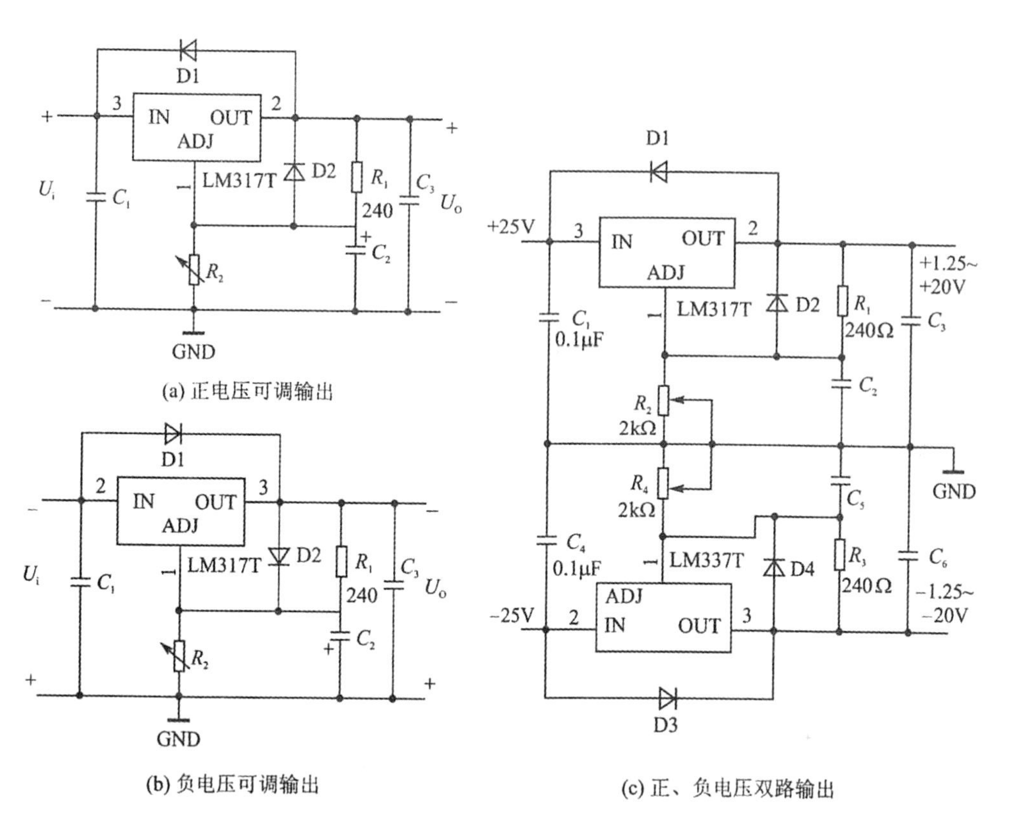

图 4-4-3　LM×17 和 LM×37 典型电路

如图 4-4-3(c)所示为输出电压连续可调的正、负输出稳压电路，输出电压为(±1.25～±20)V，输出电流可达 1A。表 4-4-2 为 LM×17/LM×37 系列稳压器主要参数。

表 4-4-2　LM117/LM137 系列稳压器主要参数

参数	单位	LM117/217	LM317	LM137/237	LM337
稳压系数 S_v	$\frac{\Delta U_O/\Delta U_i}{U_O}\times 100\%$ %/V	0.02%			0.04%
输出电阻 R_o	mΩ	10	17	17	33
纹波抑制比 S_{rip}	dB	80	80	77	77
温度系数 S_T ($U_O=20$V)	mV/℃	0.97/1.1	1.6	0.58/0.69	0.96

续表

参数	单位	LM117/217	LM317	LM137/237	LM337
调整端电流	μA	50～100	50～100	65～100	65～100
最小负载电流	mA	3.5～5	3.5～10	2.5～5	2.5～10
最大电流限制	A	2.2			
最小压差	V	2～3			
最大输出电流	A	1.5			

LM╳17 系列和 LM╳37 系列在 TO-3 封装时的额定功耗为 20W，从管芯到管壳的热电阻为 2.3～3℃/W，从管壳到环境的热阻为 35℃/W。两者在 TO-220 封装时额定功耗为 15W，从管芯到管壳的热阻为 4℃/W，从管壳到环境的热阻为 50℃/W。

三、低压差线性稳压器

低压差线性稳压器(Low Dropout Regulator，LDO)是相对于传统的线性稳压器来说的。传统线性稳压器件(如 78╳╳和╳17 系列)都要求输入电压比输出电压高 2～3V 以上，对于不能达到这种条件的场合就需要 LDO 进行电压变换。其突出特点是成本低，噪声低，静态电流小。常用的该类型器件有 TI 公司的 TPS 和 TLV 系列，如 TPS72728、TLV70030 等。MAXIM、Linear 公司的 LDO 性能也非常突出。下面以 TPS75xxx 系列 LDO 为例对 LDO 的特点和使用方法进行介绍。

TPS75╳╳╳系列集成线性稳压器是 TI 公司生产的低压差、大电流线性稳压器，产品分为 TPS759╳╳(最大输出电流为 7.5A)、TPS755╳╳(最大输出电流为 5A)及 TPS757╳╳(最大输出电流为 3A)三类。每一类又分为固定输出电压和可调输出电压两种，其以后两位数字区分。固定输出电压有四种，即 1.5V、1.8V、2.5V 和 3.3V。例如，7.5A 这一类的型号分别是 TPS75915、TPS75 918、TPS75925 和 TPS75933。可调输出电压的型号是 TPS75901，输出电压 1.22～5V 连续可调。该系列稳压器具有相当低的输入输出压差，TPS759╳╳在 7.5A 满负荷电流条件下，输入输出压差仅为 0.4V。TPS755╳╳在 5A 满负荷电流条件下，输入输出压差仅为 0.25V。TPS757╳╳在 3A 满负荷电流条件下，输入输出压差仅为 0.15V。如此低的压差使得稳压电源设计时可以选择很低的输入电压，以此将稳压器的功耗降得很小。

TPS75╳╳╳系列采用 TO-220 和 TO-263 两种封装，5 条引脚，如图 4-4-4 所示。其中，1 脚 $\overline{EN}$ 为使能输入端，当 $\overline{EN}$ 端输入电压大于 2V 时，稳压器关断；低于 0.7V 时，稳压器接通工作。对于固定输出稳压器，5 脚为 $\overline{PG}$ 并用于指示输出电压的状态，当输出电压达到标称值的 91%时，$\overline{PG}$ 为低阻状态；当输出电压降至标称值的 91%以下时，$\overline{PG}$ 为高阻状态。对于可调输出稳压器，5 脚为 FB，用于连接反馈电阻分压器并调节输出电压。TPS75╳

××系列主要技术参数见表 4-4-3。

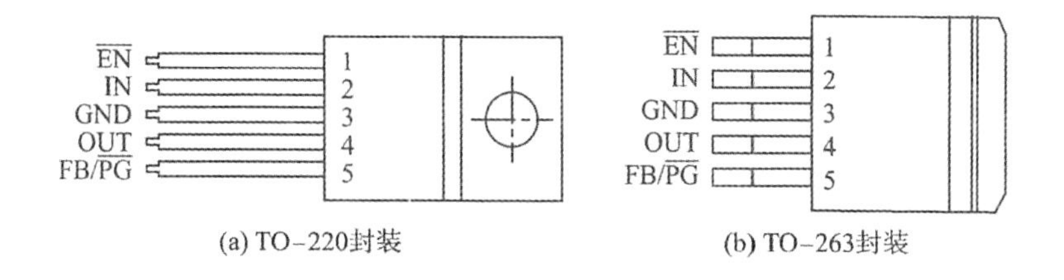

图 4-4-4　TPS75×××系列引脚图

表 4-4-3　TPS75×××系列主要技术参数表

型号	最大输出电流/A	输入电压范围/V	稳压系数/(%)	负载调整率/(%)	纹波抑制比/dB
TPS579××	7.5	2.8～5.5	0.1	0.35	58
TPS755××	5	2.8～5.5	0.1	0.35	60
TPS757××	3	2.8～5.5	0.1	0.35	62

TPS75×××系列的工温为－40～125℃，TO-220 封装结到外壳的热阻 2℃/W，结到环境的热阻为 58.7℃/W；TO-263 封装结到外壳的热阻 2℃/W，结到环境的热阻为 32℃/W。

TPS75×××系列的典型电路如图 4-4-5 所示。图 4-4-5(a)为固定电压输出电路，如果将 $\overline{EN}$ 端直接接地，则稳压器始终处于工作状态，C_1 的容量可选 0.22～1μF，C_2 需达到 47μF 以上，$\overline{PG}$ 至输出端接一个上拉电阻 R，R 的阻值为

$$R=\frac{5V-U_O}{1\mu A} \tag{4-28}$$

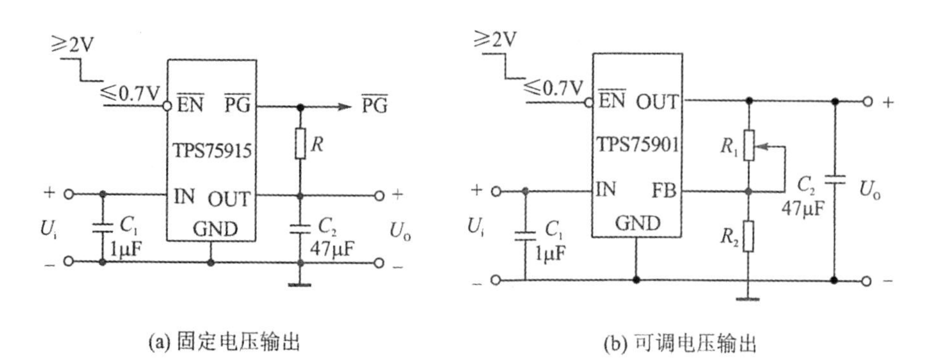

图 4-4-5　TPS75×××典型应用电路

图 4-4-5(b)为输出电压可调的电路，R_2 取 30.1kΩ，输出电压为

$$U_O=U_{REF}\left(1+\frac{R_1}{R_2}\right) \tag{4-29}$$

其中，$U_{REF}=1.224V$，输出电压的调节范围为 1.22～5V。

第五节　开关型稳压电路

串联型稳压电路的调整管串联于输入和负载之间，调整管工作在线性放大区，输出电压的稳定是依靠调节调整管的管压降 U_{CE} 来实现的，一般 U_{CE} 有 5～10V 的压降。因而调整管的功耗大，稳压电源的效率低，其一般为 40%～60%，并且只能实现降压输出，即输出电压小于输入电压。

为克服上述缺点，可采用开关型稳压电路。由开关型稳压电路构成的稳压电源称为开关型稳压电源。开关型稳压电路的调整管工作在开关状态，故也称开关管。开关管截止时穿透电流 I_{CEO} 很小，消耗功率很小；开关管饱和导通时，功耗为饱和压降 U_{CES} 与集电极电流 I_C 的乘积，管功耗也较小。因此，开关管的管耗主要发生在其工作状态从开到关或从关到开的转换过程之中，所消耗的功率远小于在线性区工作的调整管。

与线性稳压电源相比，开关型稳压电源具有以下特点：

(1)效率高。开关稳压电路的功耗主要在调整管导通和截止状态转换过程中发生。因此，开关稳压电源的效率较高，一般提高到 80%～90%。

(2)体积小、质量轻。因开关管的功耗小，故散热器可随之减小，而且许多开关型稳压电路还可以省去 50Hz 工频变压器；因开关频率通常为几万赫兹，故滤波电感和电容的容量均可大大减小，从而减小电感和电容的体积。

(3)对电网电压的要求不高。其允许电网电压有较大的波动。一般线性稳压电路允许电网电压波动在±10%，而开关稳压电路在电网电压为 140～260V、电网频率变化±4%时仍然可正常工作。

(4)调整的控制电路比较复杂。为使调整管工作在开关状态，需要增加控制电路，然后调整管输出的脉冲波形还需要经过 LC 滤波后再送到输出端，因此相对于线性稳压电路，其结构比较复杂，调试比较麻烦。

(5)输出电压纹波和噪声成分较大。因调整管工作在开关状态，将产生尖峰干扰和谐波信号，虽然经过滤波处理，但输出电压中的纹波和噪声成分仍较线性稳压电路大。

通常，开关稳压电源的分类如下：

(1)按控制方式分为脉冲宽度调制型(PWM)、脉冲频率调制型(PFM)和混合调制型；

(2)按输出端是否与其他部分隔离分为非隔离式和隔离式。

(3)按开关元件的激励方式分为自激式和它激式。

(4)按开关管连接方式分为串联型、并联型和脉冲变压器(高频变压器)耦合型。

(5)按电路拓扑结构分为降压(Buck)型、升压(Boost)型和反相(Buck-Boost)型。

目前，随着开关电源技术的日趋完善，这些不足已明显改善，尤其是集成化开关电源芯片的出现，这让人们更容易地设计出高可靠性的开关电源。

一、串联开关型稳压电路

开关稳压电路是一种高效的直流转换器(DC-DC 变压器)，通过开关的快速切换将不稳定直流输入转换为脉冲序列再进行滤波处理，然后输出稳定的直流电压。

1. 电路组成

开关稳压电路主要由开关管、开关驱动电路和滤波电路组成。串联开关型稳压电路如图 4-5-1 所示，图中 U_1 是整流滤波电路输出的直流电压；晶体管 VT 为开关管，其工作状态受 u_B 控制，u_B 为矩形波；电感 L 和电容 C 组成滤波电路；VD 为续流二极管。开关驱动电路由取样电路(R_1、R_2)、基准电压、三角波发生器、误差放大器 A_1 和电压比较器 A_2 组成。

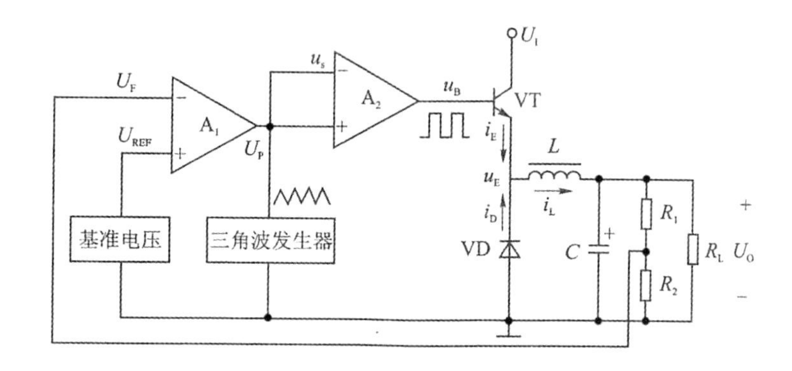

图 4-5-1　串联开关型稳压电路原理框图

2. 开关电路的工作原理

由开关管 VT、续流二极管 VD、电感 L 和电容 C 构成的串联型开关电路如图 4-5-2 所示。开关管在电路中与负载电路呈串联型连接，其工作状态受其基极电压 u_B 的控制。

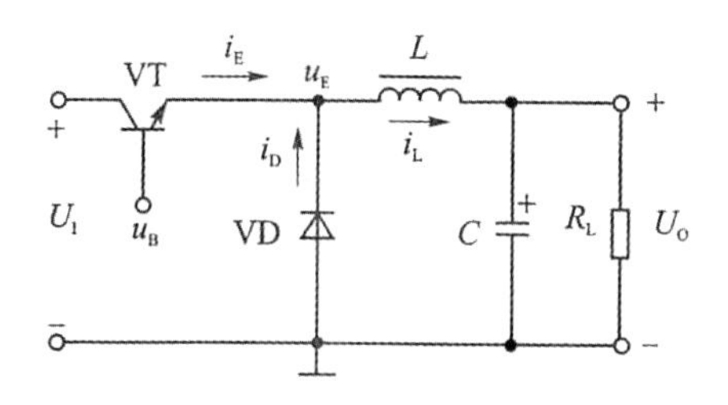

图 4-5-2　开关电路的基本原理图

当 u_B 为高电平时，开关管 VT 工作于饱和导通状态，而二极管 VD 因处于反偏状态而截止；电流经 VT 流向电感，电感 L 开始存储能量，电容 C 开始充电。此时若忽略开关管的饱和压降 U_{CES}，则其发射极电位 $U_E=U_I-U_{CES}\approx U_I$。

当 u_B 为低电平时，开关管 VT 工作于截止状态，此时虽然开关管的射极电流 $i_E=0$，但

是电感 L 开始以电流的形式释放能量，其感应电动势使二极管 VD 导通，为电感中的电流提供通路，所以二极管 VD 称为续流二极管。同时电容 C 开始放电，维持负载上的电流基本不变，此时 $U_E=-U_D\approx 0$。

当电路中 L 和 C 的取值足够大时，可以保证在开关管截止期间电感的能量不会放尽，输出电压中含有的交流分量能被电容 C 继续滤除，此时电路的输出电压 U_o 和负载电流 I_o 均为连续的。图 4-5-3 显示了电路中各点的波形，其中 t_{on} 为开关管导通时间，t_{off} 为截止时间，T 为开关周期。

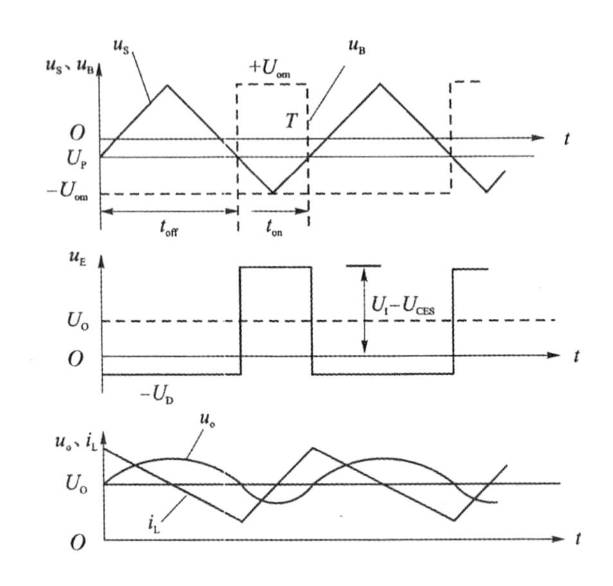

图 4-5-3　串联开关型稳压电路的工作波形

若将 u_B 视为直流分量和交流分量之和，则输出电压平均值 U_O 等于 u_E 的直流分量，即

$$U_O=\frac{(U_I-U_{CES})\times t_{on}+(-U_D)\times t_{off}}{T}\approx\frac{t_{on}}{T}U_I=DU_I \tag{4-30}$$

其中，D 是开关管的控制信号 u_B 的占空比。已知 $0<D<1$，因此该电路的 $U_O<U_I$，属于降压型开关电路。

3. 驱动电路的稳压原理

由式(4-30)可知，当电路的输入电压波动或者电路的负载发生变化而引起输出电压变化时，如果能在 U_O 增大时减小控制信号 u_B 的占空比或在 U_O 减小时增大 u_B 的占空比，那么输出电压就可以获得稳定。

如图 4-5-1 所示，取样电路通过 R_1、R_2 对 U_O 分压得到反馈电压 U_F，且基准电压源输出稳定的电压 U_{REF}，这两个信号之差 $(U_{REF}-U_F)$ 经误差放大器 A_1 放大后可作为电压比较器 A_2 的阈值电压 U_P，并与三角波发生器的输出 u_S 进行比较，从而得到开关管的控制信号 u_B。

当 U_O 升高时，反馈电压 U_F 随之增大，其与基准电压 U_{REF} 之间的差值减小，因而误差放大器 A_1 的输出电压 U_P 减小，经电压比较器使 u_B 的高电平变窄，且占空比 D 变小，因此输出电压随之减小，从而保持输出电压 U_O 基本不变。调节控制过程如下：

$$U_O\uparrow \longrightarrow U_F\uparrow \longrightarrow U_P\downarrow \longrightarrow D\downarrow \longrightarrow U_O\downarrow$$

当 U_O 减小时，与上述过程相反，其调节控制过程如下：

$$U_O\downarrow \longrightarrow U_F\downarrow \longrightarrow U_P\uparrow \longrightarrow D\uparrow \longrightarrow U_O\uparrow$$

值得注意的是：负载电阻变化时会影响 LC 滤波电路的滤波效果，因而开关型稳压电路不适用于负载变化较大的场合。

由图 4-5-3 所示波形可知，当 $U_F<U_{REF}$ 时，$U_P>0$，此时控制信号 u_B 的占空比大于 50%；当 $U_F>U_{REF}$ 时，$U_P<0$，则 u_B 的占空比小于 50%。因此改变取样电路 R_1、R_2 的比值，可以改变输出电压 U_O 的数值。

综上所述，开关型稳压电路通过调节控制信号 u_B 的占空比来改变开关管的导通时间 t_{on}，从而实现稳压的目的，由于开关管的开关周期 T 保持不变。因此这种工作模式的稳压电路也称为脉宽调制型(Pulse Width Modulation，PWM)开关稳压电路。

二、开关稳压控制器及其应用

目前开关稳压电源所用的集成电路分为两大类，一类是将脉冲产生、脉宽调制等控制电路集成在一个芯片上，称为开关稳压控制器，一般需要外接开关功率调整管和快速恢复功率二极管。这类芯片可以由用户自己构成电路复杂但功能齐全的大型开关稳压电路系统。另一类是将调整管、二极管全部集成在一个芯片上，用户只需外接电感、电容和几个电阻就可以构成开关稳压电源，称为开关稳压器。这种开关稳压器功能单一，但电路简单，使用方便。

本节以 NS 公司生产的 LM×524 系列 PWM 控制器和 TL494 通用 PWM 控制器为例详细介绍开关稳压控制器的使用方法和典型电路。

1. LM1524/2524/3524 系列开关稳压控制器

LM1524 系列集成 PWM 控制器是 NS 公司生产的，国内外同类产品有 SG1524、CA1524 和 CW1524 等，其均采用双列直插 16 脚封装，可以互换使用。LM1524 系列是采用双极型工艺制作的模拟数字混合集成电路，片上集成了基准电源、误差放大器、三角波发生器、比较器、门电路和两只交替输出的开关管及过热保护电路。引脚功能如图 4-5-4 所示，其中，1、2 脚是误差放大器输入，4、5 脚是故障检测，6、7 脚是定时电阻电容端，外接定时电阻电容决定开关频率。

功能	引脚	名称	名称	引脚	功能
反相输入	1	INV	U_{REF}	16	参考电压
同相输入	2	NI	U_{IN}	15	输入电压
振荡器输出	3	OSC	E_B	14	发射极B
+CL检测	4	$+C_L$	C_B	13	集电极B
-CL检测	5	$-C_L$	C_A	12	集电极A
定时电阻	6	R_T	E_A	11	发射极A
定时电容	7	C_T	SD	10	关断控制
地	8		COMP	9	校正

图 4-5-4　LM1524 系列集成 PWM 控制器引脚图

LM1524 主要参数为：

(1)最大输入电压 40V。

(2)最高外加基准电压 6V。

(3)基准输出电流 50mA，每路开关管输出电流 100mA。

(4)最高振荡频率 350kHz。

图 4-5-5 所示为 LM1524 的基本应用电路，其中 R_1 和 R_2 对 5V 基准电压分压，取出 2.5V 电压送至误差放大器的同相输入。采用电路 R_F 和 R_3 取输出电压 U_O 的一部分送至误差放大器的反相输入。R_T、C_T 决定振荡器的工作频率。R_4 和 C_1 为补偿电路。R_{CL} 为限流电阻，当 R_{CL} 上的电压达到 200mV 时，输出脉冲的占空比下降 25%，如果 R_{CL} 上的电阻的电压再增加 10mV，则输出占空比下降到零，电路关断。

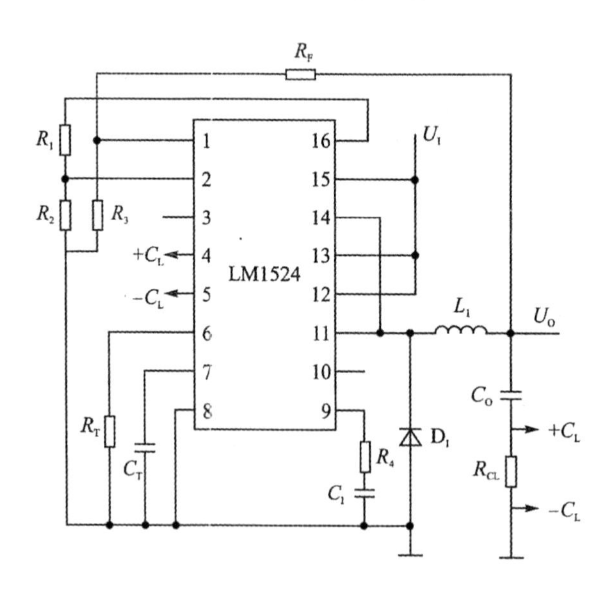

图 4-5-5　LM1524 的基本应用电路

如图 4-5-5 所示，电路中元件参数计算公式如下：

$$R_F=\left(\frac{U_O}{2.5\text{V}}+1\right)\times 5\text{k}\Omega \tag{4-31}$$

$$R_{CL}=\frac{\text{电流限制电压}}{I_{Omax}} \tag{4-32}$$

$$f_{OSC}=\frac{2}{R_T C_T} \tag{4-33}$$

$$L=\frac{2.5U_O(U_I-U_O)}{I_O U_I f_{OSC}} \tag{4-34}$$

$$C_O=\frac{(U_I-U_O)U_O}{8\Delta U_O U_I L f_{OSC}^2} \tag{4-35}$$

其中，ΔU_O 为输出纹波电压的峰-峰值，在 C_O 选定以后，由该式可算出输出纹波电压。显然，C_O 越大，输出纹波电压越小。该电路最大输出电流为 80mA。

如图 4-5-6 所示为升压扩流电路，T_2 饱和时，c、e 极相当于短路，L_1 上的电流增大，L_1 储能增加，依靠 C_6 放电维持输出电压。T_2 截止时，L_1 产生的感应电压右正左负，这个感应电压与 U_I 加起来通过 D 给 C_6 充电，所以输出电压高于输入电压。C_6 和 L_1 的计算公式如下：

$$C_6=\frac{I_O(U_O-U_I)}{\Delta U_O U_O f_{OSC}} \tag{4-36}$$

$$L_1=\frac{2.5U_I^2(U_O-U_I)}{I_O U_O^2 f_{OSC}} \tag{4-37}$$

该电路输入电压为 5V，输出电压为 15V，最大输出电流为 0.5A。

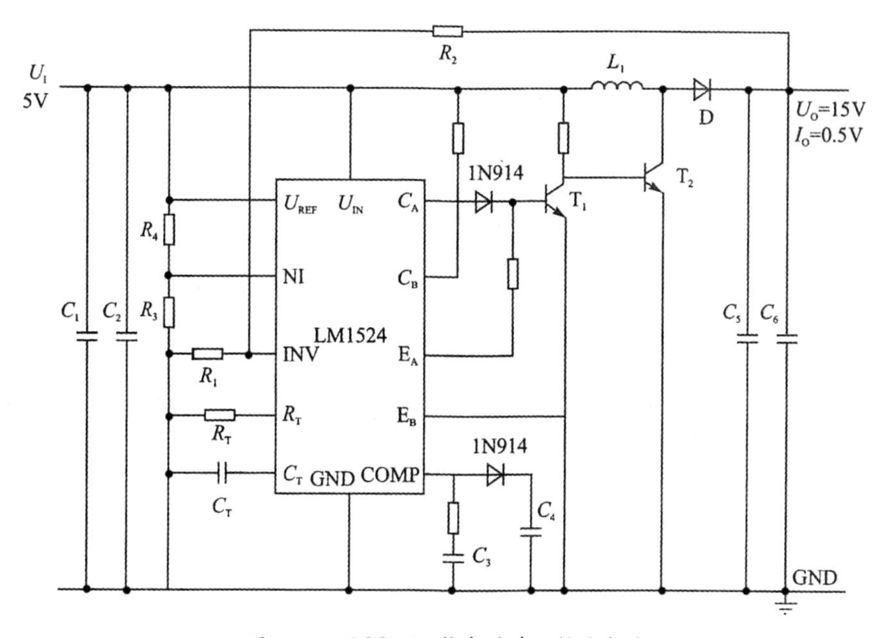

图 4-5-6　LM1524 构成的升压扩流电路

如图 4-5-7 所示为极性反转的开关稳压电路，其将输入正电压倒换成为负电压输出。电路的关键在于开关调整管 T、储能电感 L 和续流二极管 D 的连接上。当 T 饱和时，流过 L 的电流增加，L 储能增加，此时 D 截止，依靠 C_O 放电维持负载电压；当 T 截止时，L 产生感应电压为下正上负，D 导通，L 上的感应电压给 C_O 充电，C_O 上的电压为下正上负，输出负电压。

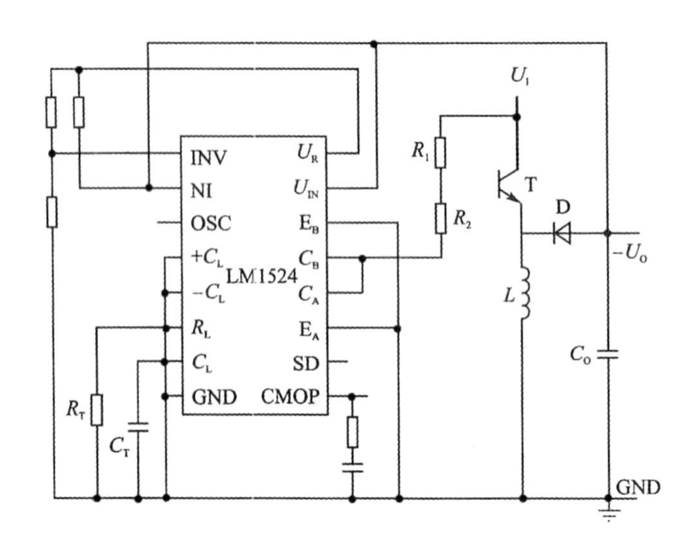

图 4-5-7 LM1524 构成的极性反转开关稳压电路

如图 4-5-7 所示电路中元件参数的计算公式如下：

$$R_F=\left(1-\frac{U_O}{2.5}\right)\times 5\text{k}\Omega \tag{4-38}$$

$$L=\frac{2.5U_I|U_O|}{(|U_O|+U_I)U_O f_{OSC}} \tag{4-39}$$

$$C_O=\frac{I_O|U_O|}{\Delta U_O f_{OSC}(|U_O|+U_I)} \tag{4-40}$$

2. TL494 型开关稳压控制器

TL494 是通用型 PWM 控制器，其采用 DIP16 封装，国内外同类产品有 μPC494 和 CW494 等。TL494、TL495 比 TL494 增加了一个遥控端，当遥控端开路时，其功能与 TL494 相同。TL494 的最大特点是性能稳定、价格低廉，因而性价比高。其主要性能指标如下：

(1)电源电压范围：7～40V。

(2)最大输出电流：0.2A。

(3)内部参考源：5V。

(4)输出级形式：推挽。

TL494 的内部原理框图和引脚功能如图 4-5-8 所示。内部由 SV 基准电压源、误差放大器、三角波产生器、触发器、门电路和开关驱动管组成。对输出电压 U_O 采样后，送至误差放大器同相输入端 1 或 16 脚，基准电压送至误差放大器反相输入端 2 或 15 脚。误差放大器输出接 PWM 比较器同相端，三角波接比较器反向端，比较器输出的 PWM 信号经过触发器和门电路控制开关驱动管基极。TL494 的振荡频率由外接 R_T 和 C_T 决定，计算公式为

$$f_{OSC} \approx \frac{1.1}{R_T C_T} \tag{4-41}$$

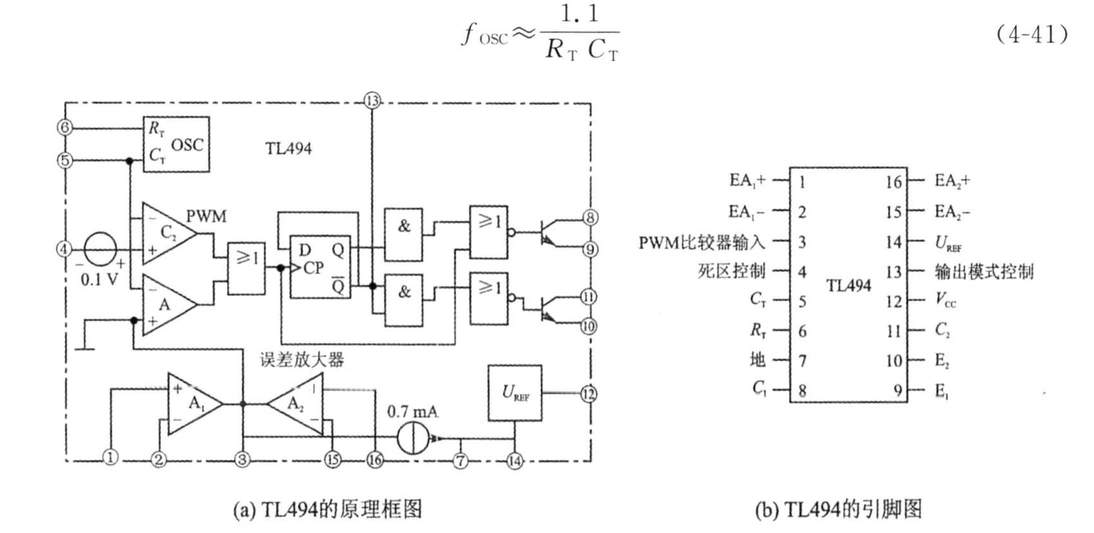

(a) TL494的原理框图　　(b) TL494的引脚图

图 4-5-8　TL494 的原理框图和引脚图

通常，R_T 选取 5～100kΩ，C_T 选取 0.001～0.1μF，振荡频率为 1～300kHz。TL494 的极限参数为：最高电源电压 40V；驱动管最大集电极电流 250mA；芯片最大功耗 1W；最高工作温度 125℃。

TL494 组成的降压型开关稳压电路如图 4-5-9 所示，内部两个驱动管并联使用，R_T 取 47kΩ，C_T 取 0.001μF，振荡频率为 23kHz。输入电压为 10～40V，输出电压为 5V。最大输出电流为 1A。电感 L 采用允许电流 2A 的铜线绕制，电感量为 1mH。该电路中当输入电压的变化量为 $\Delta U_1 = 30$V 时，输出电压变化为 14mV。其负载电流变化达 1A 时，输出电压变化约为 3mV，输出纹波电压峰-峰值约为 65mV，效率为 71%。

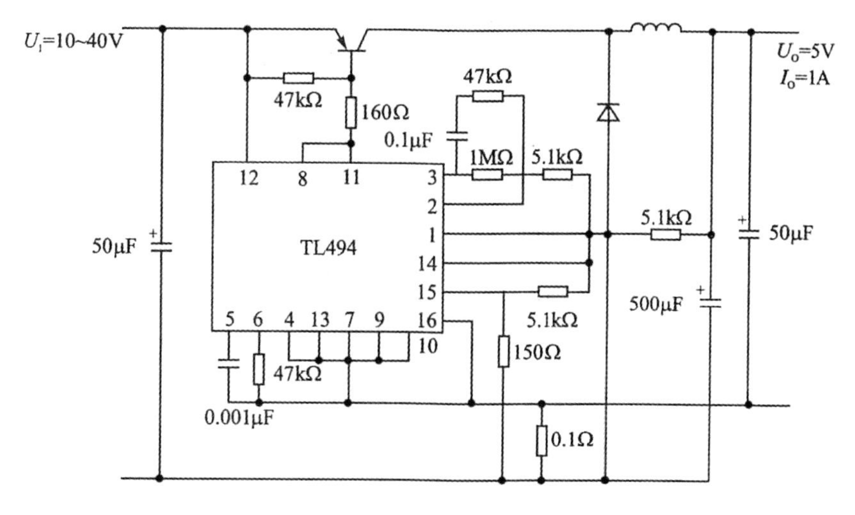

图 4-5-9　TL494 的典型应用电路

三、开关稳压器及其应用

本节以NS公司生产的LH1605/1605C和LM2576/2576HV为例介绍开关稳压器的使用方法和典型电路。

(一)LH1605/1605C

1. 内部结构及性能参数

LH1605/1605C是NS公司生产的PWM调制式开关稳压器，采用金属外壳的TO-3封装，内部电路包括两部分，一部分是PWM控制电路，另一部分是开关功率三极管和功率二极管，内部原理电路如图4-5-10所示。LH1605连接外壳有9条引线，外壳接地、1和6脚为空脚、5脚为输入电压端，输入电压范围10～35V、8脚输出，输出电压3～30V可调、7脚为续流二极管正极、3脚为误差放大器反相输入端，由于该端在内部已经接了一个2kΩ电阻到外壳(地)，故3脚外接一个可变电阻就可实现输出电压的调节，2脚接电容器对基准电压滤波，4脚接一个定时电容来决定其振荡频率，当振荡频率为25kHz时，定时电容 C_T 为0.001μF。

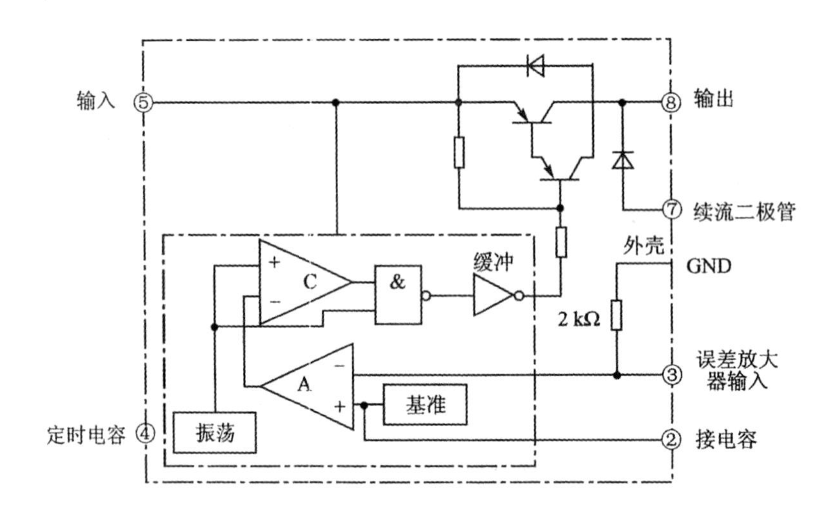

图4-5-10 LH1605内部原理电路

LH1605内部PWM调制电路属于基本的电压型PWM调制方式，主要极限参数见表4-5-1。

表4-5-1 LH1605极限参数

最高输入电压	最大输出电流	最高振荡频率	最大内部功耗	工作结温范围	续流二极管最高反向电压	续流二极管最大电流	效率	管芯到环境的热阻
35V	6A	100kHz	20W	−55～125℃	60V	6A	75%	30℃/W

LH1605的典型应用电路如图4-5-11所示，图中 R 为采样电阻，R 与输出电压 U_O 的关

系为

$$U_O = 2.5 \times \left(1 + \frac{R}{2.5\ \text{k}\Omega}\right) \tag{4-42}$$

式中,L、C 为储能滤波元件;C_T 为定时电容;C 为基准电压滤波电容。

2. LH1605 开关稳压电源设计方法

(1)散热问题的考虑。

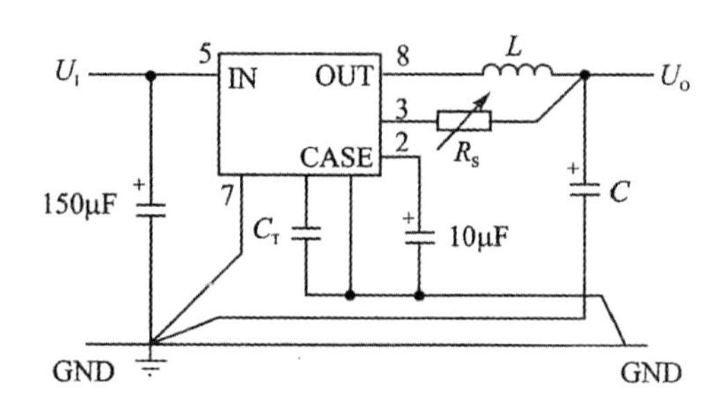

图 4-5-11　LH1605 的典型应用电路

由于功率开关管已经集成在芯片内了,即使中等输出功率,内部的功耗引起的发热也很严重,因此散热问题就必须考虑。稳压器的最大功耗为

$$P_{max} = \frac{T_{jmax} - T_{amax}}{R_{jc} + R_{cs} - R_{sa}} \tag{4-43}$$

其中,T_{jmax} 是最高结温;T_{amax} 是最高环境温度;R_{jc} 是接到外壳的热阻,典型值为 4.5℃/W;R_{cs} 是外壳到散热器的热阻;R_{sa} 是散热器到环境的热阻。当功率为 20W 时,结温为 125℃,环境温度为 25℃,R_{cs} 为 0.15℃/W,留给散热器的热阻 R_{sa} 为 7℃/W,根据 R_{sa} 可选择散热器的尺寸。

(2)效率 η 的估算。

效率计算公式为

$$\eta = \frac{P_O}{P_{IN}} \times 100\% \tag{4-44}$$

式中,P_O 为输出功率;P_{IN} 为输入直流功率,包括输出功率和芯片损耗,其中芯片损耗由以下几部分组成:

直流损耗

$$P_T = I_O U_S \frac{t_{on}}{t_{on} + t_{off}} \tag{4-45}$$

开关损耗

$$P_S = I_O U_I \frac{t_r + t_f}{2(t_{on} + t_{off})} \tag{4-46}$$

续流二极管直流损耗

$$P_D = I_O U_I \frac{t_{on}}{t_{on}+t_{off}} \tag{4-47}$$

驱动电路损耗

$$P_{DL} = \frac{U_I^2}{300} \times \frac{t_{on}}{t_{on}+t_{off}} \tag{4-48}$$

电感线圈损耗

$$P_L = I_D^2 r_L \tag{4-49}$$

其中，$t_{on}/(t_{on}+t_{off})=U_O/U_I$；$U_S$ 为开关功率管的饱和压降；t_r 为电压上升时间；t_f 为电压下降时间；r_L 为电感线圈的绕线电阻。U_S、t_r、t_f 均可以从该芯片的数据手册上查到。

这样，稳压电源的效率为

$$\eta = \frac{I_O U_O}{I_O U_O + P_T + P_S + P_D + P_{DL} + P_L} \times 100\% \tag{4-50}$$

(3)储能元件的选择。已知输入电压的范围、输出电压和电流的范围、开关频率，则计算 L 和 C 的公式如下：

$$L = \frac{U_O t_{off}}{\Delta i}, C = \frac{\Delta i}{8 f_{min} \Delta U_O} \tag{4-51}$$

其中，$t_{on}=(I-U_O/U_{Imax})/f$；$\Delta i$ 为通过电感的所允许的纹波电流峰-峰值，$\Delta i=2I_{Omax}$；f_{min} 为最低输入电压的等效频率，$f_{min}=(I-U_O/U_{Imin})/f_{off}$；$\Delta U_O$ 是允许最大纹波电压。

(二)LM2576/2576HV

LM2576/2576HV 也是 NS 公司推出的单片集成开关稳压器，片内集成了电流为 3A、击穿电压为 45V(HV 为 65V)的 NPN 型大功率开关三极管，所以该稳压器构成的开关稳压电路能够提供的最大电流为 3A。该芯片内集成了补偿电路，不需要外接补偿元件，所以芯片多出一条引脚用于电路关断控制，在关断状态时稳压器处于低功耗等待模式。

该稳压器系列有固定电压输出和可调电压输出两类，LM2576ADJ 为可调电压输出，LM2576-3.3、LM2576-5.0 和 LM2576-12、LM2576-15 分别为 3.3V、5V、12V 和 15V 输出，主要特点如下：

(1)最高输入电压：40V。

(2)效率：75%(3.3V)、77%(5.0V)、85%(12V)、88%(15V)和 77%(ADJ)。

(3)最大占空比：98%。

(4)工作频率：52kHz(固定)。

(5)工作温度：－40～125℃。

LM2576 系列采用 TO-220 和 TO-263 两种封装形式，其中 TO-220 封装如图 4-5-12 所示，1 脚为输入电压端；2 脚输出端，内部接功率开关管的发射极，该芯片一般用在降压型稳压电源中；3 脚为地；4 脚为反馈端，对于固定电压输出的品种，电阻分压器已经集成在芯片内部，只需要将该端接至输出即可。对于可调输出，接电阻分压器调节输出电压；5 脚为 $\overline{\mathrm{ON}}$/OFF 控制端，TTL 控制电压输入，低电位时芯片正常工作，高电位时芯片处于低功耗等待模式。

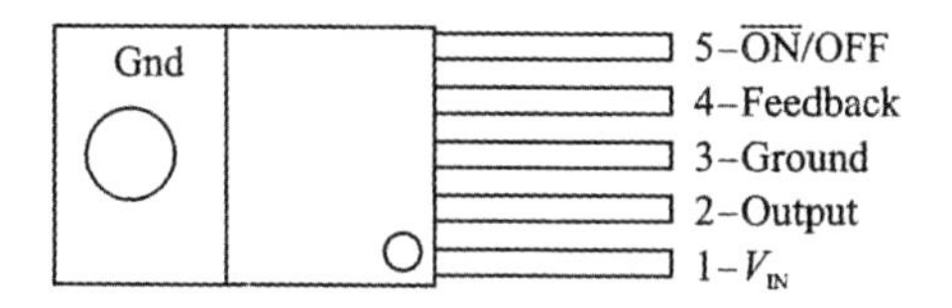

图 4-5-12　LM2576 引脚图

LM2576 的典型应用电路如图 4-5-13 所示。其中，图 4-5-13(a)为固定输出电压稳压电路，其中关断控制端接一个 RC 充电电路，当输入电压接通时，C 充电，R 上的电压使 $\overline{\mathrm{ON}}$/OFF 端为高电位，稳压器正常工作，实现了软启动功能。图 4-5-13(b)为可调输出电压稳压电路，图中 R_1 取 1.5kΩ，R_2 取 50kΩ 可变电阻，输出电压表达式如式(4-22)所示，可实现从 1.2V 到 50V 连续可调。

$$U_O = 23\text{V}\left(1+\frac{R_2}{R_1}\right) \tag{4-52}$$

如图 4-5-13 所示电路中使用的功率二极管为肖特基快速恢复二极管，电流大于 3A，击穿电压大于 60V。电路中电感的选择需要参考该芯片的数据手册。

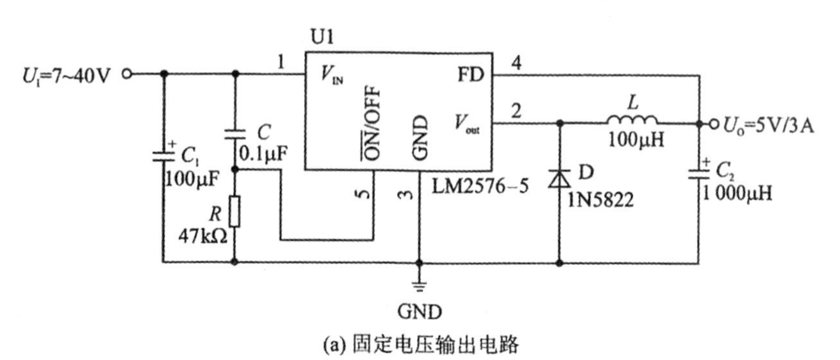

(a) 固定电压输出电路

(b) 可调电压输出电路

图 4-5-13　LM2576 应用电路

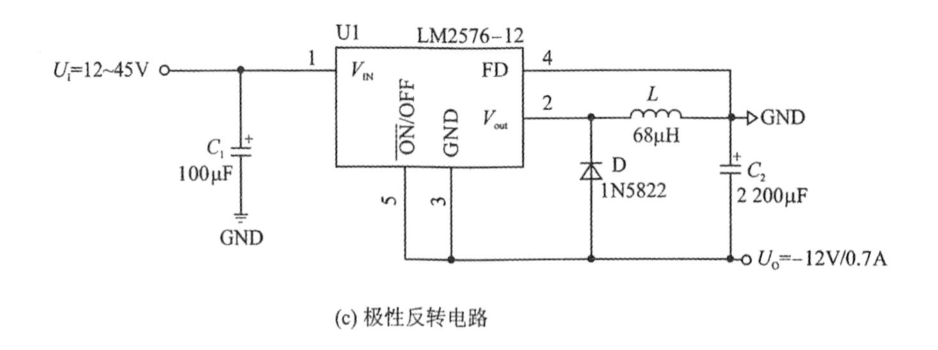

(c) 极性反转电路

续图 4-5-13　LM2576 应用电路

四、开关稳压电源模块

将开关控制器、功率管、电感线圈、高频变压器、电阻和电容安装在 PCB 板上，构成一个完整的开关稳压电源，然后用金属或树脂封装成一个整体，引出输入输出引脚就构成模块化开关稳压电源。

开关稳压电源模块的主要优点有使用简单方便、可靠性高、高频噪声小、电磁兼容性好。其效率一般在 70%～90%之间，开关频率一般在 100kHz 以上，开关频率越高，模块的体积越小。开关稳压电源模块的缺点有使用不够灵活、成本较高。

开关稳压电源模块分为交流-直流型（AC-DC）和直流-直流型（DC-DC）两种。AC-DC 模块直接将 220V 两相交流电或 380V 三相交流电输入，然后变换成稳定的低压直流输出。AC-DC 又分为隔离式和非隔离式，隔离式模块输入交流电压与输出直流电压是完全分开的，而非隔离式的交流与直流没有完全分开。DC-DC 模块输入直流，输出也是直流。除了开关稳压电源模块外，还有把直流转换成正弦波或接近正弦的高压交流输出的直流-交流（DC-AC）模块和专用的功率因数校正的模块。

开关稳压电源模块的主要技术参数就是稳压电源的技术参数，主要有输出电压、输出电流、输入电压调整率、负载调整率、开关频率、效率、输出纹波电压、输入输出隔离耐压、是否符合安全规程和电磁兼容标准等。

下面以爱谱公司生产的 WD25 系列开关稳压电源模块为例，对直流-直流型开关稳压电源模块进行介绍。

WD25 系列开关稳压电源模块的外形及封装尺寸如图 4-5-14 所示，其封装为直插方式，共 7 个引脚，外形尺寸为 50.8mm×50.8mm×10.16mm。

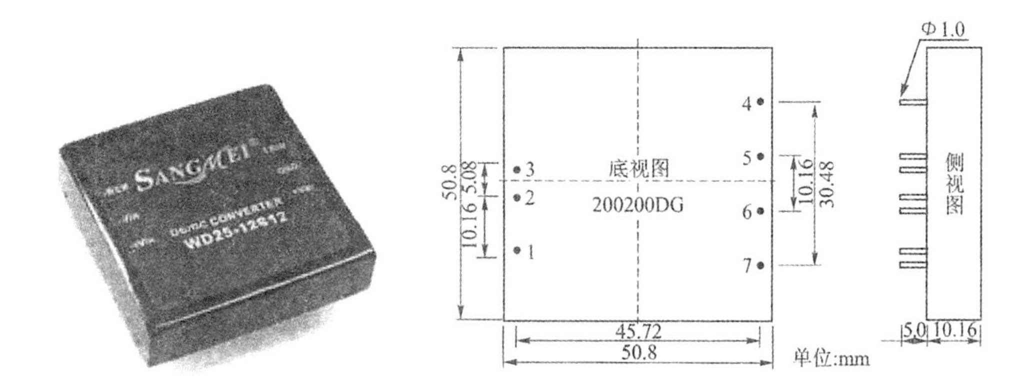

图 4-5-14　WD25 系列 DC-DC 开关稳压电源模块实物及封装图

WD25 系列开关稳压电源模块的转换效率典型值为 85%，开关频率为 300kHz±30kHz，具有过流、短路保护功能，输入端与输出端高度隔离。其技术参数见表 4-5-2。

表 4-5-2　WD25 系列开关稳压模块参数表

输入电压范围	型号	标称输出电压/输出电流					
		V_{o1}		V_{o2}		V_{o3}	
		V	mA	V	mA	V	mA
12V(9～8V) 24V(18～36V) 48V(36～72V) 110V(72～145V)	WD25-□S3V3	3.3	5 000				
	WD25-□S05	5	5 000				
	WD25-□S09	9	2 770				
	WD25-□S12	12	2 080				
	WD25-□S15	15	1 660				
	WD25-□S24	24	1 040				
	WD25-□S05	+5	2 500	−5	2 500		
	WD25-□09	+9	1 390	−9	1 390		
	WD25-□12	+12	1 040	−12	1 040		
	WD25-□15	+15	830	−15	830		
	WD25-□24	+24	520	−24	520		
	WD25-□T5-12	+5	3 500	+12	250	−12	250
	WD25-□T5-15	+5	3 500	+15	200	−15	200

其命名方式见表 4-5-3。

表 4-5-3

产品命名方式			
举例	W D 25——48 S 05 C ① ② ③ ④ ⑤ ⑥ ⑦		
①	W 宽压输入：2∶1；窄压输入：±5%的标称电压	⑤	S 单路输出，D 双路输出，T 三路输出，Q 四路输出
②	电源转换模式：A(AC-DC)；D(DC-DC)；R(DC-AC)	⑥	输出电压大小
③	表示输出功率大小	⑦	C 表示金属外壳封装，L 表示铝基板结构封装
④	表示输入电压标称值		

第六节　逆变电源

逆变电源是指将直流电能(电池、蓄电瓶)转换为交流电(一般为 220V，50Hz)输出的电源。逆变器(逆变电路)是逆变电源的核心，通常由逆变桥、控制逻辑和滤波电路组成。输出功率、波形和效率是逆变器的主要技术指标。

按输出波形的性质，逆变器主要分为两类，一类是正弦波逆变器，另一类是方波逆变器。正弦波逆变器输出的是与日常使用的电网一样的正弦波交流电，由于不存在电网中的电磁污染，因此输出正弦波交流电质量较好。方波逆变器输出的则是质量较差的方波交流电，其工作不稳定且负载能力差。针对上述缺点，出现了准正弦波(模拟正弦波)逆变器，其输出波形从正向最大值到负向最大值之间有一个时间间隔，使输出效果有所改善，但准正弦波的波形仍然是由折线组成的，属于方波范畴，连续性不好。总体来说，正弦波逆变器提供高质量的交流电，并能够带动任何种类的负载，但技术要求和成本均高。准正弦波逆变器可以满足大部分的用电要求，其效率高、噪声小、售价适中，因而成为市场中的主流产品。

根据发电源的不同，逆变器分为煤电逆变器、太阳能逆变器、风能逆变器和核能逆变器等。

根据用途不同，逆变器又可分为有源逆变和无源逆变两种。直接向非电源负载供电的逆变电路称为无源逆变电路，而向交流电源反馈能量的逆变电路称为有源逆变。二者的根本不同在于进行 DC-AC 的目的不同，即无源逆变电路是为了给负载提供交流电源，而有源逆变电路的变换目的是将直流电源的能量反馈至交流电中。

无源逆变通过适当的控制方式可以调节输出交流电的频率和幅值，从而对交流设备的控制具有重要意义。在工业使用中，将供电线路提供的交流电整流成直流电，再通过逆变技术将直流电逆变成为交流电，即实现 AC-DC-AC 的过程，其目的是实现交流频率和电压的变化，对交流设备进行有效的控制。

无源逆变技术又可以根据直流侧电源性质的不同分为电压型和电流型两种。电压型逆变电源的直流侧为电压源或并联大电容，直流侧电压基本无脉动；其交流侧输出电压是矩形波，输出电流和相位因负载阻抗不同而不同。电流型逆变电路的直流侧则串联大电感，电流基本无脉动，故其相当于电流源；其交流侧输出电流为矩形波，该矩形波与负载阻抗角无关，且输出电压波形和相位因负载不同而不同。

有源逆变技术在工业生产中有重要的作用，随着对新能源的提倡和发展，太阳能、风能等绿色能源的使用越来越广泛。太阳能发电产生的直流电能幅度不稳定，如果需要将其并入电网中则需要进行有源逆变。此外，如何将直流发电机产生的直流电反馈回交流电网，也需要采用有源逆变技术进行解决。

逆变电源广泛应用于办公设备（如电脑、传真机、打印机、扫描仪等）、家用设备（如音响、DVD、摄像机、电风扇、照明灯具等）、电力系统和工业控制领域。其典型的应用有 UPS 不间断电源和光伏并网发电。

以上介绍的每种逆变电路均可以采用不同形式的电路结构，具体可以分为半桥式、全桥式和推挽式逆变电路。

本节将主要介绍逆变电源的逆变基本原理（SPWM 控制技术）和逆变电源在不间断电源中的典型应用。

一、逆变电源基本原理

逆变电源中通常采用正弦脉宽调制技术（SPWM）实现直流至交流的转换，SPWM 的基本思想是将一个正弦波按等宽间距分成 N 等份，对于每一个波形以一个等面积的脉冲来应对，将脉冲的中点与相应正弦波部分的中点重合，SPWM 原理的示意图如图 4-6-1 所示。由于此脉冲系列的面积分布满足正弦规律，根据面积等效原理，将这个脉冲序列输出至负载时，将使负载得到相当于正弦波的输出电压和电流。

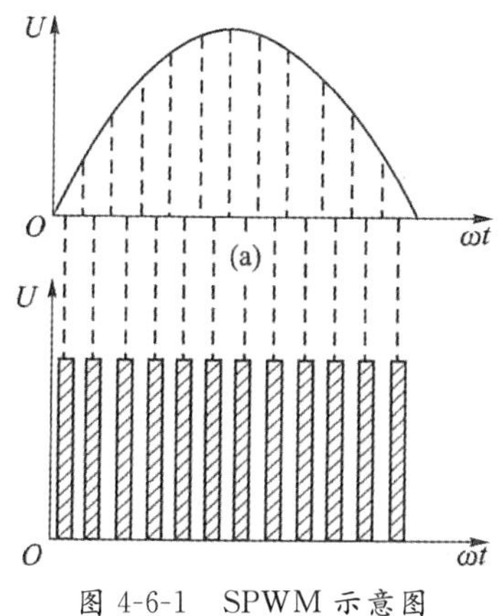

图 4-6-1　SPWM 示意图

由于采用 SPWM 方式输出的电压波形很接近正弦波，所以电压中的谐波成分较少，同时也可以提高功率因数。通过改变 SPWM 脉冲的宽度可以改变输出电压的幅值，调节电路的调制周期可以改变输出电压的频率，进而方便对负载进行控制。

(一)正弦脉宽调制方式

1. 单极性正弦脉宽调制

单极性正弦脉宽调制是一个宽度按正弦规律变化的正弦脉冲序列对应交流输出波形的正半周，再以一个宽度按正弦规律变换的负脉冲序列对应交流输出波形的负半周，这两个脉冲序列交替作用，控制开关器件产生近似于正弦波的输出电压波形。单相桥式逆变电路如图 4-6-2 所示。

正弦脉宽调制的基本方法是将正弦波的调制波与三角波形的载波进行比较，通过比较正弦波形各点的瞬时值确定该点对应的脉冲宽度。单极性正弦脉宽调制使用的三角波是单极性的，在正弦调制波为正半周时，三角波载波是正极性的；在正弦波为负半周时，三角波载波为负极性的，如图 4-6-3 所示。

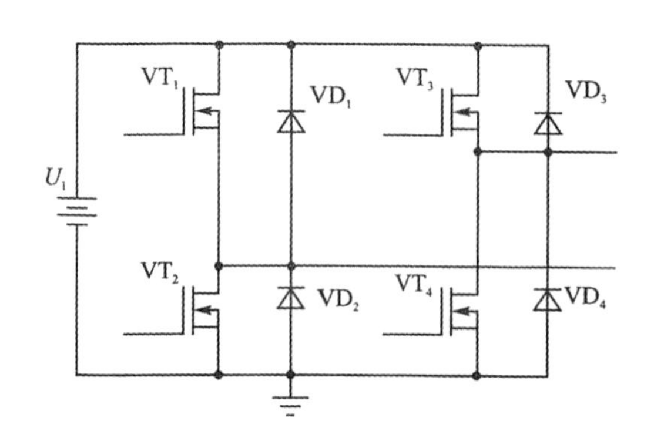

图 4-6-2　单相桥式逆变电路

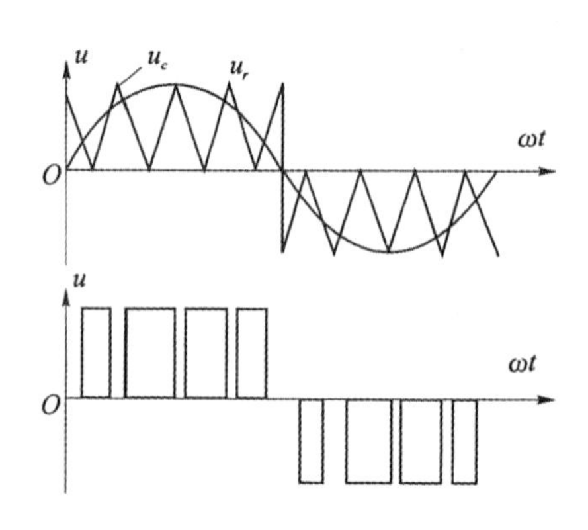

图 4-6-3　单极性正弦脉宽调制

2. 双极性正弦脉宽调制

双极性正弦脉宽调制是一个宽度按正弦规律变换的正、负双向脉冲序列对应交流输出波形的整个周期，通过正向脉冲与负向脉冲宽度的差产生按正弦规律变换的正半周波和负半周波。

双极性正弦脉宽调制使用的三角波是双极性的，其波形的形式如图 4-6-4 所示。通过正弦调制波与三角波比较，当正弦调制波值大于三角波时，输出正弦脉冲；当正弦调制波的值小于三角波时，输出负脉冲。如此得到的脉冲序列是正、负交替的双向脉冲序列。

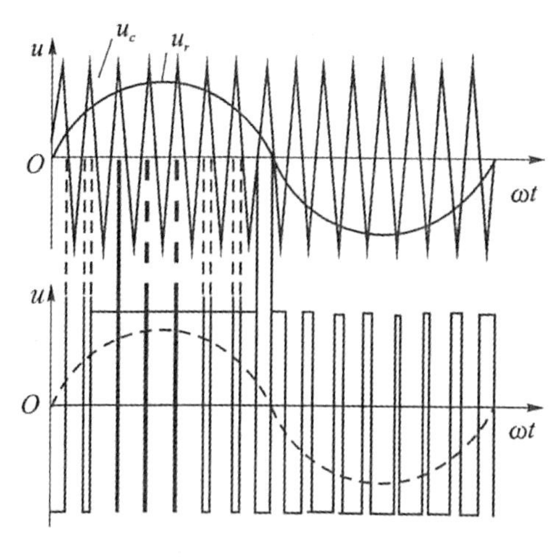

图 4-6-4　双极性正弦脉宽调制

3. 三相正弦脉宽调制

三相脉宽调制可以使用 3 个相角彼此相差 120°的单相调制电路来合成，但是这样会使调制电路结构比较复杂。较简单的方法是采用一个双极性的三角载波对三相正弦调制波进行调制，如图 4-6-5 所示，其调制的波形如图 4-6-6 所示。

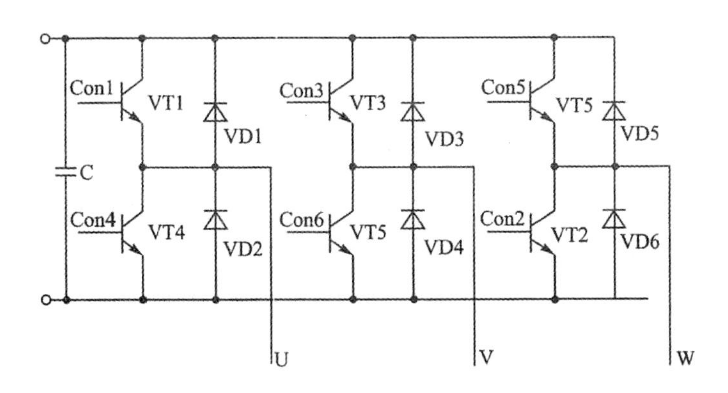

图 4-6-5　三相正弦脉宽调制电路

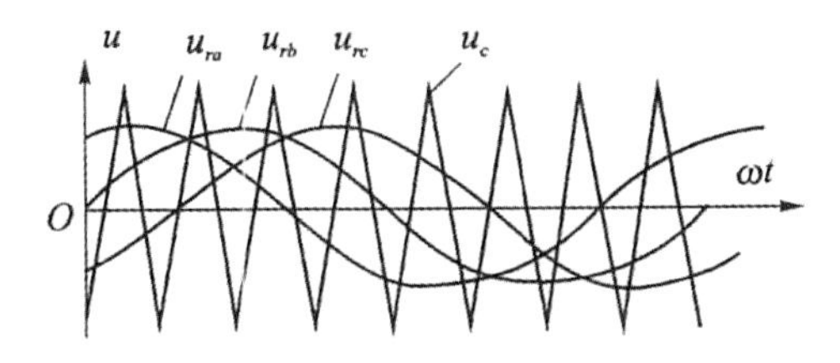

图 4-6-6　三相正弦脉宽调制信号

调制过程中，双极性三角载波为 3 个正弦调制波公用，分别进行比较后获取脉宽调制信号，方式与双极性正弦脉宽调制方法相同，从而得到 3 个双向的脉冲序列，分别对应 A、B、C 三相，使用此 3 个脉冲序列控制逆变电路的 A、B、C 三相开关元件，可以将直流电压逆变为正弦波的三相交流输出电压。

三相脉宽调制波的三角载波只能是双极性的，因为单极性三角载波需要根据正弦调制波的正、负半周更替载波的极性。采用双极性正弦脉宽调制，H 桥上同一相的上、下两个桥臂导通与截止都是互补的，因此为防止上、下两个桥臂直通而造成短路，则需要在给其中一个桥臂施加关断信号时延迟一段时间，从而在波形中引入死区时间，该死区将会给输出的 SPWM 波形带来高次谐波。

（二）正弦脉宽调制控制信号的生成方式

早期的 SPWM 采用模拟控制方式来实现，其通过信号发生器产生所需信号，并由比较器进行信号之间的比较。随着数字技术和微处理器在 SPWM 逆变技术中的应用，采用一定算法产生 SPWM 的数字控制方式越来越广泛。

1. 模拟控制方式

波形比较法基本的方法是由正弦信号发生器产生正弦调制波，且由三角波信号发生器产生三角载波，然后将正弦调制波与三角波进行比较，通过比较器的判断而产生对应的脉冲信号序列，该序列对逆变电路进行控制从而得到所需的交流电压。

2. 数字控制方式

等效面积法原理：按面积等效原理构成与正弦波等效的一系列等幅，但宽度按正弦规律变换的矩形脉冲。等效面积法适用于单极性控制，算法中计算的是正弦波形到横轴间的面积，这与模拟控制方式中的单极性正弦脉冲调制的方式一致。

自然采样法与规则采样法：自然采样法在算法上仿真模拟控制方式的双极性正弦脉冲调制，通过计算正弦调制波与三角载波的交点位置确定调制的脉冲宽度。然而，规则采样法是对自然采样法的简化，其几何关系如图 4-6-7 所示。

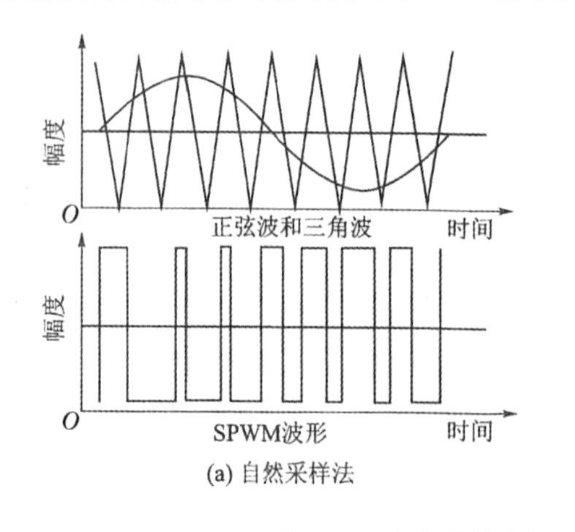

(a) 自然采样法

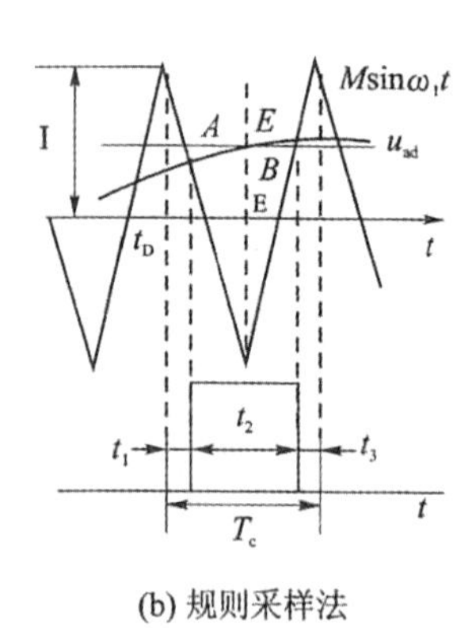

(b) 规则采样法

图 4-6-7　自然采样法与规则采样法

因为算法中采用的三角波是双极性的，所以规则采样法适用于双极性控制。等效面积法和规则采样法都是数字控制的算法，可以由微处理器实时计算 SPWM 脉冲的宽度和位置，从而实现对逆变电路的控制，也可以事先计算好每个脉冲中心位置和脉冲宽度并存入微处理器中，然后以查表的方式实现对逆变电路的控制。

除了使用微处理器生成 SPWM 以外，目前还有专门产生 SPWM 波形的大规模集成芯片，有些微处理器也含有 SPWM 波形发生器，如 89XC196MC 微处理器，其内部有互补 SPWM 波形发生器，因此可以直接输出 6 路 SPWM 波形信号。

二、逆变电源典型应用——不间断电源

UPS(Uninterruptible Power System)，即不间断电源，是一种含有储能装置，以逆变器为主要组成部分的恒压恒频的不间断电源，主要用于给单台计算机、计算机网络系统或其他电力电子设备提供不间断的电力供应。当市电输入正常时，UPS 将市电稳压后供应给负载使用，此时的 UPS 就是一台交流市电稳压器，同时它还向机内电池充电；当市电中断时，UPS 立即将机内电池的电能通过逆变转换的方法向负载继续供应 220V 交流电，使负载维持正常工作并保护负载软、硬件不受损坏。UPS 设备通常对电压过大和电压过低都提供保护。

UPS 具有两大作用：一方面在市电发生故障时，为人们的工作和生活提供一定能量的备用电力，使人们能够正常工作和生活，并确保机器、设备、仪器等不受损害。另一方面 UPS 能够提供高质量的电力供应。众所周知，公共电网中存在较为严重的电源污染，如电源过压、欠压、电压下陷、电压浪涌、电压瞬变、电压尖峰、频率偏移和谐波失真等，这些都会严重影响机器设备的正常工作和寿命。特别是一些重要部门的主要机器、设备和仪器对工作环境的要求更为苛刻(如机房、通信系统等)。使用 UPS 为系统供电，可以避免上述问题的发生，为负载设备提供高质量的交流电源。

根据结构和工作原理的不同，UPS 可以分为后备式、在线互动式和在线式三种。

1. 后备式 UPS

后备式 UPS 电源的逆变器并联连接在市电与负载之间，其仅简单地作为备用电源使用。这种 UPS 电源在市电正常时，负载完全由市电直接供电，逆变器不做任何电能变换，蓄电池由独立的充电器供电；当市电不正常时，负载则由逆变器提供电能。

后备式 UPS 具有结构简单、价格低廉等优点，适用于办公室、家庭等要求不高的终端设备。但在市电不正常时，继电器将逆变器切换到负载，切换时间较长，一般需要几毫秒的间断，所以特别重要的设备不应选用后备式 UPS 电源。

后备式 UPS 的电路结构如图 4-6-8 所示。后备式 UPS 的监测和控制电路对交流供电线路的电压进行监测，在交流供电线路的电压正常时，控制电路控制交流开关 S_1 导通，S_2 关断，由交流供电线路直接为用电设备供电。同时，交流供电线路经输入变压器和充电器为蓄电池充电，从而使蓄电池始终处于满电状态。

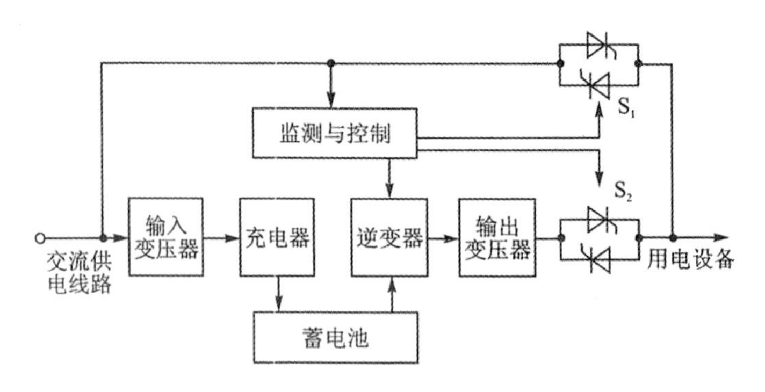

图 4-6-8　后备式 UPS 电路结构

当交流供电线路出现电压不正常或者断电时，监测和控制电路立即进行工作模式的切换，即控制电路控制交流开关 S_1 关断、S_2 导通，并将蓄电池中存储的直流电逆变为交流电，且经输出变压器为用电设备供电。同时，监测和控制电路仍然监测交流供电的电压情况，一旦交流供电线路电压恢复正常，控制电路控制交流开关 S_1 导通，并由交流供电线路为用电设备供电，因此开关 S_2 关断，逆变电路输出电流为 0，交流供电线路再次为蓄电池充电。

2. 在线互动式 UPS

在线互动式 UPS 电源的逆变器并联连接在市电与负载之间，其起后备电源作用，同时逆变器作为充电器给蓄电池充电。通过逆变器的可逆运行方式，UPS 电源与市电相互作用，因此称为互动式。这种 UPS 电源在市电正常时，负载由经改良后的市电供电，同时逆变器作为充电器给蓄电池充电，逆变器起着 AC-DC 变换器的作用；当市电不正常时，负载完全由逆变器供电，逆变器起着 DC-AC 变换器的作用。

在线互动式 UPS 结构较简单，实施方便，易于并联，便于维护和维修，效率高，运行成本低，整机可靠性高，性能满足某些负载要求，特别适用于网络中某些计算机设备采用分布式供电的系统。这种电源的缺点是稳压性能不高，尤其是动态响应速度低；其次是抗干扰能力不强，电路会产生谐波干扰和调制干扰。

3. 在线式 UPS

在线式 UPS 电源的逆变器串联连接在交流输入与负载之间，其电源通过逆变器连续向负载供电，因此该结构决定了其输出与市电输入无关。

市电正常时，市电经过整流器之后由逆变器向负载供电；市电不正常时，由蓄电器经逆变器向负载供电，无转换时间。它的输入、输出环节都是彼此独立控制的，因此对市电输入的适应能力很强，尤其是表现在对频率变化的适应能力上。

在线式 UPS 电源的输出是高质量的正弦波交流电源，频率和电压的稳定度、精度都很高。另外，由于在线式 UPS 电源有输入滤波器，市电的交流输入经整流滤波器变成直流，再由逆变器逆变并经过输出滤波器输出正弦波，这样输出的电源品质最高、保护性能最好、对抑制市电噪声和浪涌的能力最强。

在线式 UPS 的电路结构如图 4-6-9 所示。正常工作时无论交流供电电压是否正常，输出至负载的交流电压均是由逆变电路产生的。交流供电电压经输入变压器和整流电路后变换为直流电压，其经过逆变电路后输出交流电为设备供电。此时在线式 UPS 的工作过程为 AC-DC-AC 两级变换。同时，整流后的直流电压为蓄电池充电，使蓄电池处于饱和状态。

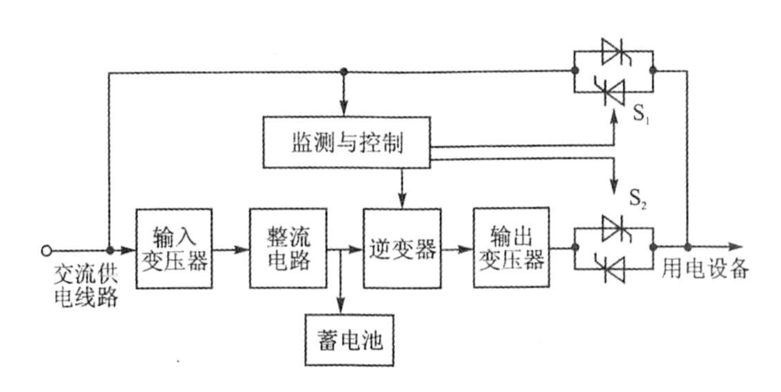

图 4-6-9　在线式 UPS 结构示意图

当交流电线路电压正常时，在线式 UPS 自动跟踪交流供电线路的交流电压波形，使其输出交流电压与交流供电线路的交流电压在幅值、频率和相位上保持一致。其目的为若工作中在线式 UPS 的逆变电路出现故障，监测与控制电路可以迅速地将交流开关 S_2 关断、S_1 导通，避免逆变电路的故障对用电设备产生影响。

当交流供电线路电压不正常时，蓄电池输出其存储的直流电能，逆变电路将此直流电逆变为交流电，为设备供电。此时的 UPS 工作方式是 DC-AC 变换方式。

在工业和科技等各个方面，自动控制系统的应用越来越广泛，起到越来越重要作用。自动控制理论和技术很早就受到人们的重视，并得到了迅速发展，随着新技术的应用，特别是计算机技术的发展，为自动控制系统提供了巨大的发展空间。自动控制电路是运用模拟电路、数字电路技术结合传感器、驱动器对机电设备进行自动控制的电子装置，即通过闭环调节（有反馈电路）达到高精度、高效能的控制。

第一节 自动控制系统的组成和指标

在工业生产和科学研究中，对压力、温度、流量和液位等参数的控制，都要应用到测量和自动控制技术。在自动控制领域里，测控技术不仅使生产过程实现自动化，而且极大地提高了生产率和产品质量，并且在人类征服自然和发展空间技术等方面起到了极为重要的作用。

一、自动控制系统的组成

一个完整的自动控制系统，一般要包括测量单元、比较单元、运算处理单元、执行单元和校正单元。

1. 测量单元

测量单元一般由传感器组成，其功能是将被控量检测出来，并且按控制电路的要求转换成可处理的量，如物体位移转换成电压信号、车轴转动转换成脉冲信号等，如果测量信号微弱，需要信号放大处理。测量单元的精度直接影响控制系统的性能，因此应尽量采用精度高的测量元件。

2. 比较单元

比较单元是将测量单元输出的信号与设定的参考信号进行比较，并且产生偏差信号，该信号可作为后续系统控制的依据。在模拟电子线路控制系统中，由电压比较器电路和加法器电路等组成比较单元；在数字电路控制或计算机控制中，由运算电路或程序计算等方法产生偏差信号。

3. 运算处理单元

在自动控制系统中，为了使控制系统有效地工作，对经过比较单元后的信号要进行运算处理(调节)，如放大、超前、滞后处理等。例如，由于温度测量信号相对滞后，则运算处理一般要加入超前处理模块。

4. 执行单元

该单元具有驱动功能，它接收运算处理单元输出的信号，经过功率放大，产生动作去改变被控制量，使被控制量按照控制要求的规律变化。比如，在电机转速控制中，运算处理单元输出的信号，需要通过功率放大芯片或装置控制电机。

5. 校正单元

按上述基本单元构成的测控系统，有的还会产生偏差，比如系统在控制过程中可能会产生滞后、振荡或误差等。为此，有的控制系统需要加入能提高系统性能的校正单元或元件。根据控制系统的结构，有串联校正和反馈校正，有时为了更有效地提高系统的控制性能，同时加入了串联校正和反馈校正。

二、开环控制与闭环控制

1. 开环控制

开环控制是指控制系统的被控制单元所输出的信号对系统没有影响，其控制框图如图5-1-1所示。在开环控制系统中，既不需要对被控制对象输出进行反馈，也不需要有比较环节。这样，对一个确定的参考输入就有了一个与之对应的被控制量输出，系统的精度取决于控制器和被控对象的性能是否稳定。在工作过程中，开环控制系统的各部分参数值都必须保持在事先校准的量值上。

参考输入 → 控制器 → 控制作用 → 对象或过程 → 被控制量

图5-1-1　开环控制系统

显然，当被控对象出现干扰时，其会引起被控制量的变化，而且对参考输入没有提示。例如，一个直流电机控制电路在正常情况下电机转速正常，当电机负载发生变化、转速降低时，系统不能保证电机保持原有的速度。这就说明开环控制系统没有抗干扰能力。

开环控制系统结构简单，容易建造。一般来说，当系统的被控制量的变化预先知道，并且对系统可能出现的干扰可以有办法抑制时，开环控制是有一定优越性的。

2. 闭环控制

闭环控制是指系统的被控制单元所输出信号对系统控制有影响，其控制框图如图5-1-2所示。在闭环控制系统中，需要对被控制对象进行不断地测量，并反馈到比较环节与参考信号进行比较，以此产生偏差信号，进而实现自动控制。

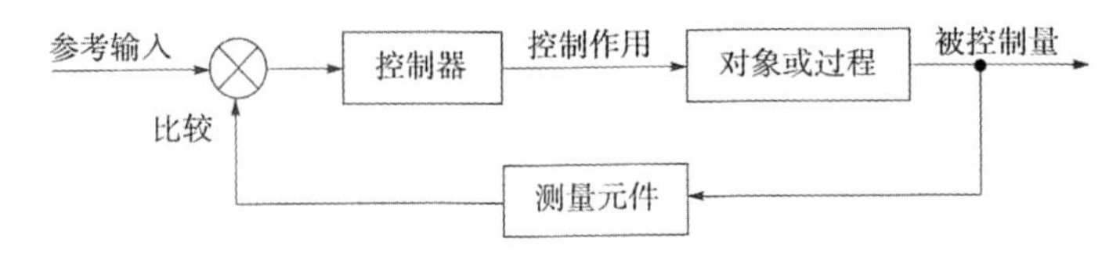

图 5-1-2　闭环控制系统

闭环控制的实时调节可以构成精确的控制系统，而开环系统则做不到这一点。单从系统的稳定性来考虑，如果闭环控制系统参数设置不当，可能会引起系统振荡，甚至会使得系统不稳定，因此闭环控制系统的稳定性是一个需要考虑的问题。

三、控制系统的类型

控制系统有不同的类型。按控制方式，可分为开环控制、闭环控制和复合控制等；按控制元件的类型，可分为机械、电路、机电、液压和气动控制系统等；按控制系统功能，可分为温度控制、压力控制、流量控制和位置控制等；按控制系统性能，可分为线性系统（满足叠加关系）和非线性系统、连续系统和离散系统（计算机控制系统）、定常系统和时变系统、确定系统和不确定系统等；按控制系统中参考信号的性质，可分为定值和随动系统。大多情况下，测控系统是上述各种分类方法的组合应用。下面按控制系统性能，介绍几种控制类型。

1. 线性连续控制

这类系统可以用线性微分方程来描述，当方程中的系数是常数时，称为定常系统；当方程中的系数随时间变化时，称为时变系统。线性定常连续系统按其输入信号的变化不同，又分为定值控制系统、随动控制系统和程序控制系统。

定值控制系统的参考输入信号为一个恒定的常量，且要求被控制量也是一个常量。但由于扰动的影响，被控制量会出现偏差，因此控制系统根据偏差信号产生控制动作来克服扰动的影响，进而使被控制量恢复到原来的值。

随动控制系统的参考输入信号为事先未知的任意时间函数，其要求被控制量以尽可能小的误差、快的速度跟随给定量的变化，因此该系统又称为跟踪系统。在随动控制系统中，扰动的影响是次要的，系统的设计要点是被控制量跟随的快速性和准确性。在机械位置随动控制中，该系统又称为伺服系统。

程序控制系统的参考输入信号是预定地按时间变化的函数，要求被控制量根据给定量迅速、准确地变化，如机械加工用的数控机床就是按事先编好的程序完成零件加工的。

2. 线性定常离散控制系统

离散系统是指系统中全部或部分信号具有离散形式，通常是时间间隔相等的脉冲序列或数字序列。例如，计算机按一定的采样间隔对连续信号进行采集。在现代工业控制系统中广泛采用数字化技术，通常把数字序列形式的离散系统称为数字控制系统或计算机控制系统。另外，有些被控制量输出本身就是脉冲信号形式，如光电形式的码盘输出，此时在进行采集和比较环节中，是通过编码的比较产生控制信号，该数字信号通过相应驱动装置控制系统。

3. 非线性控制系统

在测控系统中，只要有一个部件的输入/输出特性是非线性的，这类系统就称为非线性控制系统。严格地说，实际控制系统中，都含有不同程度的非线性部件，如机械部件的死区、间隙等。由于非线性方程在数学处理上比较困难，目前对不同类型的非线性控制系统的研究还没有统一的方法。对于非线性程度不太严重的部件，可以采用在一定范围内线性化的方法，从而将非线性控制系统近似为线性控制系统。

四、控制系统的基本要求

对于一个反馈(闭环)控制系统，最基本的要求是工作稳定，同时对准确性、快速性也要提出要求。上述的要求通常是通过系统反映特定输入信号的过渡过程及稳态的一些特征值来表征的。过渡过程是指反馈系统的被控制量，在受到输入信号作用下，由原来的平衡状态变化到新的平衡状态时的过程。

一个自动控制系统，要根据被控对象的性质，随时对给定信号或反馈信号变化进行调节，如PID(比例、积分和微分)调节等，以最优化的控制过程完成控制任务。一般情况下对控制系统的要求有稳定性、快速性和准确性几个方面。

1. 系统的稳定性

稳定性是保证控制系统正常工作的先决条件。一个稳定的控制系统，被控制量偏离期望值的初始偏差应随时间的增长逐渐减小并趋于零，从原理上讲，在一个单位阶跃信号的作用下，稳定控制系统的过渡过程曲线随着时间的推移而收敛，并最终趋于一个稳态值。反之，如果系统的过渡过程曲线随着时间的推移振荡或发散，系统达不到平衡状态，则这类系统是不稳定的。不稳定系统在控制过程中是不能起到自控作用的。

2. 系统的快速性

为了很好地完成控制任务，控制系统仅满足稳定性的要求是不够的，还必须对其过渡过程的形式和快慢提出要求，一般又称为系统的动态性能。例如，随动控制系统，虽然控制过程能最终跟踪目标，但如果给定信号的变化迅速，跟踪目标的过渡过程时间过长，就不可能完成控制要求。为了提高系统的快速性，一般是在控制中加入超调量，这样有时会使系统振幅加大，对执行机构造成冲击，因此对控制系统的过渡过程时间和最大振幅一般都有具体要求。

3. 系统的准确性

在理想状态下，控制系统的过渡过程结束后，被控制量达到的稳态值应该与期望值一致。但实际上，由于系统结构、摩擦及间隙等非线性因素的影响，被控制量的稳态值与期望值会有误差存在，称为稳态误差。稳态误差越小，表示系统的准确性越好，控制精度越高。稳态误差是衡量控制系统精度的重要指标，在控制系统中有具体要求。

由于被控对象的具体情况不同，各种系统对上述三项性能指标的要求应有所侧重。例如，定值系统一般对稳态性能限制比较严格，随动系统一般对动态性能要求较高。

同一个系统，上述三项性能指标之间往往是相互制约的。提高过程的快速性，可能会引起系统振荡；改善了平稳性，控制过程又可能很迟缓，甚至使最终精度也很差。在实际应用中，可以根据实际情况，综合地设计和调试一个有效的控制系统。

五、设计与实践

（1）结合开环和闭环的特性，分析一下，什么场合使用开环控制系统，什么场合使用闭环控制系统。

（2）对自动控制系统的稳定性、快速性和准确性指标，如何综合分析和应用。

第二节　自动控制系统的电子线路

自动控制是一个闭环的系统，其在自动控制电路中通过传感电路和比较电路对系统相关环节调整，以达到控制要求。自动控制理论公式虽然计算复杂，但一旦构成一个完整的控制系统后，却是一个非常严谨的系统，其可以对系统中的参数进行调整，也可以改变系统的控制过程。另外，自动控制系统的设计环节是理论与实践结合的典范，通过电路实验能直观看到系统参数的改变对系统的实际控制过程，从而加深理论公式的内涵。

一、控制系统典型环节

任何一个复杂系统，总可以看成其由一些典型环节组合而成。掌握这些典型环节的特点，可以更方便地分析复杂系统内部各个单元的联系。通过实验，可观察和分析各典型环节的阶跃响应曲线，并了解电路参数对典型环节动态/稳态特性的影响。

1.比例环节的阶跃响应

比例环节又称为放大环节，其输出量与输入量之间的关系为一种固定的比例关系。具有比例控制规律的控制器也称为P控制器，典型比例环节的传递函数为

$$G(s)=\frac{U_o(s)}{U_i(s)}=K \tag{5-1}$$

式中，K 为放大倍数，单位阶跃响应应为

$$U_o(t)=K \tag{5-2}$$

比例环节控制器是自动控制系统中应用最多的一种，其最大优点就是控制及时、迅速。只要有偏差产生，控制器立即产生控制作用。但是，不能最终消除余差的缺点限制了它的单

独使用。

在具体电路上，比例环节是一个具有可调增益的放大器。在信号变换过程中，比例环节控制器只改变信号的增益或相位。

2. 惯性环节的阶跃响应

实际自动控制系统中，惯性环节是比较常见的，典型惯性环节控制电路如图 5-2-1 所示，惯性环节的传递函数为

$$G(s)=\frac{U_o(s)}{U_i(s)}=\frac{K}{1+Ts} \tag{5-3}$$

式中，$K=R_2/R_1$；$T=R_2C$，单位阶跃响应为

$$U_o(t)=K(1-e^{-\frac{t}{T}}) \tag{5-4}$$

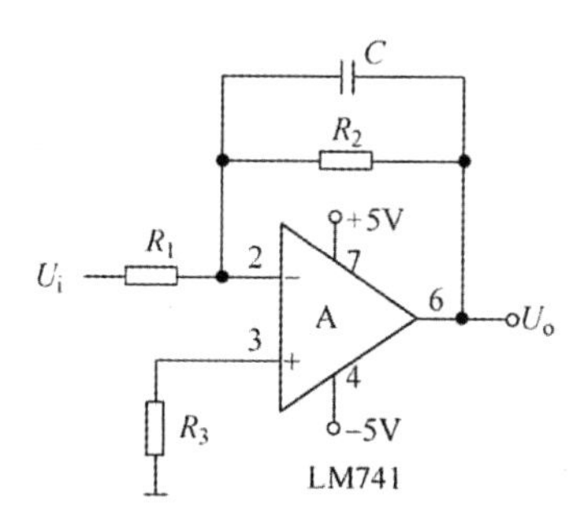

图 5-2-1　惯性环节控制电路

惯性环节的特点是当输入量发生变化时，输出量不能突变，只能按指数规律逐渐变化。

惯性环节控制电路实验参数选取如下：$R_1=100\text{k}\Omega$，$R_2=200\text{k}\Omega$，$R_3=68\text{k}\Omega$，$C=0.01\mu\text{F}$。为了连续观察该环节的阶跃信号的响应，可在电路的输入端接信号发生器，输入波形为方波，频率 $f=200\text{Hz}$，幅度 $U_{pp}=1\text{V}$。用示波器第一通道测量输入信号，第二通道测量电路的输出端 U_o，观测电路输出端对阶跃响应曲线 $U_o(t)$，注意放大电路是反相输出。改变系统的时间常数，即改变电容 C 和反馈电阻 R_2 的值。记录、分析惯性环节的阶跃信号响应。

3. 积分环节的阶跃响应

具有积分控制规律的控制器也称为 I 控制器。在控制系统设计中，常用积分环节来改善系统的稳态性能。积分环节电路如图 5-2-2 所示，积分环节的传递函数为

$$G(s)=\frac{U_o(s)}{V_i(s)}=\frac{1}{Ts} \tag{5-5}$$

式中，$T=R_1C$，单位阶跃响应为

$$U_o(t)=\frac{1}{T}t \tag{5-6}$$

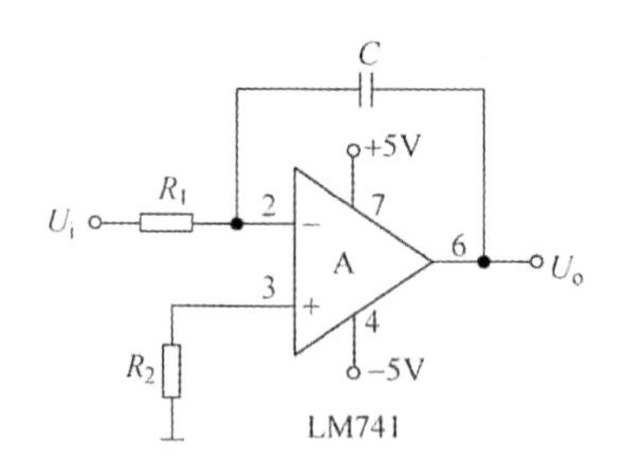

图 5-2-2　积分环节控制电路

积分环节控制器是自动控制系统中应用最多的环节之一，积分环节的特点是它的输出量为输入量对时间的积累，积分控制器的输出不仅与输入偏差的大小有关，而且还与偏差存在的时间有关。只要偏差存在，输出就会不断累积（输出值向期望值逼近），一直到偏差为零，积分控制可以消除余差，积分控制规律又称为无差控制规律。

积分控制虽然能消除余差，但它存在着控制不及时的缺点，不能及时有效地克服干扰的影响，难以使控制系统稳定下来。为此，它常常与比例环节配合，这样取二者之长，互相弥补，既有比例控制作用迅速及时的能力，又有积分控制作用消除余差的能力。

积分环节控制电路实验参数选取如下：$R_1=200\text{k}\Omega$，$R_2=200\text{k}\Omega$，$C=0.01\mu\text{F}$。将函数发生器接电路的输入端 U_i，选择频率为 200Hz 的方波信号，其幅度变化范围 $-0.5\sim+0.5\text{V}$。用示波器第一通道接信号发生器的输入信号，第二通道（交流挡）接电路的输出端 U_o，观测电路输出端的实际响应曲线 $U_o(t)$。改变系统参数，即电容 C 的值，记录、分析积分环节的阶跃信号响应。

4．微分环节（实际微分环节）的阶跃响应

微分环节是自动控制系统中经常应用的环节．也称为 D 控制器。微分环节的特点是动作迅速，其在暂态过程中，输出量为输入量的微分。此外，它具有超前调节的功能，所以常用来改善系统的动态特性，但微分环节的不足之处是不能消除余差，因此其很少单独使用。

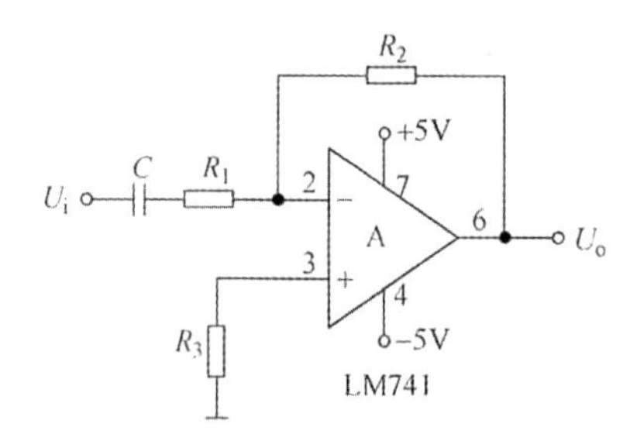

图 5-2-3　实际微分环节控制电路

理想微分环节在阶跃输入作用下的输出响应为一理想脉冲（实际上无法实现），当阶跃扰动来临时，理想微分环节带来的调节输出是无穷大的。为了工程应用方便，人们设计了实际微分环节。实际微分环节控制电路如图 5-2-3 所示，实际微分环节的传递函数为

$$G(s)=\frac{U_o(s)}{U_i(s)}=\frac{Ts}{1+Ts}K \tag{5-7}$$

式中，$T=R_1C$；$K=R_2/R_1$。单位阶跃响应为

$$U_o(t)=Ke^{-\frac{t}{T}} \tag{5-8}$$

需要指出的是，因为微分控制只对动态过程起作用，而对稳态过程没有影响，且对系统噪声非常敏感，所以单一的微分控制器在任何情况下都不宜与被控对象串联起来单独使用。通常，微分控制规律总是与比例控制规律或比例-积分控制规律结合起来的，其构成组合的PD或PID控制器以应用于实际的控制系统。

实际微分环节控制电路实验参数选取如下：$R_1=100\text{k}\Omega$，$R_2=R_3=200\text{k}\Omega$，$C=0.01\mu\text{F}$。将函数发生器的输出接电路的输入端$U_i$，选择频率为200Hz、幅度为1V的方波信号，用示波器第一通道接信号发生器的输入信号，第二通道接电路的输出端U_o，观测电路输出端的实际响应曲线$U_o(t)$。改变系统参数，即微分电容C的值，记录、分析微分环节的阶跃信号响应。

5. 比例-积分环节的阶跃响应

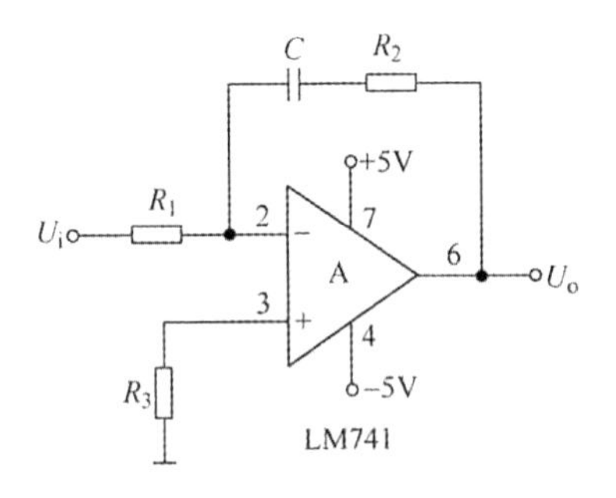

图 5-2-4　比例-积分环节控制电路

具有比例-积分控制规律的控制器也称为PI控制器。比例-积分环节控制电路如图5-2-4所示，比例-积分环节的传递函数为

$$G(s)=\frac{U_o(s)}{U_i(s)}=K\left(1+\frac{1}{Ts}\right) \tag{5-9}$$

式中，$K=R_2/R_1$；$T=R_2C$，单位阶跃响应为

$$U_o(t)=K\left(1+\frac{t}{T}\right) \tag{5-10}$$

PI控制器中的积分控制规律对输入信号具有累加作用，其可以减小系统的稳态误差，提高系统精度，改善系统的稳态性能。控制电路中，由于引入积分作用能消除余差，因此弥补了纯比例控制的缺陷，进而获得较好的控制质量。但是，积分作用的引入会影响系统的稳定性。对于有较大惯性滞后的控制系统，在设计电路时要合理规划积分常数。

比例-积分环节控制电路实验参数选取如下：$R_1=100\text{k}\Omega$，$R_2=200\text{k}\Omega$，$R_3=100\text{k}\Omega$，

$C=0.01\mu F$。将函数发生器接电路的输入端 U_i，选择频率为 200Hz、幅度为 1V 的方波信号，用示波器第一通道接信号发生器的输入信号，第二通道（交流挡）接电路的输出端 U_o，观测电路输出端的实际响应曲线 $U_o(t)$。改变时间常数及放大器 A 的放大倍数，即改变电容 C 和反馈电阻 R_2 的值，记录、分析比例-积分环节的阶跃信号响应。

6. 比例-微分环节的阶跃响应

具有比例-微分控制规律的控制器也称为 PD 控制器。比例-微分环节控制电路如图 5-2-5 所示，典型比例-微分环节的传递函数为

$$G(s)=\frac{U_o(s)}{U_i(s)}=K(1+Ts) \tag{5-11}$$

式中，$K=R_2/R_1$；$T=R_1C$

单位阶跃响应为

$$U_o(t)=K(1+T\delta(t)) \tag{5-12}$$

式中，$\delta(t)$ 为单位脉冲函数。PD 控制器中的微分作用比单纯的比例作用更快，并且能反映输入信号的变化趋势，然后产生有效的早期修正信号，尤其是对容量滞后大的对象，其可以减小动偏差的幅度，节省控制时间，显著改善控制质量。

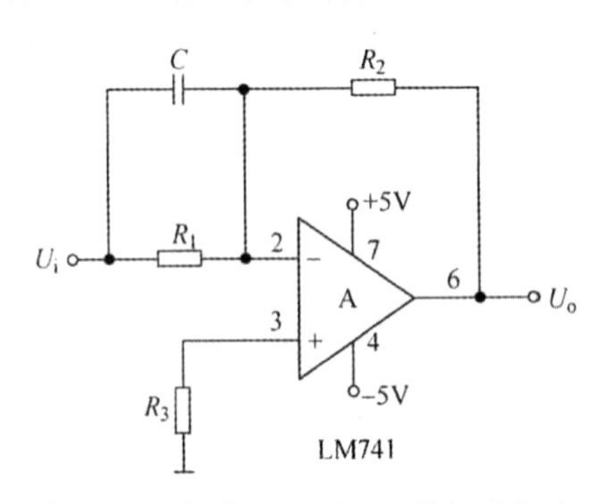

图 5-2-5　典型比例-微分环节控制电路

比例-微分环节控制电路实验参数选取如下：$R_1=100\text{k}\Omega$，$R_2=200\text{k}\Omega$，$R_3=68\text{k}\Omega$，$C=0.01\mu F$。将函数发生器接电路的输入端 U_i，选择频率为 200Hz、幅度为 1V 的方波信号，用示波器第一通道接信号发生器的输入信号，第二通道接电路的输出端 U_o，观测电路输出端的实际响应曲线 $U_o(t)$。改变电容 C 和反馈电阻 R_2 的值，记录、分析比例-微分环节的阶跃信号响应。

7. 比例-积分-微分环节的阶跃响应

具有比例-积分-微分控制规律的控制器也称为 PID 控制器，在工业过程控制中，广泛使用 PID 控制器。比例-积分-微分环节控制电路如图 5-2-6 所示，其传递函数为

$$G(s)=\frac{U_o(s)}{U_i(s)}=K_p\left(1+\frac{1}{T_I s}+T_D s\right) \tag{5-13}$$

式中，$K_p=\frac{\tau_1+\tau_2}{T_i}$；$T_I=\tau_1+\tau_2$；$T_D=\frac{\tau_1\tau_2}{\tau_1+\tau_2}$；$T_i=R_1C_2$；$\tau_1=R_1C_1$；$\tau_2=R_2C_2$

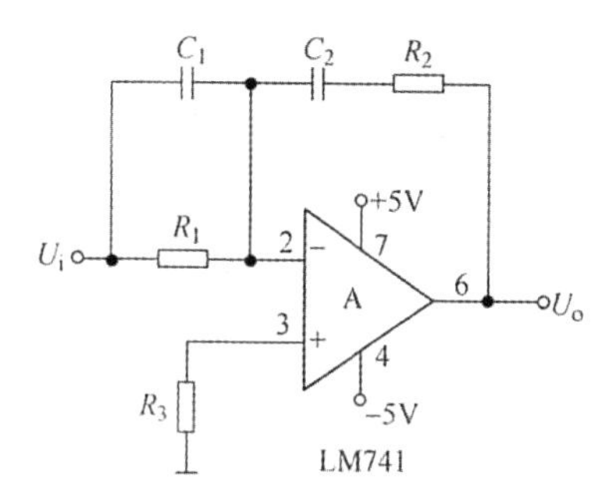

图 5-2-6　比例-积分-微分(PID)环节控制电路

单位阶跃响应为

$$U_o(t)=K_p+T_D\delta(t)+\frac{1}{T_I}t \tag{5-14}$$

式中，$\delta(t)$为单位脉冲函数。在系统加入 PID 控制器后，其集三者之长，既有比例作用的及时迅速，又有积分作用的消除余差能力，还有微分作用的超前控制功能。PID 系统不仅能提高系统的稳态精度，而且能大大改善控制系统的静、动态性能。

比例-积分-微分环节控制电路实验参数选取如下：$R_1=R_3=100\text{k}\Omega$，$R_2=200\text{k}\Omega$，$C_1=C_2=0.01\mu\text{F}$。将函数发生器接电路的输入端 U_i，选择频率为 200Hz、幅度为 1V 的方波信号，用示波器第一通道接信号发生器的输入信号，第二通道接电路的输出端 U_o，观测电路输出端的实际响应曲线 $U_o(t)$。改变电容 C_1、C_2 和电阻 R_1、R_2 的值，记录、分析 PID 环节的阶跃信号响应。

PID 控制器的参数整定是控制系统设计的核心内容。它根据被控过程的特性确定 PID 控制器的比例系数、积分时间和微分时间的大小。PID 控制器参数整定的方法很多，概括起来有两大类：一是理论计算整定法，它主要是依据系统的数学模型，经过理论计算确定控制器参数，这种方法所得到的计算数据未必可以直接使用，还必须通过实际工程进行调整和修改；二是工程整定方法，它主要依赖工程经验，直接在控制系统的试验中进行，且方法简单、易于掌握，在工程实际中被广泛采用。

对于工程整定方法，PID 控制器主要有临界比例法、反应曲线法和衰减法。三种方法各有其特点，其共同点都是通过试验，然后按照工程经验公式对控制器参数进行整定。但无论采用哪一种方法所得到的控制器参数，都需要在实际运行中进行最后调整与完善。

目前 PID 控制器一般采用的是临界比例法，利用该方法进行 PID 控制器参数的整定有三个步骤：首先是预选择一个足够短的采样周期让控制系统工作；其次是仅加入比例控制环节，直到系统对输入的阶跃响应出现临界振荡，记下这时的比例放大系数和临界振荡周期；最后是在一定的控制方式下通过公式计算得到 PID 控制器的参数。实际应用时，控制器各部分的参数需要在系统现场调试中最后确定。

二、线性定常系统电路的瞬态响应和稳定性分析

定常系统的特点是系统的全部参数不随时间变化，又称为时不变系统，它用定常微分方程来描述。在电子线路自动控制系统中，所组成的电路大多属于这一类系统。

控制系统的性能可以用稳、准、快三个字来描述。稳是指系统的稳定性，一个系统要能正常工作，首先必须是稳定的，从阶跃响应上看应该是收敛的；准是指控制系统的准确性、控制精度，通常用稳态误差来描述，它表示系统输出稳态值与期望值之差；快是指控制系统响应的快速性，通常用上升时间来定量描述。

对于自动控制系统的电路设计，一般是要了解和掌握典型二阶、三阶系统传递函数及控制电路的构成，如通过电路实验分析典型二阶闭环系统在欠阻尼、临界阻尼、过阻尼的瞬态响应。对于欠阻尼二阶闭环系统，还要知道在阶跃信号输入时的一些动态性能指标的值，如超调量 M_p、峰值时间 t_p 和调节时间 t_s 等，并与理论计算值做对比。

1. 二阶系统的单位阶跃瞬态响应和稳定性

如图 5-2-7 所示为一个二阶单位反馈系统原理框图，该系统由一个积分环节和一个惯性环节组成，并通过反馈和比较环节形成闭环回路。

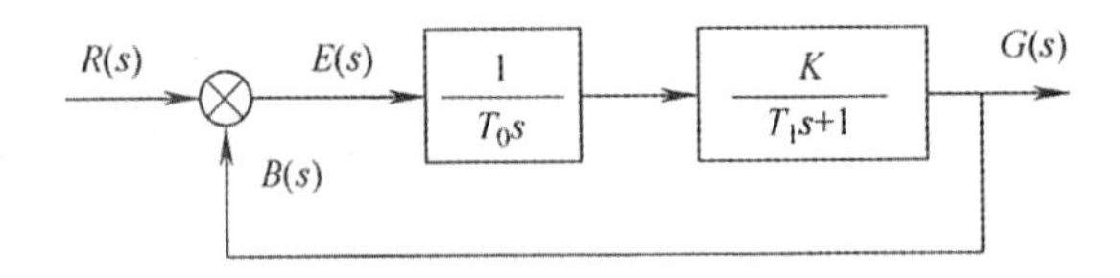

图 5-2-7 典型二阶闭环系统原理框图

该二阶系统的开环传递函数为

$$G(s)=\frac{K}{T_0 s(T_1 s+1)} \tag{5-15}$$

二阶系统的闭环传递函数为

$$G(s)H(s)=\frac{K}{T_0 T_1 s^2+T_0 s+K} \tag{5-16}$$

对于一个二阶系统的标准环传递函数式来说，有下面的公式

$$\Phi(s)=\frac{\omega_n^2}{s^2+2\xi\omega_n s+\omega_n^2} \tag{5-17}$$

对比式(5-16)和式(5-17)，得

$$\omega_n=\sqrt{\frac{K}{T_0 T_1}},\quad \xi=\frac{1}{2}\sqrt{\frac{T_0}{K T_1}}$$

若设 $T_0=1\text{s}$，$T_1=0.2\text{s}$，则 $\omega_n=\sqrt{5}K$，$\xi=\sqrt{1.25/K}$。由此可知，调节开环增益 K 值，就能同时改变系统无阻尼自然振荡频率 ω_n 和阻尼系数 ξ 的值，从而得到过阻尼（$\xi>1$）、临界阻尼（$\xi=1$）和欠阻尼（$\xi<1$）三种情况下的阶跃响应曲线。

当 $K>1.25$ 时，$0<\xi<1$，此时系统处在欠阻尼状态，它的单位阶跃响应曲线如图 5-2-8 中曲线①所示，欠阻尼过渡过程响应快，有超调，故需要振荡几次；当 $K=1.25$ 时，$\xi=1$，此时系统处在临界阻尼状态，它的单位阶跃响应曲线如图 5-2-8 中曲线②所示；当 $0<K<1.25$ 时，$\xi>1$，此时系统工作在过阻尼状态，它的单位阶跃响应曲线如图 5-2-8 中曲线③所示，过阻尼状态和临界阻尼状态时的单位阶跃响应一样，为单调的指数上升曲线，但上升速度有所不同。

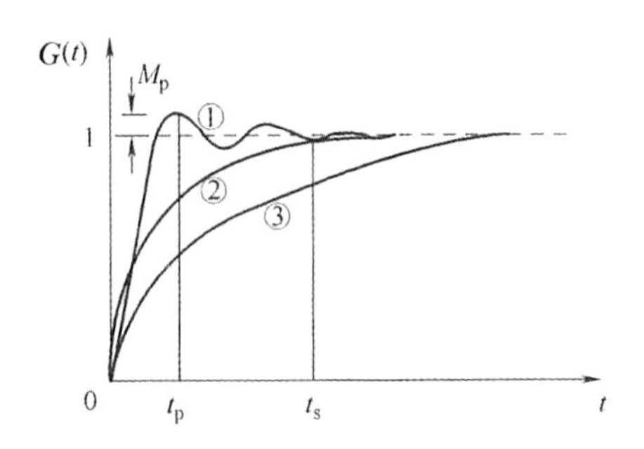

图 5-2-8　二阶系统阶跃瞬态响应曲线

由该二阶单位反馈系统原理框图设计的闭环系统控制电路如图 5-2-9 所示，电路中 A_1 是一个加法器，反馈信号与给定信号要在此进行比较，A_2 是积分环节，A_3 是惯性环节，A_4 是反相器(观察输出波形时与输入同相)。设该二阶闭环控制系统的积分时间常数 $T_0=1\text{s}$，惯性环节时间常数 $T_1=0.2\text{s}$。

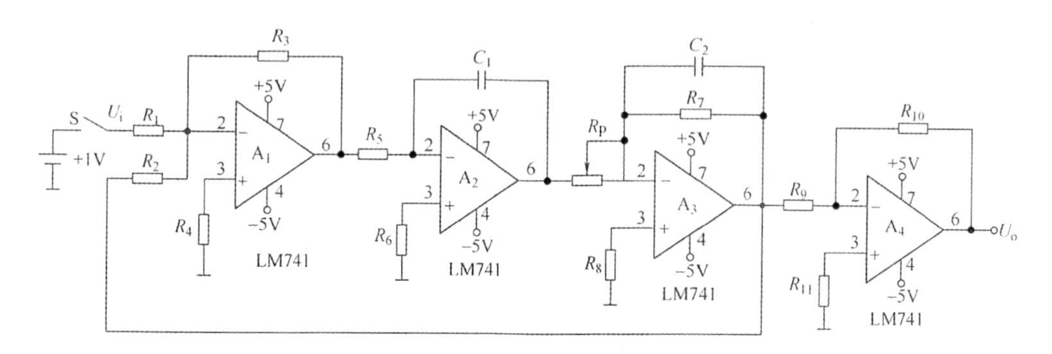

图 5-2-9　二阶闭环系统控制电路

给出二阶闭环系统控制电路实验参数为：$R_1=R_2=R_3=10\text{k}\Omega$，$R_4=3.3\text{k}\Omega$，$R_5=R_6=1\text{M}\Omega$，$R_7=200\text{k}\Omega$，$R_8=10\text{k}\Omega$，$R_9=R_{10}=10\text{k}\Omega$，$R_{11}=5.1\text{k}\Omega$，$R_P=50\text{k}\Omega$，$C_1=C_2=1\mu\text{F}$。此时，$K=R_7/R$，$T_0=R_5C_1=1\text{s}$，$T_1=R_7C_2=0.2\text{s}$。

实验时，用示波器接电路的输出端 U_o(TIM/DIV= 500ms)，通过开关 S 闭合，观测输出端的实际响应曲线 $U_o(t)$，记录系统阶跃响应过程。使用数字示波器时，可以选择波形录制，并记录输出过程。调节电位器 R_P，使控制系统能处于振荡、欠阻尼、临界阻尼和过阻尼状态。对于欠阻尼，可用示波器测量标尺测出超调量 M_p、峰值时间 t_p 和调节时间 t_s，并研究其参数变化对动态性能和稳定性的影响。

改变积分时间常数 T_0 和惯性时间常数 T_1，理论计算控制系统的过渡参数。更新电路的参数，测量、记录三阶系统单位阶跃响应曲线，并与理论计算值进行比较，最后分析实验结果。

2. 三阶系统的瞬态响应和稳定性

一个三阶单位反馈系统的原理框图如图 5-2-10 所示，该系统由一个积分环节和两个惯性环节组成，并通过反馈回路和比较环节形成闭环回路。

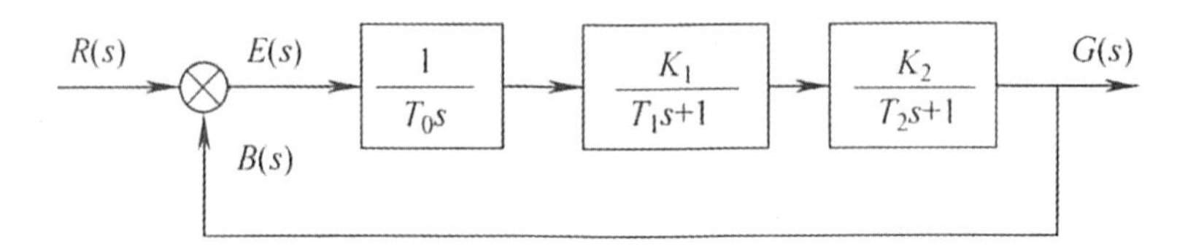

图 5-2-10　典型三阶闭环系统框图

三阶系统的开环传递函数为

$$G(s)=\frac{K_1K_2}{T_0s(T_1s+1)(T_2s+1)}=\frac{K}{s(T_1s+1)(T_2s+1)} \tag{5-18}$$

其中，开环增益 $K=\dfrac{K_1K_2}{T_0}$，系统的闭环传递函数为

$$G(s)H(s)=\frac{K}{T_0s(T_1s+1)(T_2s+1)+K} \tag{5-19}$$

由该闭环传递函数设计的三阶闭环系统控制电路如图 5-2-11 所示。它由比较电路（A_1）、积分环节（A_2）、两个惯性环节（A_3 和 A_4）和反馈回路（A_5 仅作为反相器）构成。设三阶闭环控制系统的积分时间常数 $T_0=1\text{s}$，惯性环节时间常数 $T_1=0.1\text{s}$，$T_2=0.2\text{s}$。

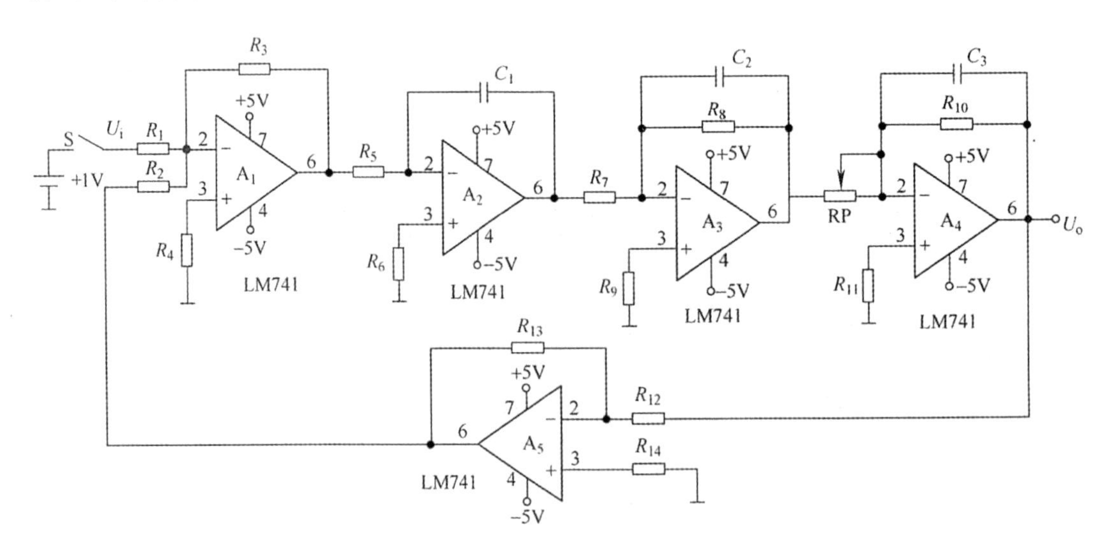

图 5-2-11　三阶闭环系统控制电路

给出三阶闭环控制系统的电路参数为：$R_1=R_2=R_3=R_{12}=R_{13}=10\text{k}\Omega$，$R_4=3.3\text{k}\Omega$，$R_5=R_6=1\text{M}\Omega$，$R_7=R_8=100\text{k}\Omega$，$R_9=R_{11}=51\text{k}\Omega$，$R_{10}=200\text{k}\Omega$，$R_{14}=5.1\text{k}\Omega$，$R_P=50\text{k}\Omega$，$C_1=C_2=C_3=1\mu\text{F}$。此时，$K_1=R_8/R_7=1$，$K_2=R_{10}/R=200/R$，$T_0=R_5C_1=1\text{s}$，$T_1=R_8C_2=0.1\text{s}$，$T_2=R_{10}C_3=0.2\text{s}$。

代入各环节参数后，三阶系统控制电路的开环传递函数为

$$G(s)=\frac{200/R}{s(0.1s+1)(0.2s+1)}$$

式中，R 的单位为 kΩ。设 $K=200/R$，由系统的特征方程可得到

$$s(0.1s+1)(0.2s+1)+K=0$$

展开得到

$$0.02s^3+0.3s^2+s+K=0$$

或

$$s^3+15s^2+50s+50K=0$$

用劳斯稳定性判据求出系统稳定、临界稳定和不稳定时的开环增益，列出劳斯表如下：

$$\begin{array}{lcc}
s^3 & 1 & 50 \\
s^2 & 15 & 50K \\
s^1 & \dfrac{15\times 50-50K}{15} & 0 \\
s^0 & 50K &
\end{array}$$

设系统的特征方程为

$$As^3+Bs^2+Cs+D=0$$

系统稳定条件为　$B>0, D>0, B\times C-D>0$

由 $15\times 50-50K>0$，$50K>0$，得到系统的稳定范围为

$$0<K<15$$

由 $15\times 50-50K=0$，得到系统临界稳定时 K 为

$$K=15$$

由 $15\times 50-50K<0$，得到系统的不稳定范围为

$$K>15$$

将 $K=200/R$ 代入得到

$R>13.3\text{k}\Omega$　（系统稳定）

$R=13.3\text{k}\Omega$　（系统临界稳定）

$R<13.3\text{k}\Omega$　（系统不稳定）

对于单位阶跃信号响应，控制系统有稳定、临界稳定和不稳定三种情况，系统稳定时输出波形如图 5-2-12(a)所示，系统临界稳定时输出波形如图 5-2-12(b)所示，系统不稳定时输出波形如图 5-2-12(c)所示。

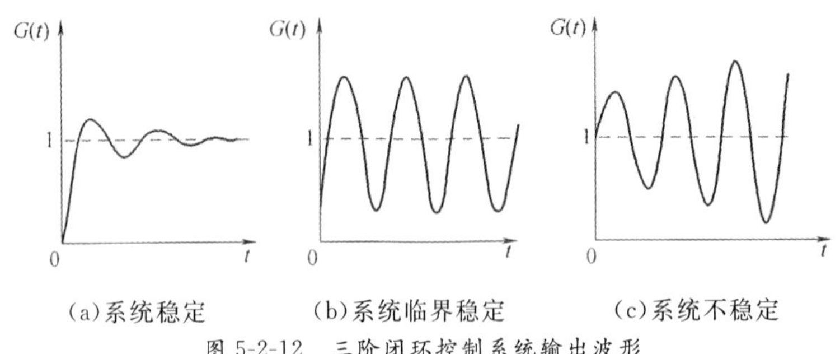

(a)系统稳定　　(b)系统临界稳定　　(c)系统不稳定

图 5-2-12　三阶闭环控制系统输出波形

对于三阶闭环控制系统电路实验，用示波器接电路的输出端 U_o（TIM/DIV＝500ms），通过闭合开关 S，观测输出端的实际响应曲线 $U_o(t)$，记录系统对阶跃响应过程。调节电位器 RP，分别使控制系统能处于稳定、临界稳定和不稳定状态，在系统的稳定状态下，用示波器测量标尺测量超调量 M_p、峰值时间 t_p 和调节时间 t_s，并研究其参数变化对动态性能和稳定性的影响。

根据三阶闭环控制系统传递函数，分别改变 T_0、T_1 和 T_2 的值，理论计算系统稳定、临界稳定和不稳定时的 K 值。更新实验电路的参数，通过实验观察三阶系统单位阶跃响应曲线，并与理论计算值进行比较，最后分析实验结果。

三、线性控制系统稳态误差

对于一个稳定的自动控制系统而言，稳态误差反映系统的控制精度，因此是控制系统的稳态性能指标。在实际系统中，引起稳态误差的因素是多种多样的，一个线性系统的稳态误差除与其结构及参数有关外，还和系统的外部输入信号形式有关。系统的稳定性能指标达到要求后，对于它的稳态误差指标，各系统不尽相同，因此本节通过惯性系统和有积分环节系统对单位阶跃信号作用下的响应，得到对应电路的实际稳态误差。

工程上以积分环节个数来定义系统结构类型，即系统没有积分环节，称 0 型系统；系统有一个积分环节，称Ⅰ型系统；系统有两个积分环节，称Ⅱ型系统。

1. 惯性系统对单位阶跃信号的响应

自动控制系统在给定输入信号作用下所产生的稳态误差，称为给定稳态误差。它反映了系统对给定输入信号在稳态时的跟踪能力（跟踪精度）。某惯性系统稳态误差模拟实验电路如图 5-2-13 所示。电路参数选取如下：$R_1=R_2=R_3=10\text{k}\Omega$，$R_4=3.3\text{k}\Omega$，$R_5=100\text{k}\Omega$，$R_6=200\text{k}\Omega$，$R_7=68\text{k}\Omega$，$R_8=R_9=10\text{k}\Omega$，$R_{10}=5.1\text{k}\Omega$，$C_1=1\mu\text{F}$。

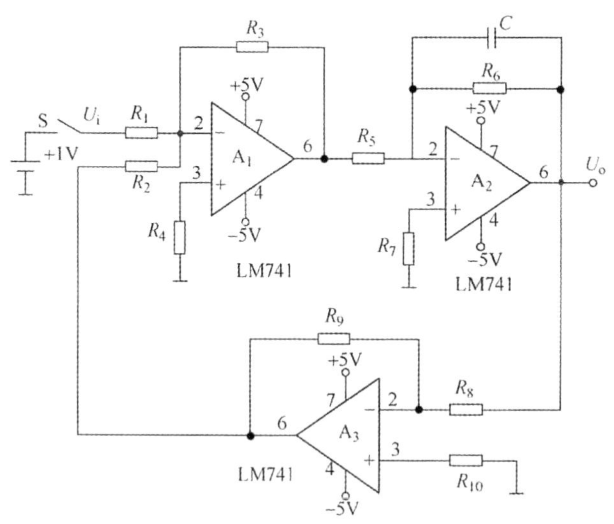

图 5-2-13 惯性系统稳态误差模拟电路

对系统输入阶跃信号，测量系统的稳态误差。实验时，输入信号暂不闭合开关 S，用示波器测量输出信号（扫描时间为 500ms），确定波形的基准点，快速闭合开关 S，即输入接+1V 电压的阶跃信号，观察并记录系统的阶跃响应曲线。待系统稳定后，测量输出的电压值，记录并分析系统的稳态误差。通过实验可以看到，惯性系统对于阶跃给定信号稳定性能可靠（没有振荡），但输出信号对于输入信号的跟随存在较大的误差，即按指数规律逐渐变化，但会存在一定的稳态误差。

对于惯性系统，稳定误差 $e_{ss}=A/(1+K_p)$ 是一个常数，若要减小稳定误差，势必要增加开环放大倍数，但开环增益增大将会影响动态性能，甚至导致系统不稳定，所以这个措施是受限制的。

2. Ⅰ型系统对单位阶跃信号的响应

某Ⅰ型自动控制系统电路如图 5-2-14 所示。与图 5-2-13 相比，该系统含有积分电路，添加积分电路的目的是消除该系统的稳态误差。电路参数选取如下：$R_1=R_2=R_3=10\text{k}\Omega$，$R_4=3.3\text{k}\Omega$，$R_5=R_6=100\text{k}\Omega$，$R_7=100\text{k}\Omega$，$R_8=200\text{k}\Omega$，$R_9=68\text{k}\Omega$，$R_{10}=R_{11}=10\text{k}\Omega$，$R_{12}=5.1\text{k}\Omega$，$C_1=1\mu\text{F}$，$C_2=1\mu\text{F}$。

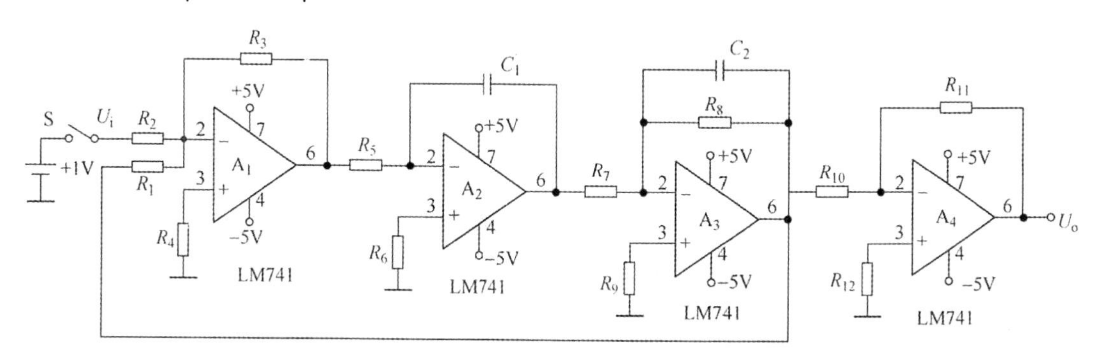

图 5-2-14 惯性系统加入积分环节后的模拟电路

对系统输入阶跃信号，测量系统的稳态误差。实验时，输入信号暂不接开关 S，用示波器测量输出信号（扫描时间为 500ms），确定波形的基准点，快速闭合开关 S，即输入接 +1V 电压的阶跃信号，观察并记录系统对阶跃响应曲线。待系统稳定后，测量输出点的电压值，记录并分析系统的稳态误差。通过实验可以看到，增加积分环节后，系统有一点点超调的现象，但稳态误差消除。

从理论公式上看，Ⅰ型系统阶跃信号的稳定误差 $e_{ss}=A/(1+K_p)$，由于 $K_p=\infty$，稳定误差趋于零；同理，也可以计算出Ⅱ型系统阶跃信号的稳态误差也趋于零。从物理意义上看，由于有一个积分环节，根据积分环节的功能，当有误差产生时，积分器就有输出，输出不断增加，通过反馈使误差逐渐减小，因此电路的稳态误差趋于零。

增加积分环节，在系统前向通道或在扰动作用点前面的前向通道设置串联积分环节，这个措施对消除稳态误差是有效的，但是，积分环节多了很容易造成系统结构不稳定。因此，串联积分环节的措施也是受到限制的。

3. 线性系统对于斜坡信号的响应

对于一个线性系统加入斜坡给定信号，其稳定误差公式为 $e_{ss}=A/K_V$，对于 0 型系统，由于 $K_V=0$，稳态误差 $e_{ss}\rightarrow\infty$；对于Ⅰ型系统，$K_V=$ 常量，稳态误差 $e_{ss}=1/K_V$，是一个常数；对于Ⅱ型系统，$K_V\rightarrow\infty$，其稳态误差 $e_{ss}=0$，即没有稳态误差。

实验电路同上，分别为惯性系统和Ⅰ型系统。为了便于测量，惯性系统的电容 C 和Ⅰ型系统的电容 C_1 和 C_2 换成 1 200pF，电路的输入端接入三角波信号，频率为 200Hz，幅度 U_{pp} 为 2V，用示波器两个通道同时测量输入和输出信号，记录并分析系统的稳态误差。

通过实验可见，0 型系统在斜坡输入作用下，系统稳态误差大，无法跟随斜坡输入信号。Ⅰ型系统对斜坡输入信号的跟随稳态误差是常数，也就是说，系统进入稳态以后，输入与输出信号上升速度相同，但在位置上两者之间存在误差，即稳态误差为常数。

另外，自动控制系统的给定信号有的会出现加速度信号，对于加速度函数输入，0 型系统，$K_a=0$，K_a 即静态加速度误差系数，稳态误差 $e_{ss}\rightarrow\infty$；Ⅰ型系统，$K_a=0$，稳态误差 $e_{ss}\rightarrow\infty$；Ⅱ型系统，$K_a=$ 常量，其稳态误差 $e_{ss}=1/K_a$，只有Ⅲ型以上的系统才能解决该信号的稳态误差问题。0 型和Ⅰ型系统在加速度函数输入作用下，其 $e_{ss}\rightarrow\infty$，表明其无法跟随加速度函数信号，这一点在自动控制电路设计时需要注意。

综合以上实践和分析表明，稳态误差还与系统结构密切相关，如果给定输入信号形式一定，对于不同结构的系统其稳态误差也不同。同时，控制系统的稳态误差也与输入信号形式有关，对于一个结构确定的系统，如果给定输入信号形式不同，其稳态误差也会不同。所以说，一个系统有无稳态误差是针对一定的系统结构及一定的给定输入形式而言的。

四、线性系统的校正

在实际工程中，原自动控制系统的稳态性能指标或动态性能指标不能满足要求，而且很难改变系统参数时，则可以在原有系统中有目的地添加一些控制单元或元件，人为改变系统的结构和性能，使系统达到要求的性能指标，这种方法称为系统校正。例如，在系统的开环增益满足其稳态性能的要求后，它的动态性能一般都不理想，甚至会出现不稳定状态。为此需在系统中加入一个校正装置，既能使系统的开环增益不变，又能使系统的动态性能满足要求。校正中常用的性能指标包括稳态精度、稳定裕量以及响应速度等。

工程中，按照校正装置在系统中的位置和连接方式的不同有串联校正、反馈校正、前馈校正和复合校正，在自动控制系统中，常使用串联校正、反馈校正方法。设计系统校正的方法时，有根轨迹法、频率法和工程设计法，对于已知系统的校正，可以对未加校正系统进行测试，包括动态指标和静态指标，分析系统不满足要求的原因，利用控制系统典型环节（比例、积分、微分、惯性或它们的组合）对系统进行串联校正或反馈校正，基本能够达到系统的动态和静态要求。

1. 串联校正电路

串联校正方法是指将校正装置串联在系统的前向通路中，通过改变系统结构来改善系统的性能。某单位反馈控制系统的框图如图 5-2-15 所示，其中的 $G_c(s)$ 是校正装置的传递函数。对于串联校正装置，有比例(P)校正、比例-微分(PD)校正（相位超前校正）、比例-积分(PI)校正（相位滞后校正）和比例-积分-微分(PID)校正（相位滞后-超前校正）。

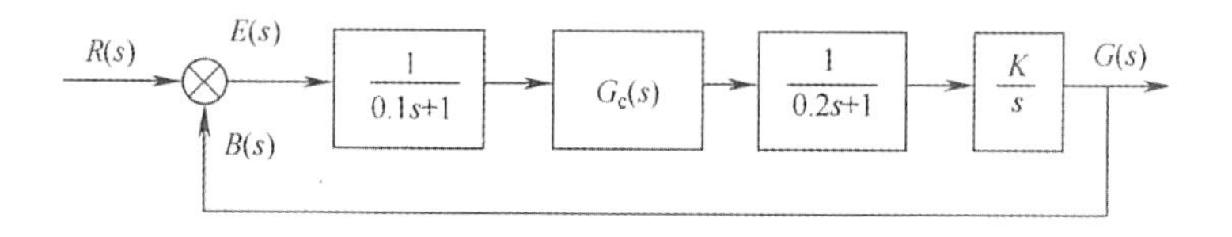

图 5-2-15　某单位反馈系统的结构框图

在串联校正中，很少单独使用比例控制规律，因为加大控制系统增益，可以提高系统的开环增益，减小系统的稳态误差，从而提高系统的控制精度，但系统开环增益的增加，降低了系统的相对稳定性，甚至可能造成闭环系统振荡。对原系统进行校正，一般要从响应时间和稳态误差指标上考虑。

某控制系统的电路设计如图 5-2-16 所示。电路中，点画线框所示位置是连接串联校正装置的地方，未加校正环节时，点画线框内电路是一个放大倍数为 1 的反相放大器。

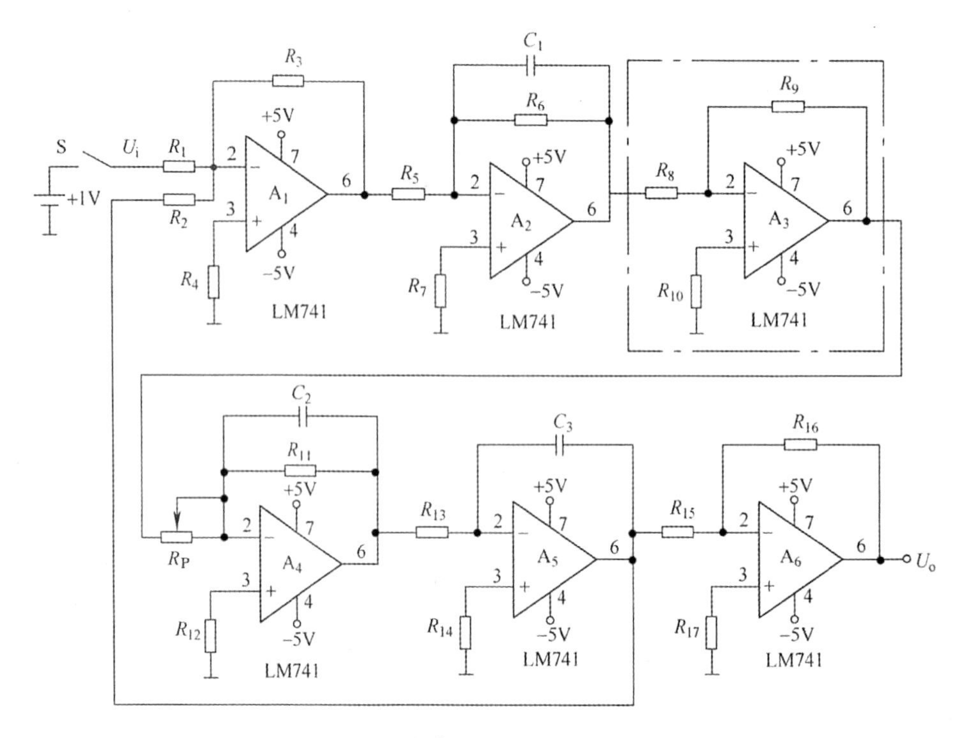

图 5-2-16　某单位反馈系统的模拟电路

系统电路参数选取如下：$R_1 = R_2 = R_3 = R_{15} = R_{16} = 10\text{k}\Omega$，$R_4 = 3.3\text{k}\Omega$，$R_5 = R_6 = R_8 = R_9 = 100\text{k}\Omega$，$R_7 = R_{10} = 51\text{k}\Omega$，$R_{11} = R_{12} = 200\text{k}\Omega$，$R_{13} = R_{14} = 1\text{M}\Omega$，$R_{17} = 5.1\text{k}\Omega$，$R_P = 200\text{k}\Omega$，$C_1 = C_2 = C_3 = 1\mu\text{F}$。

未校正实验，电路的 U_i 接单位阶跃信号，用示波器接电路的输出端 U_o，扫描时间为 500ms，即快速闭合开关 S，测量输出端的实际响应曲线 $U_o(t)$。可以看到，原系统具有惯性和积分环节，因此系统在稳定和精度上没有什么问题，但系统的响应速度如果还需要加快时，可以考虑加入校正环节来解决，如可以加入一个相位超前校正。

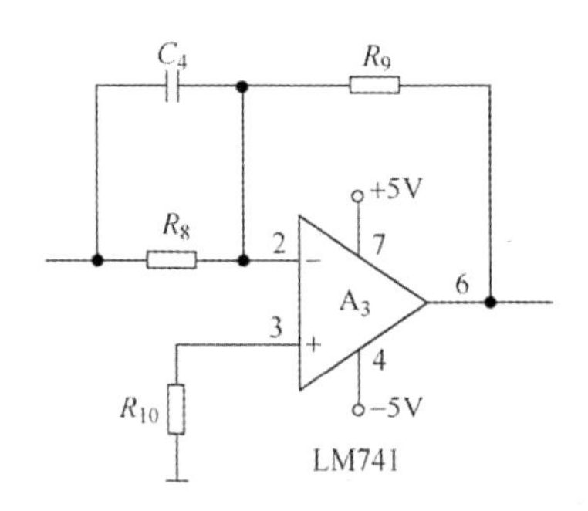

图 5-2-17　串联校正环节模拟电路

在原控制系统中增加一个超前校正电路（PD 环节），设计电路如图 5-2-17 所示，校正环节电路参数为：$R_8 = 100\text{k}\Omega$，$R_9 = 100\text{k}\Omega$，$R_{10} = 51\text{k}\Omega$，$C_4 = 0.47\mu\text{F}$。将超前校正电路接到图

5-2-16 所示的点画线框中，即构成系统串联超前校正。

加入校正实验，在输入端加入阶跃信号，即快速闭合开关 S，用示波器测量输出信号响应，扫描时间为 500ms，记录系统加校正时的阶跃响应曲线，并与系统未加校正时的阶跃响应曲线比较。

通过实验可以看到，增加 PD 控制器串联校正后，使自动系统的响应速度加快，超调量减少，相对稳定性提高，改善了系统动态性能指标。

一般来说，串联校正比并联校正简单，它的主要不足是，系统中元件参数不稳定会影响到串联校正的效果。因此，在使用串联校正装置时，通常要对系统元件的稳定性提出较高的要求。

2. 反馈校正电路

在自动控制系统中，为了改善控制系统的性能，除了采用串联校正外，反馈校正也是常采用的校正形式之一。反馈校正从系统原有部分引出反馈信号，构成全部或局部反馈回路，并在局部反馈回路内设置校正装置。如图 5-2-18 所示为两种反馈校正系统结构框图，其中的 $G_c(s)$ 是需要校正的传递函数。

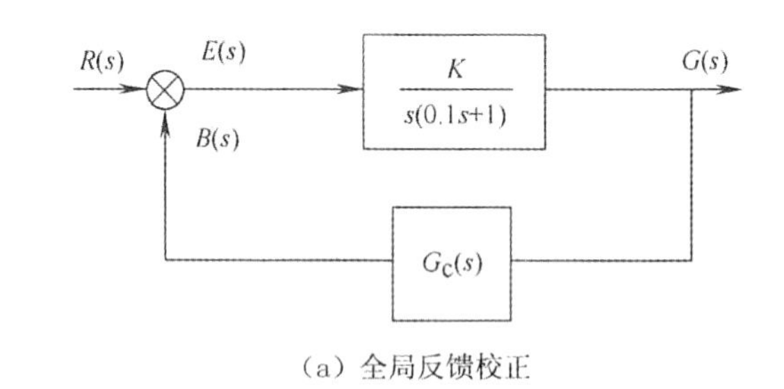

（a）全局反馈校正

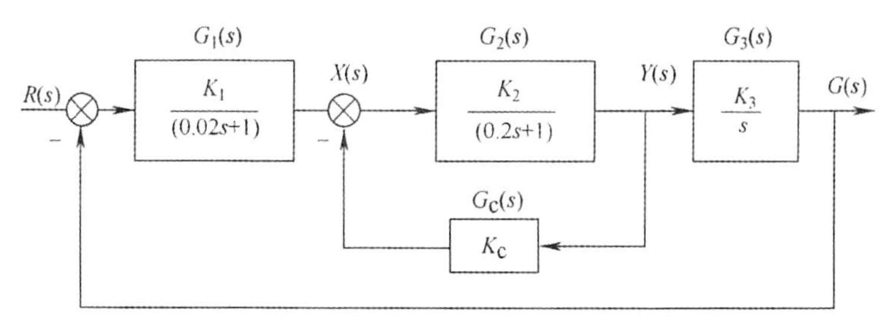

（b）局部反馈校正

图 5-2-18 反馈校正系统结构框图

通常反馈校正分为硬反馈和软反馈，硬反馈校正环节主体是比例环节（有的含有小惯性环节），它在系统的动态和稳态过程中都起反馈校正作用。软反馈校正环节主体是微分环节（有的含有小惯性环节），它的特点是只在动态过程中起校正作用，而在稳态时不起作用。

某待校正二阶线性系统自动控制电路如图 5-2-19 所示，电路中，点画线框所示位置是连接校正装置的地方，未加校正环节时，点画线框内电路是一个放大倍数为 1 的反相放大器。

二阶线性系统电路参数为：$R_1=R_2=R_3=R_9=R_{10}=R_{12}=R_{13}=10\text{k}\Omega$，$R_4=3.3\text{k}\Omega$，$R_5=R_6=1\text{M}\Omega$，$R_7=100\text{k}\Omega$，$R_8=51\text{k}\Omega$，$R_{11}=R_{14}=5.1\text{k}\Omega$，$R_P=100\text{k}\Omega$，$C_1=C_2=1\mu\text{F}$。

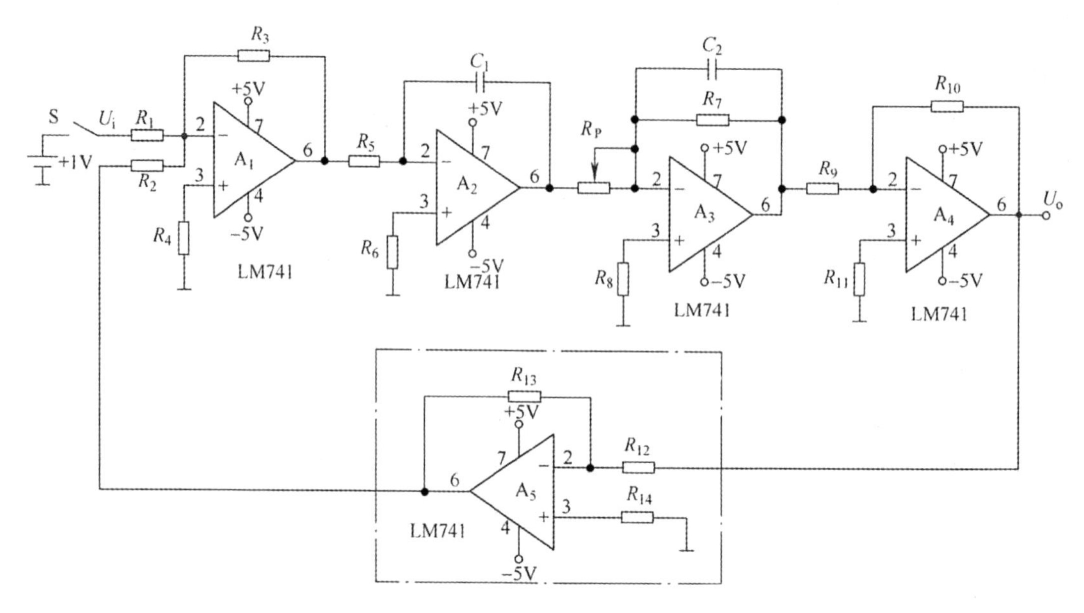

图 5-2-19　待校正二阶线性系统模拟电路

电路的 U_i 接单位阶跃信号，即快速闭合开关 S，为提高系统的响应速度，调整 R_P，使系统处于欠阻尼状态，通过示波器观测待校正二阶线性系统的输出响应曲线（扫描时间为500ms），可以用示波器标尺线测量、记录曲线的超调量 $M_p\%$ 和调节时间 t_s。如果使用数字示波器测量，可以用其存储功能记录系统响应曲线，以便于后续分析。

反馈校正环节的设计电路如图 5-2-20 所示，该校正环节为 PD 环节（超前校正），电路参数为 $R_{12}=100\text{k}\Omega$，$R_{13}=100\text{k}\Omega$，$R_{14}=51\text{k}\Omega$，$C_3=0.47\mu\text{F}$。将校正电路接到图 5-2-19 所示的点画线框中，即构成系统反馈校正。U_i 接单位阶跃信号，即快速闭合开关 S，通过示波器观测待校正二阶线性系统的输出响应曲线，并记录曲线的超调量 $M_p\%$ 和调节时间 t_s。根据系统的动态过渡过程，比较校正前与校正后的区别，分析控制过程。

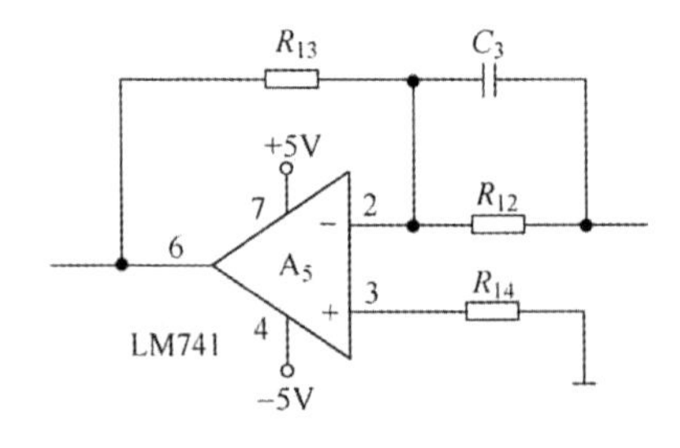

图 5-2-20　反馈校正环节模拟电路

通过实验可以看出，未加反馈校正前，为提高系统的响应速度，增加了超调量，但随之而来会出现振荡调整过程，使其稳定性受到影响。加入反馈校正后，系统克服了上述矛盾，其快速性和稳定性都能够充分体现出来。

反馈校正可以起到与串联校正同样的作用，而且反馈校正与串联校正相比有其突出的优点，它能有效地改变被包围部分的结构或参数，在一定条件下甚至能取代被包围部分，从而可以去除或削弱被包围部分给系统造成的不利影响。

五、设计与实践

(1)某闭环系统的特征方程为

$$G(s)=\frac{K}{(s^2+s+1)(s+2)}$$

用劳斯判据判断系统的稳定性，并用 MATLAB 软件计算该系统的稳定性。可利用 MATLAB 软件计算特征方程的根来判断。

(2)已知单位反馈系统的开环传递函数为

$$G(s)=\frac{K}{s(s+1)(0.5s+1)}$$

试设计一个串联校正装置，使校正后的开环增益 $K=5$，相角裕量$\geqslant 45°$，幅值裕量$\geqslant$10dB。

(3)已知系统的开环传递函数为

$$G(s)=\frac{K_1}{(0.02s+1)}\frac{K_2}{(0.2s+1)}\frac{K_3}{s}$$

式中，$K_1=5$；$K_2=40$；$K_3=0.1$。若对系统的惯性环节 $\frac{K_2}{(0.2s+1)}$ 进行比例负反馈校正，设计校正环节，分析校正前系统动、静态性能；增加反馈校正后，再求系统的动、静态性能。

第三节　直流小电机调速电路

在自动控制中，电机转速控制是经常遇到的。对于直流电机而言，由于电枢电压的大小与电机转速成正比，因而在实际的机械装置调速系统中，常用到直流电机控制转速。由于控制系统模型的建立也常使用直流电机组成的闭环控制系统为对象，因而直流电机转速控制实验是不可缺少的一个环节。直流电机转速控制系统简单实用，而且控制过程快、直观性强，电路参数的理论计算与实验的结果有着必然的联系，这使得抽象的数学模型有了更具体的内涵，通过电路设计不但可以进一步加深对控制理论的理解，并且能掌握控制系统的一般设计方法。

一、直流小电机调速实验装置

电机调速实验装置由两部分组成：一部分是机械装置，另一部分是功率驱动模块。对于机械装置，有直流电动机、测速发电机以及惯性轮等部件，直流电动机、测速发电机固定在底座上，如图 5-3-1 所示。

机械装置中的电动机和测速发电机均为普通的 12V 直流小电机（型号一致），一个做电动机，一个做发电机，电动机带动发电机转动，发电机的输出电压与转速有关。惯性轮接在两个电机中间，并起连接作用，虽然整体机械结构比较简单，但在安装上，要求两个电机轴保持同轴。

电机功率驱动模块如图 5-3-2 所示，点画线框以内的电路是驱动模块，自动控制电路的输出信号通过功率模块驱动直流小电机。

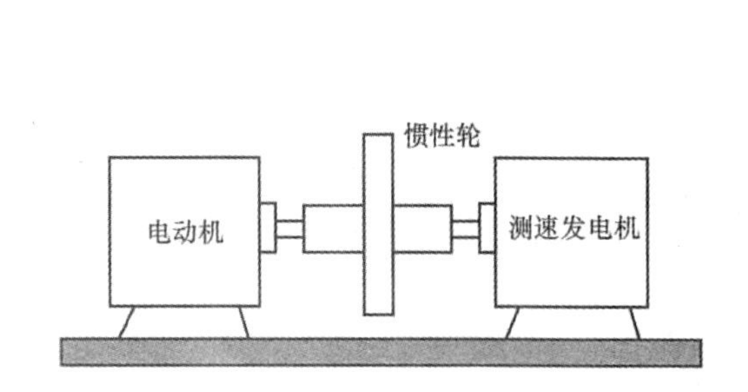

图 5-3-1　电机调速实验机械装置

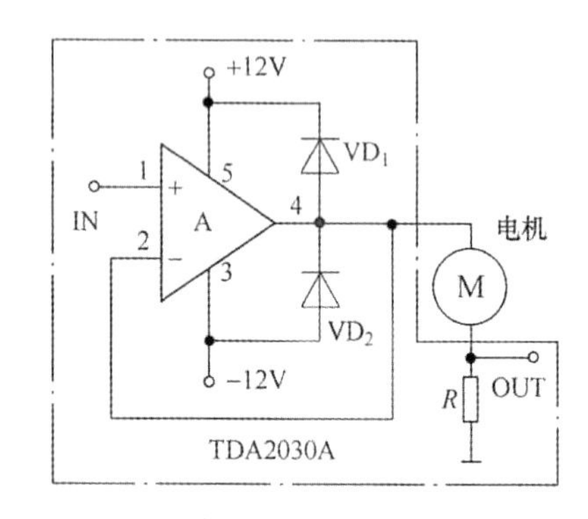

图 5-3-2　电机驱动模块

电机驱动模块的核心是 TDA2030A 功率放大器，其输出能够直接驱动 12V 直流电动机。其中 R(4.7Ω)为电机电流取样电阻，其将在电流补偿闭环控制实验时用到。电源电压为±12V，二极管 VD_1、VD_2 起保护作用，型号是 1N4001，可以将功率模块制成电路板，在直流小电机转速控制系统实验中使用。M 是 12V 直流电动机，改变输入信号（电压）的大小，可以改变电机的转速；改变输入信号（电压）的极性，可以控制电动机正转或反转。

二、直流小电机调速控制

直流小电机调速控制是结合前面所介绍的一些典型控制电路，配合电机驱动模块，稳定直流电机的转速，即调整由外界干扰引起的电机转速变化。

1. 直流小电机开环控制

开环控制参考电路如图 5-3-3 所示，点画线框以内的电路是驱动模块，M 是电动机，F 是测速发电机，运算放大器选用 LM324，在控制电路中对运放的要求是响应速度要快。控制电路参数为：$R_1 = R_2 = 10\text{k}\Omega$，$R_3 = 5.1\text{k}\Omega$，$R_P = 50\text{k}\Omega$。电机转速给定信号由可变电阻 RP 中间端（A 点）引出，系统的开环增益可以通过运算放大电路的反馈电阻 R_2 进行调节。

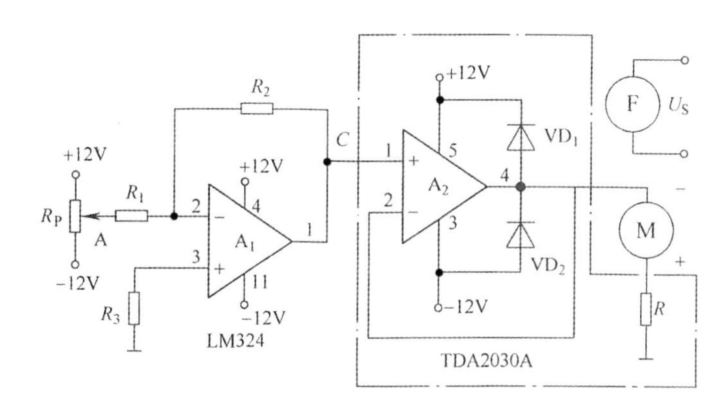

图 5-3-3　开环控制电路

将可变电阻 R_P 滑动端调到中间位置，接通电源，调节可变电阻 R_P，电机转动，C 点电压在 $U_C=7\sim8V$（正、负均可）。为了便于观察转速的变化，用示波器或数字电压表测量测速发电机两端电压 U_S，即用发电机输出的电压表示电机的转速。

待电机转速稳定后，测量 U_C、U_S 电压，并记录数据。给电机加入干扰信号，用改锥轻轻摩擦惯性轮，惯性轮加摩擦力可改变电动机的负载，此时再测量 U_C、U_S 电压，观察控制电路抗负载干扰能力（转速是否下降，可以由发电机的输出电压看出），记录数据、分析实验现象。

由于控制系统为开环控制，即没有反馈调节环节，C 点电位只由输入电压决定，其加扰动后也不变。测速发电机输出电压 U_S 受扰动影响，数值变小，即电动机速度降低。有干扰时，如果还需要保持电机的转速不变，则必须要提高开环控制电路 C 点的电压（手动调节），如果干扰信号是变动的，手动调节是无能为力的。电机开环控制，在负载恒定或能够静态调整的情况下是一个简单有效的控制方式，但对于动态转速控制的效果不佳。

2. 直流小电机电流反馈控制

电流反馈控制电机转速的工作原理是对电动机负载电流取样，电动机负载发生变化后，电动机的电枢电流也发生变化，经过转换电路、比较电路和放大电路，形成一个按电流变化的补偿控制回路，其目的是（控制）稳定电动机的速度。

电流反馈控制电路如图 5-3-4 所示，点画线框以内的电路是驱动模块，电流反馈信号由电机驱动板引出（电流信号经过电阻 R 转换成电压信号），反馈信号经过惯性环节（A_4）到比较环节（加法电路 A_2）；转速给定信号由可变电阻 R_{P_1} 中间端引出，经过电压跟随器（A_1），也送到加法器电路，给定信号与反馈信号叠加后，给到电机驱动模块。反馈装置引入惯性环节，当输入量发生变化时，输出量不能突变，使电机转速调节稳定。在反馈环节中，通过 RP_2 可以调节反馈环节的放大倍数。电流反馈控制电路参数选取如下：$R_1=R_2=R_3=10k\Omega$，$R_4=3.3k\Omega$，$R_5=R_6=10k\Omega$，$R_{P_1}=50k\Omega$，$R_{P_2}=100k\Omega$，$C=0.1\mu F$。

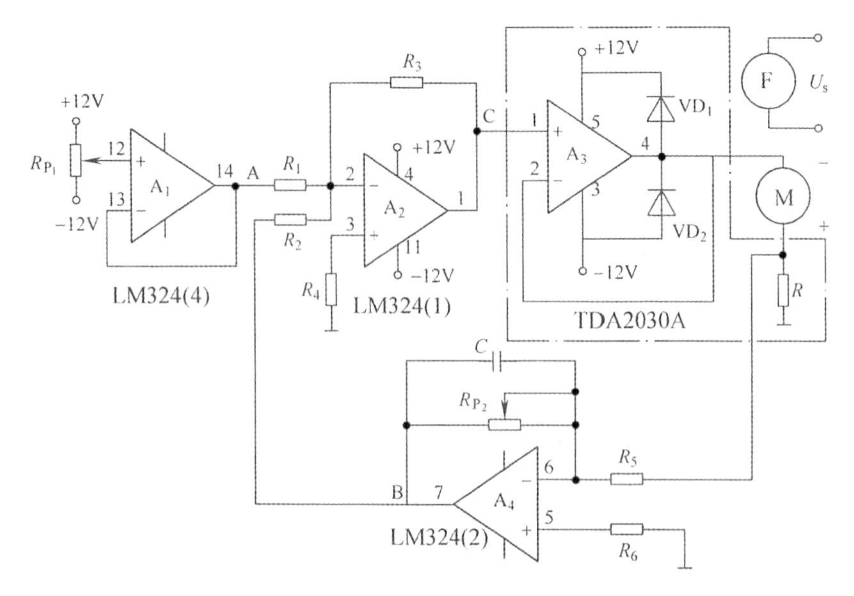

图 5-3-4　电流反馈控制参考电路

实验前将电位器 R_{P_1}、R_{P_2} 调到中间位置，接通电源，调节可变电阻 R_{P_1}，使 $U_A=4\sim5V$（正、负均可），调节可变电阻 R_{P_2}，使 $U_B=3\sim4V$（极性与 U_A 相同），此时 $U_C=7\sim8V$（正、负均可），电机转动。因为运算放大器的电源电压为±12V，为保证控制电压有调整空间，控制电压 U_C 不要太高或太低，一般取 7～8V。注意书中给出的各点电位均为参考值。

待电机转速稳定后，测量 U_A、U_B、U_C 和测速发电机两端电压 U_S，并做记录；用改锥轻轻摩擦惯性轮，即改变电动机的负载，同时测量 U_A、U_B、U_C 和 U_S 电压，观察电路抗负载干扰能力（转速是否下降，可以由测速发电机的电压看出），记录实验数据，对比开环控制实验数据，分析控制效果。

调节电流取样放大电路（反馈环节）的放大倍数，观察电机抗负载电流能力变化，记录实验数据，分析实验现象。

与开环控制电路相比，该电路引入电流补偿环节后，形成了一个可以自动调节的系统，即电机速度下降，但通过反馈环节使 U_C 增加，U_C 的增加可以提高电机的转速，因而可以补偿因为扰动而引起的电机转速下降。可变电阻 R_{P_2} 可以调节反馈系数 K，当 K 值较小时，补偿作用下降，抗干扰能力减小；当 K 值增大时，补偿作用增大，抗干扰能力加强。

3. 直流小电机转速反馈闭环控制（0 型）

转速反馈闭环控制电路（0 型）是指用测速发电机的输出作为速度反馈信号，并形成转速闭环控制结构。转速反馈闭环控制电路（0 型）如图 5-3-5 所示，该系统无积分环节，点画线框以内的电路是驱动电路模块，测速发电机的输出通过 R_4、C 滤波电路接入反馈回路，实际上是将电机转速信号反馈给系统。由于测速发电机输出电压噪声较大，低通滤波可有效改善其输出效果，但同时引入 RC 环节，会使理想系统和实际系统有一定差距，但考虑电动机的时间常数远大于 RC 时间常数,故可以忽略该滤波器对系统的影响。

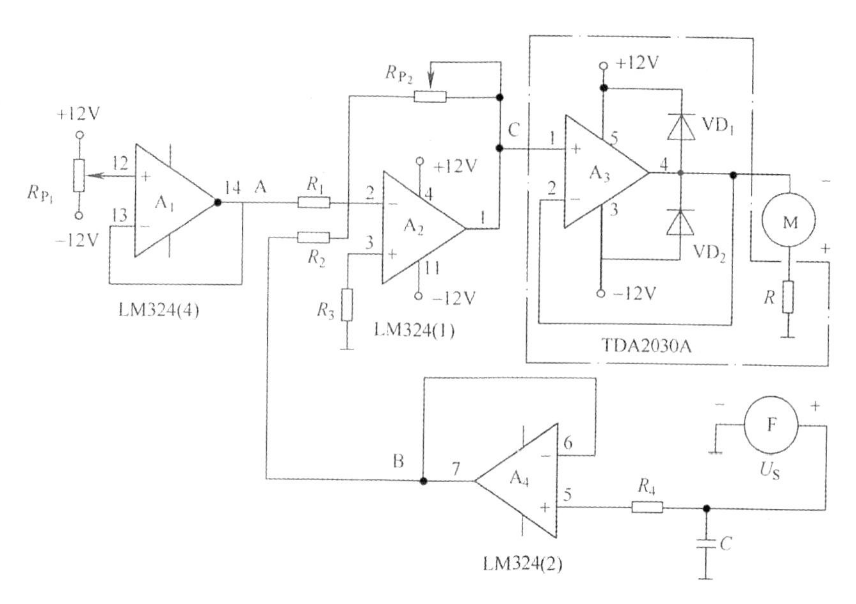

图 5-3-5 转速反馈闭环控制电路(0 型)

对该电路的电机接线时需要注意极性,电机(电动机和发电机)的引出线用红和黑两种颜色,当红线接电源正端、黑线接电源负端时,两个电机的转动方向应一致。

反馈信号通过跟随器(A_4)送到加法器电路(A_2);电机速度给定信号由电位器 R_{P_1} 中间端引出,经过跟随器(A_1),也给到加法器电路,给定信号与反馈信号叠加放大后输出电压 U_C,然后通过驱动板控制电机。R_{P_2} 可调节系统的开环增益,由于直流测速发电机的输出电压一般存在高次谐波分量,因此在实际使用时通常在其输出端增加 RC 滤波电路。

电路参数选取如下:$R_1=R_2=10\text{k}\Omega$,$R_3=3.3\text{k}\Omega$,$R_4=100\text{k}\Omega$,$R_{P_1}=50\text{k}\Omega$,$R_{P_2}=500\text{k}\Omega$,$C=0.1\mu\text{F}$。实验前将可变电阻 R_{P_1}、R_{P_2} 调到中间位置,接通电源,调节可变电阻 R_{P_1},使 $U_A=5\sim6\text{V}$(正、负均可),调节可变电阻 R_{P_2},使 $U_B=3\sim4\text{V}$(极性与 U_A 相反),此时 $U_C=7\sim8\text{V}$(正、负均可),电机正常转动。

待电机转速稳定后,测量、记录 U_A、U_B、U_C 和测速发电机两端电压 U_S。用改锥轻轻摩擦惯性轮,即改变电动机的负载,同时测量 U_A、U_B、U_C 和 U_S 电压,观察控制系统的抗负载干扰能力,记录实验数据。对比开环控制、电流补偿控制,分析系统控制的效果。

另外,当系统稳定时,观察电路 A、B 点电压,看是否相等,调节输入电压大小,观察 A、B 间电压差异变化,分析系统的稳态误差。

调节放大电路(A_2)的开环增益,观察电机抗负载能力,观察电动机响应。得到系统最大稳定工作时的开环增益值。用示波器观察 U_C 点电压,当 U_C 电压产生振荡,即电机速度成振荡变化时,找出临界振荡点,分析产生的现象。

4. 直流小电机转速反馈闭环控制(Ⅰ型)

转速反馈闭环控制电路(Ⅰ型)是指在控制系统的前向通道中增加一个积分环节构成Ⅰ型控制系统,并用测速发电机输出做速度反馈信号,进而形成转速反馈闭环结构。转速反馈闭环控制电路(Ⅰ型)如图 5-3-6 所示,点画线框以内的电路是驱动电路模块,测速发电机的红线接地,黑线接反馈回路,注意其与 0 型电路不同,即其极性有变化。反馈信号通过电压跟随器(A_5)送到加法器电路(A_2);转速给定信号由可变电阻 R_{P_1} 中间端引出,经过电压跟随器(A_1),也送到加法器电路,给定信号与反馈信号叠加并放大(R_{P_2} 是调节系统的开环增益),经积分电路(A_3)输出控制信号 U_C,该控制信号经过驱动电路板后控制电机。

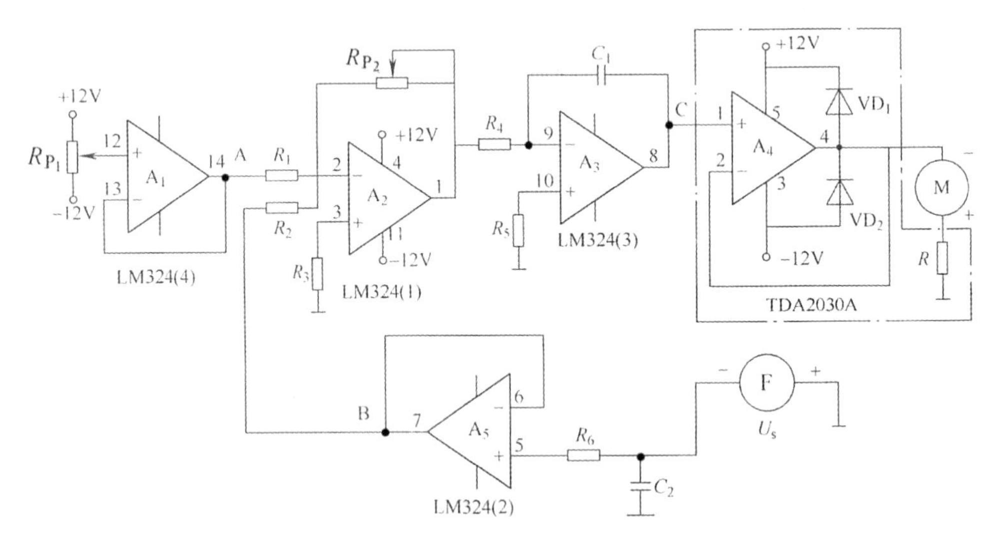

图 5-3-6 转速反馈闭环控制电路(Ⅰ型)

转速反馈闭环控制电路(Ⅰ)参数选取如下:$R_1=R_2=R_3=5.1\text{k}\Omega$,$R_4=R_5=R_6=100\text{k}\Omega$,$R_{P_1}=50\text{k}\Omega$,$R_{P_2}=500\text{k}\Omega$,$C_1=1\mu\text{F}$,$C_2=0.1\mu\text{F}$。将测速发电机两输出端反接(与 0 型控制电路不同),实验前将可变电阻 R_{P_1}、R_{P_2} 调到中间位置,接通电源后,调节可变电阻 R_{P_1},使 $U_A=3\sim4\text{V}$(正、负均可),调节可变电阻 R_{P_2},使 $U_B=3\sim4\text{V}$(极性与 U_A 相反),$U_C=7\sim8\text{V}$(正、负均可),电机正常转动。

待电机转速稳定后,测量 U_A、U_B、U_C 和测速发电机两端电 U_S 并记录。用改锥轻轻摩擦惯性轮,改变电动机的负载,同时测量 U_A、U_B、U_C 和 U_S 电压,观察控制抗负载干扰能力,记录实验数据,对比开环控制、电流补偿、0 型系统,分析控制效果。

当系统稳定时,观察 A、B 点电压,看是否相等,调节输入电压大小,观察 A、B 间电压差异变化,并与 0 型系统进行比较,分析控制过程。

调节放大电路(A_2)的增益,观察电机抗负载能力和响应能力,并得到系统最大稳定工作时的开环增益值。用示波器观察 U_C 点电压,当 U_C 电压产生振荡,即电机速度成振荡变化时,找出临界振荡点。

5. 直流小电机转速反馈闭环控制系统校正

就Ⅰ型控制系统而言,加大系统的放大倍数将使系统调节时间缩短,瞬态响应加快,但系统超调量增加，相角裕量减小，严重时会致使系统瞬态响应严重超调，系统的稳定性变差，出现振荡现象。减小系统的放大倍数将使系统调节时间增加，瞬态响应变得缓慢，超调量减小，相角裕量增加，系统的稳定性增强。通常希望系统的瞬态响应既有快速性，又有足够的阻尼性和相对稳定性，即要求系统的调节时间短、超调量小和相角裕量大。

典型Ⅰ型系统与实际的系统存在着较大的差异，实际系统可能还包含多个时间常数的惯性环节。因此，在前向通道中可引入适当的串联校正装置，能把实际系统校正为预期典型系统。然后，将Ⅰ型控制系统的开环增益增大，使控制系统既能达到快速，也能做到稳定状态。

以速度反馈闭环控制电路（Ⅰ型）为例，加上一个串联校正环节，校正后的控制电路如图5-3-7所示，可以看出，它是在积分电路前增加一个比例-微分电路，该装置可以抑制被调量的振荡，进而提高控制系统的稳定性。

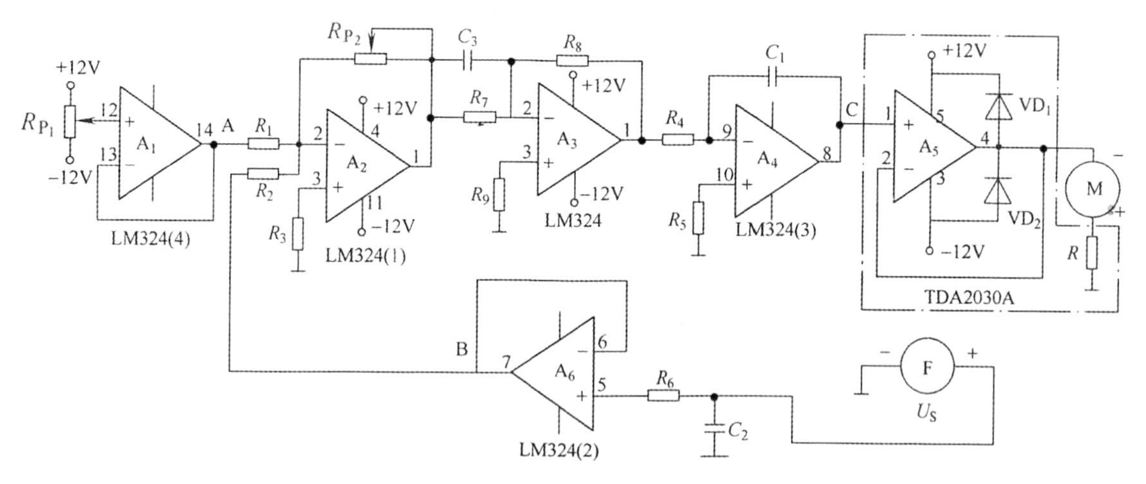

图 5-3-7　校正后电机控制电路

PD控制器中的微分控制规律能反映输入信号的变化趋势，产生有效的早期修正信号，以增加系统的阻尼程度，从而改善系统的稳定性。在串联校正时，使系统增加一个$-1/\tau$的开环零点，使系统的相角裕度提高，因而有助于系统动态性能的改善。

校正环节的参考数据：$R_7=R_8=100\text{k}\Omega$，$R_9=51\text{k}\Omega$，$C_3=0.33\mu\text{F}$，实验过程与Ⅰ型实验基本相同。对于校正后的电路，继续增加放大电路（A_2）的开环增益，观察电机抗负载能力，得到系统最大稳定工作时的开环增益值，与没有校正电路比较。记录实验数据，参考校正环节相关理论知识，分析其控制过程。

三、设计与实践

（1）利用直流小电机调速实验装置，设计一个转速、电流双闭环的电机转速控制电路，计算所设计电路的参数并实验，并分析其电路控制过程。

（2）利用直流小电机调速实验装置，根据如图5-3-6所示的电动机转速控制系统，设计一个反馈校正电路，计算电路参数，实验并分析其校正前、后电路的控制过程。

参考文献

[1]曹文.电子设计基础[M].北京:机械工业出版社,2012.

[2]华成英,童诗白.模拟电子技术基础[M].4版.北京:高等教育出版社,2006.

[3]康华光.电子技术基础数字部分[M].北京:高等教育出版社,2014.

[4]康华光.电子技术基础模拟部分[M].6版.北京:高等教育出版社,2013.

[5]孔凡才.自动控制原理与系统[M].3版.北京:机械工业出版社,2007.

[6]李杰.电子电路设计、安装与调试完全指导[M].北京:化学工业出版社,2013.

[7]李长久.PLC原理及应用[M].北京:机械工业出版社,2013.

[8]王天曦.电子技术工艺基础[M].2版.北京:清华大学出版社,2009.

[9]吴丽华,童子权,张剑.电子测量电路[M].哈尔滨:哈尔滨工业大学出版社,2004.

[10]阎石.数字电子技术[M].5版.北京:高等教育出版社,2006.

[11]赵曙光,刘玉英,崔葛瑾.数字电路及系统设计[M].北京:高等教育出版社,2011.

[12]周求湛,刘萍萍,钱志鸿.虚拟仪器系统设计及应用[M].北京:北京航空航天大学出版社,2011.

[13]周润景,张丽娜.基于PROTEUS的电路及单片机系统设计与仿真[M].北京:北京航空航天大学出版社,2006.

[14]朱蓉.单片机技术与应用[M].北京:机械工业出版社,2011.